建筑施工组织设计

主　编　张　超
副主编　张　飞　张　贞　杜江涛
　　　　王　桐　李智卓

北京理工大学出版社
BEIJING INSTITUTE OF TECHNOLOGY PRESS

内 容 提 要

本书依据《建筑施工组织设计规范》（GB/T 50502—2009）要求，按照职业院校技术技能型人才培养的特点组织编写。全书共分九个模块，分别是建筑施工组织概述、建筑工程施工准备工作、施工方案概述、施工进度横道计划编制、网络计划、单位工程施工组织设计、施工组织总设计、BIM 技术综合应用、施工现场规划布置。本书以典型工作案例为载体来设计章节、组织教学，构建以"案例任务"为主线的能力培养模式安排学习内容。

本书可作为高等院校土木工程类相关专业的教学用书，也可作为建设工程技术人员的培训材料。

图书在版编目（CIP）数据

建筑施工组织设计 / 张超主编.－－北京：北京理工大学出版社，2023.8
　　ISBN 978-7-5763-2841-7

Ⅰ.①建…　Ⅱ.①张…　Ⅲ.①建筑工程－施工组织－设计－高等学校－教材　Ⅳ.①TU721

中国国家版本馆CIP数据核字（2023）第167518号

责任编辑：王梦春	文案编辑：闫小惠
责任校对：周瑞红	责任印制：王美丽

出版发行 / 北京理工大学出版社有限责任公司
社　　址 / 北京市丰台区四合庄路6号
邮　　编 / 100070
电　　话 / （010）68914026（教材售后服务热线）
　　　　　（010）68944437（课件资源服务热线）
网　　址 / http：//www.bitpress.com.cn
版 印 次 / 2023年8月第1版第1次印刷
印　　刷 / 北京紫瑞利印刷有限公司
开　　本 / 787 mm×1092 mm　1/16
印　　张 / 16.5
字　　数 / 400千字
定　　价 / 89.00元

党的二十大报告做出了"统筹职业教育、高等教育、继续教育协同创新，推进职普融通、产教融合、科教融汇，优化职业教育类型定位"重要部署，把推动现代职业教育高质量发展摆在更加突出的位置。教材是人才培养的重要支撑、引领创新发展的重要基础，必须紧密对接国家发展重大战略需求，不断更新升级，更好服务于高水平科技自立自强、拔尖创新人才培养。

建筑施工组织是建筑工程施工的第一步，也是保证工程顺利进行的基础。随着我国建筑工程的不断发展和建设需求的增加，建筑施工组织的重要性和必要性也日益凸显。因此，编写一本系统、全面、实用的建筑施工组织教材对于提高建筑工程施工质量和效益，促进建筑工程的可持续发展具有重要意义。

本书依据《建筑施工组织设计规范》（GB/T 50502—2009），按照职业院校技术技能型人才培养的特点，通过校企合作、工学结合的方式，编写而成。本书以施工现场技术员核心岗位能力构建课程体系，以专项能力培养构建教学模块，将建筑工程施工组织设计课程的教学内容划分为九个模块，分别是建筑施工组织概述、建筑工程施工准备工作、施工方案概述、施工进度横道计划编制、网络计划、单位工程施工组织设计、施工组织总设计、BIM 技术综合应用、施工现场规划布置。本书依据职业能力选择课程内容，围绕职业能力的形成组织课程内容，按照工作过程设计学习过程。本书以典型工作案例为载体设计章节、组织教学，构建以"案例任务"为主线的能力培养模式，完成理论知识的教授。

为了更加凸显高等教育特色，本书每个模块都以不同案例导入，设置了模块目标和模块小结，对学习内容进行重点提示和归纳梳理。最后两个模块加入建筑企业真实案例，通过案例的讲解，学生能够对建筑工程施工组织进行更深层次的学习。此外，本书加入了 BIM 技术在施工组织设计中的应用知识，还加入了施工组织设计软件的操作规程，资料丰富，内容翔实，图文并茂，注重对施工员岗位能力的培养，方便学生在日后的实际工作中使用。

　　本书由新疆生产建设兵团兴新职业技术学院张超担任主编，由新疆生产建设兵团兴新职业技术学院张飞、张贞、杜江涛、王桐、李智卓担任副主编。具体编写分工：张超编写模块一；张飞编写模块二；杜江涛编写模块三、模块五；王桐编写模块四、模块七；张贞编写模块六；李智卓编写模块八、模块九。

　　由于编写时间仓促，加之编者的经验和水平有限，书中难免存在不妥和疏漏之处，恳请广大读者批评指正。

编　者

CONTENTS 目 录

CONTENTS

CONTENTS

CONTENTS

CONTENTS

CONTENTS

模块一　建筑施工组织概述

模块目标

了解基本建设的含义和组成，掌握基本建设程序的主要阶段；了解建筑产品及其生产特点与施工组织的关系，明确施工组织设计的任务、作用、分类及编制原则；熟悉组织施工的原则及施工准备工作内容。

案例导入

建筑是现代人类赖以生存的智慧结晶，近代建筑都以超高、宽大、复杂、精美为主题设计，上海的上海中心大厦(图 1-1)和北京大兴国际机场(图 1-2)为什么能修建得如此宏伟和精致呢？

上海中心大厦

上海中心大厦由一幢 632 m 的超高层塔楼建筑、一幢 5 层高的裙房建筑和一个 5 层地下室建筑组成。

塔楼外部幕墙呈三角形旋转上升状，内部办公平面由九个圆形建筑彼此叠加构成，共分九个区域，各区域含有一个空中花园。楼层结构平面由底部 83.6 m 直径逐渐收进并减小到 42 m。上海中心大厦采用"巨型框架—核心筒—伸缩桁臂"抗侧力结构体系。巨型框架由 8 根钢骨混凝土主柱、4 根角柱及 8 道位于设备层的箱型环带桁架组成。主柱截面尺寸最大为 3.7 m×5.3 m。核心筒为钢筋混凝土结构，壁厚达到 0.5～1.2 m，使用 C60 混凝土。结构抗震设防烈度为 7 度。

中央核心筒底部为 30 m×30 m 方形混凝土筒体。从第五区开始，核心筒四角被削掉，逐渐变化为十字形，直至顶部。

图 1-1　上海中心大厦

北京大兴国际机场

北京大兴国际机场是被外媒誉为"新世界七大奇迹"之首的工程，从 2015 年开始动工，两年内完成了整个航站楼的钢结构封顶，在 2018 年年底完成了机场跑道的全部摊铺和贯通。整个大兴国际机场占地约 4.05 亩(1 亩＝666.667 m²)，约等于 63 个天安门广场的面积，是世界上最大的单体航站楼。如果把机场屋顶的钢结构单独拆下来铺开，其面积达到了 18 万 m²，相当于 25 个标准足球场的总面积！机场的钢结构总量超过了 13 万 t，相当于 2 座鸟巢，或 18 座埃菲尔铁塔的钢用量，这个数字对于一个机场来说也非常惊人了。同时，它不仅是世界上最大的单体航站楼，还是最大的单体隔震建筑，采用了中国首创的层间隔震技术。简单来说，就是使用了柔软的隔震层，把航站楼的一层地面和负一层完全隔开。稳定的钢结构使它不仅防震还防风，安全指数很高。

图 1-2　北京大兴国际机场

单元一　基本建设

一、基本建设的含义和组成

1. 基本建设的含义

基本建设是国民经济各部门、各单位新增固定资产的一项综合性的经济活动，通过新建、扩建、改建和恢复工程等投资活动来完成。

基本建设是国民经济的组成部分，国民经济各部门都有基本建设经济活动，包括建设项目的投资决策，建设布局，技术决策，环保、工艺流程的确定，设备选型，生产准备以及对工程建设项目的规划、勘察、设计和施工等活动。

2. 基本建设的组成

基本建设包括单项工程、单位(子单位)工程、分部(子分部)工程和分项工程。

(1)单项工程。单项工程是指在一个建设工程项目中，具有独立的设计文件，竣工后可以独立发挥生产能力或效益的一组配套齐全的工程项目。单项工程是建设工程项目的组成部分，一个建设工程项目有时可以仅包括一个单项工程，也可以包括多个单项工程。

(2)单位(子单位)工程。单位工程是指具备独立施工条件并能形成独立使用功能的建筑物及构筑物。对于建筑规模较大的单位工程,可将其能形成独立使用功能的部分作为一个子单位工程。具有独立施工条件和能形成独立使用功能是单位(子单位)工程划分的基本要求。

单位工程是单项工程的组成部分。按照单项工程的构成,又可将其分解为建筑工程和设备安装工程。如工业厂房工程中的土建工程、设备安装工程、工业管道工程等分别是单项工程中所包含的不同性质的单位工程,1#住宅楼工程是住宅小区工程的单位工程。

(3)分部(子分部)工程。分部工程是单位工程的组成部分,应按专业性质、建筑部位确定。一般工业与民用建筑工程的分部工程包括地基与基础工程、主体结构工程、装饰装修工程、屋面工程、给水排水及采暖工程、电气工程、智能建筑工程、通风与空调工程、电梯工程。

(4)分项工程。分项工程是分部工程的组成部分,一般按主要工程、材料、施工工艺、设备类别等进行划分。如平整场地、人工挖土方、回填土、基础垫层、内墙砌筑、外墙抹灰、地面找平层、外保温节能墙体、内墙大白乳胶漆、外墙涂料、塑钢窗制作安装、防盗门安装等。

二、基本建设的程序

基本建设程序是指基本建设全过程中各项工作必须遵循的先后顺序。它是指基本建设全过程中各环节、各步骤之间客观存在的不可破坏的先后顺序,是由基本建设项目本身的特点和客观规律决定的;进行基本建设,坚持按科学的基本建设程序办事,就是要求基本建设工作必须按照符合客观规律要求的一定顺序进行,正确处理基本建设工作中从制订建设规划、确定建设项目、勘察、定点、设计、建筑、安装、试车,直到竣工验收交付使用等各个阶段、各个环节之间的关系,达到提高投资效益的目的,这是关系基本建设工作全局的一个重要问题,也是按照自然规律和经济规律管理基本建设的一个根本原则。

一个建设项目从计划建设到建成投产,一般要经过建设决策、工程设计、采购与施工和交付使用4个阶段,如图1-3所示。其主要步骤如下:

(1)项目建议书。项目法人按国民经济和社会发展长远规划、行业规划和建设单位所在的城镇规划的要求,根据本单位的发展需要,经过调查、预测、分析,编报项目建议书。

(2)可行性研究报告。项目建议书批准后,项目法人委托有相应资质的设计、咨询单位,对拟建项目在技术、工程、经济和外部协作条件等方面的可行性,进行全面分析、论证、方案比较,推荐最佳方案。可行性研究报告是项目决策的依据,应按国家规定达到一定的深度和准确性,其投资估算和初步设计概算的误差不得大于10%,否则将对项目进行重新决策。

(3)初步设计及其审批。可行性研究报告批准后,项目法人委托有相应资质的设计单位,按照批准的可行性研究报告的要求,编制初步设计。初步设计批准后,设计概算即为工程投资的最高限额,未经批准,不得随意突破。确因不可抗拒因素造成投资突破设计概算时,需上报原批准部门审批。

（4）施工图纸设计。初步设计批准后，项目法人委托有相应资质的设计单位，按照批准的初步设计，组织施工图纸设计。

（5）年度投资计划。项目建议书、可行性研究报告、初步设计批准后向主管部门申请列入年度投资计划。

（6）开工报告。建设项目完成各项准备工作，具备开工条件，建设单位及时向主管部门和有关单位提出开工报告，开工报告批准后即可进行项目施工。

（7）竣工验收。根据国家有关规定，建设项目按批准的内容完成后，符合验收标准，需及时组织验收、办理交付使用资产移交手续。根据国家有关规定，经营性项目总投资在5 000万元以上，非经营性项目3 000万元以上的，需编报项目建议书、可行性研究报告、初步设计，项目建议书及可行性研究报告初审后，由主管部门报国家发改委审批立项，初步设计由国家发改委或主管部门审批。经营性项目总投资在5 000万元以下的（不含5 000万元），非经营性项目总投资在3 000万元以下（不含3 000万元）的，需编报可行性研究报告、初步设计，均由行业主管部门审批。对于投资额较小的单项新建或扩建工程，可向主管部门提出建设必要性的投资估算报告，直接编报项目初步设计，具体投资限额由行业主管部门确定。经营性项目总投资在5 000万元以上（含5 000万元），非经营性项目总投资在3 000万元以上（含3 000万元）的竣工验收工作，由国家发改委或行业主管部门组织进行，限额以下的项目由行业主管部门或行业主管部门委托进行。

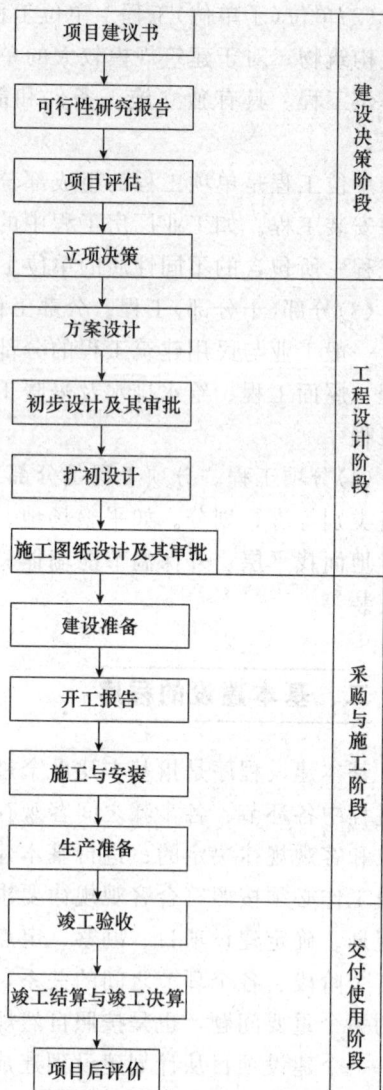

图 1-3 基本建设流程

单元二　建筑产品及其生产的特点

建筑产品是建筑施工的最终成果，建筑产品多种多样，但归纳起来有体形庞大、整体难分、不能移动等特点，这些特点决定了建筑产品生产与一般的工业产品生产不同，只有对建筑产品及其生产的特点进行研究，才能更好地组织建筑产品的生产，保证产品的质量。

一、建筑产品的特点

与一般工业产品相比，建筑产品具有以下特点：

1. 建筑产品的固定性

建筑产品是按照使用要求在固定地点兴建的。建筑产品的基础与作为地基的工地直接联系。因而建筑产品在建设中和建成后是不能移动的，建筑产品建在哪里就在哪里发挥作用，在有些情况下，一些建筑产品本身就是工地不可分割的一部分，如油气田、桥梁、地铁、水库等，固定性是建筑产品与一般工业产品的最大区别。

2. 建筑产品的多样性

建筑产品一般是由设计和施工部门根据建设单位（业主）的委托，按特定的要求进行设计和施工的。由于对建筑产品的功能要求多种多样，因而对建筑产品的结构、造型、空间分制、设备配置、内外装饰都有具体要求，即使功能要求相同，建筑类型相同，但由于地形、地质等自然条件不同，以及交通运输、材料供应等社会条件不同，在建造时施工组织、施工方法也存在差异。建筑产品的这种多样性特点决定了建筑产品不能像一般工业产品那样进行批量生产。

3. 建筑产品体积庞大

建筑产品是生产与生活的场所，要在其内部布置各种生产与生活必需的设备与用具，因而与其他工业产品相比，建筑产品体积庞大，占有广阔的空间，排他性很强。因其体积庞大，建筑产品对城市的形成影响很大，城市必须控制建筑区位、面、层高、层数、密度等，建筑必须服从城市规划的要求。

4. 建筑产品的高值性

能够发挥投资效用的任一项建筑产品，在其生产过程中耗用了大量的材料、人力、机械及其他资源，不仅实物形体庞大，而且造价高昂，动辄数百万、数千万、数亿元人民币，特大的工程项目其工程造价可达数十亿、数百亿元人民币。建筑产品的高值性也使其工程造价关系着各方面的重大经济利益，同时也会对宏观经济产生重大影响。以住宅为例，根据国际经验，每套社会住宅房价约为工资收入者年平均总收入的 6～10 倍，或相当于家庭3～6年的总收入。由于住宅是人们生活必需品，因此建筑领域是政府经常介入的领域。

二、建筑产品生产的特点

1. 建筑产品生产的流动性

生产的流动性是由建筑产品固着于地上不能移动和整体难以分解所造成的。其表现在两个方面：一是施工机构（包括施工人员和机具设备）随建筑物或构筑物坐落位置的变化而转移生产地点；二是在一个产品的生产过程中，施工人员和机具设备要随着施工部位的不同而沿着施工对象上下、左右流动，不断地转换操作场所。因此，在生产中，各生产要素的空间位置和相互间的空间配合关系经常处于变化之中。人机的流动，操作条件和工作面的不断变化，无疑会影响劳动的效率甚至劳动的组织。除此之外，生产的流动性又与施工的顺序性紧密地联系在一起。考虑到产品整体性的要求，建筑生产中，其"零部件"（各分部分项工程）的生产常常是与"装配"工作结合进行的，一经建造即成一体，而不可能随便进行"拆装"。故施工必须按严格的顺序进行，也就是人机必须按照客观要求的顺序流动。

2. 建筑产品生产的单件性

建筑产品地点的固定性和类型的多样性决定了产品生产的单件性。一般的工业产品是在一定的时期内，通过统一的工艺流程进行批量生产的，而具体的一个建筑产品应在国家或地区的统一规划内，根据其实用功能，在选定的地点上单独设计和单独施工。即使是选用标准设计，通用构件或配件，由于建筑产品所在地区的自然、技术、经济条件的不同，建筑产品的结构或构造、建筑材料、施工组织和施工方法等也要因地制宜加以修改，从而使各建筑产品生产具有单件性。

3. 建筑产品生产的地区性

由于建筑产品的固定性决定了同一使用功能的建筑产品因其建造地点的不同必然受到建设地区的自然、技术、经济和社会条件的约束，使其结构、构造、艺术形式、室内设施、材料、施工方案等方面均不同，因此建筑产品生产具有地区性。

4. 建筑产品生产周期长

建筑产品的固定性和体积庞大的特点决定了建筑产品的生产周期长。因为建筑产品体积庞大，使最终建筑产品的建成必然耗费大量的人力、物力和财力。同时，建筑产品的生产全过程还要受到工艺流程和生产程序的制约，使各专业、工种间必须按照合理的施工顺序进行配合和衔接。又由于建筑产品地点的固定性，其使施工活动的空间具有局限性，从而导致建筑产品生产周期长、占用流动资金大。

单元三　施工组织设计概述

一、施工组织设计的概念

组织就是在一定的环境中，为实现某种共同的目标，按照一定的结构形式、活动规律结合起来的，具有特定功能的开放系统。简单来说，组织是两个以上的人、目标和特定的人际关系构成的群体。

组织是两个以上的人在一起为实现某个共同目标而协同行动的集合体。它是以目的为导向的社会实体，具有特定结构化的活动系统。

建筑施工组织
设计规范

综上所述，一个组织是由各子系统组成的系统，并由来自环境的分界来画出轮廓，要求尽量了解各子系统内部及其各子系统之间的关系，以及组织和环境之间的关系，并且要求尽量明确各个变量的关系和结构模式，它强调组织变化无常的性质，并且了解组织在不同的条件下和特定条件下如何运转。

组织的构成主要由以下4个方面组成。

（1）人。组织由两个或两个以上的人组成，这些人为了共同的目标走到一起。人是组成组织的最基本要素，也是唯一具有主观能动性的要素。

（2）共同目标——前提要素。组织拥有一个（经常更多个）目的或目标。它们有目的和存在的理由。员工要认同目标，目标要分层次。

（3）结构——载体要素。结构要有互相协调的手段，保证人们可以进行沟通、互动并交流他们的工作。结构是分工协作的表现，由部门、岗位、职责、从属关系构成。

（4）管理——维持要素。为了实现目标，组织管理拥有一套计划、控制、组织和协调的流程，以计划、执行、监督、控制等手段保证目标的实现。

建筑施工组织设计是指导拟建工程施工全过程各项活动的技术、经济和组织的综合性文件。施工组织设计要根据国家的有关技术政策和规定、业主的要求、设计图纸和组织施工的基本原则，从拟建工程施工全局出发，结合工程的具体条件，合理地组织施工，采用科学的管理方法，不断地革新施工技术，有效地使用人力、物力，安排好时间和空间，以期达到耗工少、工期短、质量高和造价低的最优效果。施工组织设计是对拟建工程施工过程合理安排、实行科学管理的重要手段和措施。通过施工组织设计的编制，可以全面考虑拟建工程的各种施工条件，扬长避短，制订合理的施工方案、技术经济和组织措施，以及合理的进度计划（包括确保实施的准备工作计划）；提供合理的临时设施，以及材料和机具在施工场地上的布置方案，只有这样，才能保证施工的顺利进行。

二、施工组织设计的任务和作用

施工组织设计是根据国家或业主对拟建工程的要求、设计图纸和编制施工组织设计的基本原则，从拟建工程施工全过程中的人力、物力和空间等三个要素着手，在人力与物力、主体与辅助、供应与消耗、生产与储存、专业与协作、使用与维修和空间布置与时间排列等方面进行科学的、合理的部署，为建筑产品生产的节奏性、均衡性和连续性提供最优方案，从而以最少的资源消耗取得最大的经济效果，使最终建筑产品的生产在时间上达到速度快和工期短，在质量上达到精度高和功能好，在经济上达到消耗少、成本低和利润高的目的。因此，施工组织设计的任务是把工程项目在整个施工过程所需用的人力、材料、机械、资金和时间等因素，按照客观的经济技术规律，科学地做出合理安排，使之达到耗工少、速度快、质量高、成本低、安全好、利润大的要求。

施工组织设计的作用是对拟建工程施工的全过程实行科学管理的重要手段。通过施工组织设计的编制，可以全面考虑拟建工程的各种具体施工条件，扬长避短地拟订合理的施工方案、确定施工顺序、施工方法、劳动组织和技术经济的组织措施，合理地统筹安排拟订施工进度计划，保证拟建工程按期投产或交付使用；也为拟建工程的设计方案在经济上的合理性、在技术上的科学性和在实施工程上的可能性进行论证提供依据；还为建设单位编制基本建设计划和施工企业编制施工计划提供依据。施工企业可以提前掌握人力、材料和机具使用上的先后顺序，全面安排资源的供应与消耗，可以合理地确定临时设施的数量、规模和用途，以及临时设施、材料和机具在施工场地上的布置方案。

通过施工组织设计的编制，可以预计施工过程中可能发生的各种情况，事先做好准备和预防，为施工企业实施施工准备工作计划提供依据；可以把拟建工程的设计与施工、技术与经济、前方与后方和施工企业的全部施工安排与具体工程的施工组织工作更紧密地结合起来；可以把直接参加的施工单位与协作单位、部门与部门，阶段与阶段、过程与过程之间的关系更好地协调起来。根据实践经验，对于一个拟建工程来说，如果施工组织设计编制得合理，能正确反映客观实际，符合建设单位和设计单位的要求，并且在施工过程中认真地贯彻执行，就可以保证拟建工程施工的顺利进行，取得好、快、省和安全的效果，早日发挥基本建设投资的经济效益和社会效益。

三、施工组织设计的分类

施工组织设计按设计阶段的不同、编制对象范围的不同、使用时间的不同和编制内容的繁简程度的不同，有以下分类情况。

1. 按设计阶段的不同分类

施工组织设计的编制一般同设计阶段相配合。

(1)设计按两个阶段进行时，施工组织设计分为施工组织总设计(扩大初步施工组织设计)和单位工程施工组织设计两种。

(2)设计按三个阶段进行时，施工组织设计分为施工组织设计大纲(初步施工组织条件设计)、施工组织总设计和单位工程施工组织设计三种。

2. 按编制对象范围的不同分类

施工组织设计按编制对象范围的不同可分为施工组织总设计、单位工程施工组织设计、分部分项工程施工组织设计三种。

(1)施工组织总设计。施工组织总设计是以一个建筑群或一个建设项目为编制对象，用以指导整个建筑群或建设项目施工全过程的各项施工活动的技术、经济和组织的综合性文件。施工组织总设计一般在初步设计或扩大初步设计被批准之后，在总承包企业的总工程师领导下进行编制。

(2)单位工程施工组织设计。单位工程施工组织设计是以一个单位工程(一个建筑物或构筑物，一个交工系统)为编制对象，用以指导其施工全过程的各项施工活动的技术、经济和组织的综合性文件。单位工程施工组织设计一般在施工图纸设计完成后，在拟建工程开工前，在工程处的技术负责人领导下进行编制。

(3)分部分项工程施工组织设计。分部分项工程施工组织设计是以分部分项工程为编制对象，用以具体实施其施工全过程的各项施工活动的技术、经济和组织的综合性文件。分部分项工程施工组织设计一般是同单位工程施工组织设计的编制同时进行，并由单位工程的技术人员负责编制。

施工组织总设计、单位工程施工组织设计和分部分项工程施工组织设计之间有以下关系：施工组织总设计是对整个建设项目的全局性战略部署，其内容和范围比较概括；单位工程施工组织设计是在施工组织总设计的控制下，以施工组织总设计和企业施工计划为依据编制的，针对具体的单位工程，把施工组织总设计的内容具体化；分部分项工程施工组织设计是以施工组织总设计、单位工程施工组织设计和企业施工计划为依据编制的，针对具体的分部分项工程，把单位工程施工组织设计进一步具体化，它是专业工程具体的施工组织设计。

3. 按编制内容的繁简程度的不同分类

施工组织设计按编制内容的繁简程度的不同可分为完整的施工组织设计和简单的施工组织设计两种。

(1)完整的施工组织设计。对于工程规模大、结构复杂、技术要求高，采用新结构、新技术、新材料和新工艺的拟建工程项目，必须编制内容详尽的完整的施工组织设计。

(2)简单的施工组织设计。对于工程规模小、结构简单、技术要求和工艺方法不复杂的拟建工程项目，编制内容一般可以仅包括施工方案、施工进度计划和施工总平面布置图等，可以编制简单的施工组织设计。

四、施工组织设计的编制

1. 施工组织设计的编制原则

(1)遵守设计图纸、文件和规范进行编制的原则。编制施工组织设计的过程中，严格遵守现行施工规范和质量检验标准，遵守设计图纸的要求。

(2)坚持实事求是，一切从实际出发的原则。施工组织设计的编制，一切从本公司现有的实际施工能力、经济实力、技术水平出发，坚持科学组织，合理安排，均衡施工，确保高速度、高质量、安全、文明地完成工程项目建设。

(3)坚持方案编制切合工程实际的原则。施工组织设计的编制，一切建立在对该工程周边地下管线、道路详细调查研究、对工程设计图纸及设计要求仔细学习理解、对招标文件深刻理解的基础上，做到方案编制切合工程实际，有针对性、有目的性。

(4)一切从保障工程高速、优质、安全地完成，保证周边建(构)筑物、地面道路安全，保护环境的角度出发编制施工组织设计的原则。

(5)坚持积极推广"四新"成果的原则。在各工序的施工中，对于能够提高工程质量、进度，降低成本的新技术、新工艺、新材料、新设备，积极地采用推广，提高工程施工的科技含量。

(6)坚持专业化作业和综合管理相结合的原则。施工组织方面，发挥专业施工队伍合理调配的优势，同时采用综合管理手段，达到整体优化，保证工程施工进度、质量、安全目标全面实现的目的。

2. 施工组织设计的编制依据

施工组织设计的编制依据见表1-1。

表 1-1　施工组织设计的编制依据

序号	类别	文件名称	编号
1	主要国标、规范	《建设工程项目管理规范》	GB/T 50326—2017
		《建筑工程施工质量验收统一标准》	GB 50300—2013
		《工程测量标准》	GB 50026—2020
		《混凝土结构工程施工质量验收规范》	GB 50204—2015
		《建筑地基基础工程施工质量验收标准》	GB 50202—2018
		《地下防水工程质量验收规范》	GB 50208—2011
		《地下工程防水技术规范》	GB 50108—2008
		《大体积混凝土施工标准》	GB 50496—2018
		《屋面工程质量验收规范》	GB 50207—2012
		《砌体结构工程施工质量验收规范》	GB 50203—2011
		《屋面工程技术规范》	GB 50345—2012
		《建筑装饰装修工程质量验收标准》	GB 50210—2018
		《给水排水管道工程施工及验收规范》	GB 50268—2008
		《建筑给水排水及采暖工程施工质量验收规范》	GB 50242—2002
		《通风与空调工程施工质量验收规范》	GB 50243—2016
		《建筑电气工程施工质量验收规范》	GB 50303—2015
		《智能建筑工程质量验收规范》	GB 50339—2013
		《建设工程施工现场供电安全规范》	GB 50194—2014
		《建筑地面工程施工质量验收规范》	GB 50209—2010
		《建筑节能工程施工质量验收标准》	GB 50411—2019
		《民用建筑工程室内环境污染控制标准》	GB 50325—2020
2	主要行业标准、规范规程	《施工现场临时用电安全技术规范》	JGJ 46—2005
		《建筑地基处理技术规范》	JGJ 79—2012
		《建筑工程冬期施工规程》	JGJ/T 104—2011
		《钢筋机械连接技术规程》	JGJ 107—2016
		《高层建筑混凝土结构技术规程》	JGJ 3—2010
		《建筑机械使用安全技术规程》	JGJ 33—2012
		《建筑施工安全检查标准》	JGJ 59—2011
		《建筑施工高处作业安全技术规范》	JGJ 80—2016
		《建筑施工扣件式钢管脚手架安全技术规范》	JGJ 130—2011
3	合同	《××××××项目施工总承包合同》	—
4	设计文件	××××××项目施工图	—
5	企业管理文件	××××××(集团)管理手册	—
		××××××(集团)企业技术标准	—

模块小结

　　本模块通过案例的引入，主要讲授了基本建设的程序和建筑产品及其生产的特点，并阐述了其中的关系；同时讲解了施工组织设计的概念、任务和作用，并介绍了施工组织设计的分类及编制。通过本模块的学习，学生能够了解建筑施工组织的基本知识，为下一部分内容的学习做好充分准备。

课后习题

1. 基本建设的含义是什么？我国基本建设的程序有哪几个阶段？
2. 建筑产品的特点是什么？建筑产品生产的特点是什么？
3. 什么是组织？组织主要由哪几个方面组成？
4. 施工组织设计的任务和作用是什么？
5. 施工组织设计的编制依据主要由哪些组成？

模块二　建筑工程施工准备工作

模块目标

　　掌握建筑工程施工准备工作的任务，能够理解建筑工程施工准备工作的意义，能对建筑工程施工准备工作进行分类，能够准确表述建筑工程施工准备工作的内容及要求；掌握建筑施工准备工作中原始资料的调查内容；掌握图纸熟悉、自审、会审这几个阶段的知识，熟悉施工组织设计的编制和自审工作后的报审程序；掌握障碍物的拆除现场准备的各项事宜，会建立测量控制网，会搭设临时设施；掌握现场准备工作的范围及各方职责；掌握"七通一平"的内容，掌握劳动力组织准备、物资准备的有关知识内容；掌握冬(雨)期施工准备内容，能对冬(雨)期季节性施工进行充分的施工准备；熟悉施工准备工作计划编制的思路与主要内容。

案例导入

　　某新建总装配车间位于原厂区之东，小河之南，民房群之北，东面为农田，该地地势平坦，拟建车间的北面与西面有永久道路，可供施工使用，附近有水电可供使用。

　　(1)此新建装配车间为装配式钢筋混凝土结构，两跨单层工业厂房，横向为 54 m，纵长为 6.0×17＝102.0 m，车间围护结构为预制钢筋混凝土基础梁，24 cm 厚清水砖墙，水泥砂浆勾缝，水泥砂浆粉勒脚和混凝土散水，内墙喷白灰水两道，两道连系梁为预制构件，层面采用二毡三油一砂油毡屋面，地面为分格浇筑的混凝土地坪。

　　(2)水文气候条件：基础土方挖土为二级土(或称混凝土)，设计标高以下可见坚硬土层，该厂地址在武汉地区，4、5月为雨季，12月5日—次年3月2日共计87天连续5天室外平均气温低于5℃，故在期间应考虑冬期施工，地下水水位距离地表3 m 以下。

　　(3)物资供应相关条件：钢材、木材、水泥和地方材料均按工程需要由组织供应，钢筋及模板门窗制作等均在预制厂制作，吊车梁、天窗架和天窗端壁在现场预制均制作完成，大型屋面板、天沟板梁由公司预制厂预制供应，柱屋架在现场就地预制，现场设临时工棚和钢筋棚，施工单位现场有 W1—200 型履带式起重机，起重机性能符合施工要求，起重机外形有关尺寸：起重机尾部到回转中心最大距离 A＝4.5 m，起重臂下端铰支座中心离地面高度 E＝2.1 m，起重机尾部压配重离地面高度 D＝1.9 m，履带两外侧距离 H＝4.05 m。

　　(4)基础工程：开挖深度 2 m，基坑采用 0.25 m³ 斗容量的反铲挖土机开挖，坑底及边角采用人工进行修整，人工开挖量约占总量的 10%。

　　总装配车间计划于9月1日开工，历时八个月，次年五月竣工，时间分配：基础施工工程约占20%，预制施工工程约占30%，结构吊装工程约占30%，其他工程约占20%。根据施工条件，将土建施工分为以下四个阶段：

第一阶段：基础施工，因地下水水位较低，要求速度快，流水施工。

第二阶段：预制施工，除柱子、屋架现场预制外，吊车梁、天窗架和天窗端壁在现场预制。

第三阶段：结构吊装。

第四阶段：其他工程，在结构吊装完成后的一个月完成。

请试着完成以上工程的施工组织准备工作。

单元一　施工准备工作概述

一、施工准备工作的任务

(1)取得工程施工的法律依据，具体包括城市规划、环卫、交通、电力、消防、市政、公用事业等部门批准的法律依据。

(2)通过调查研究，分析掌握工程特点、要求和关键环节。

(3)调查分析施工地区的自然条件、技术经济条件和社会生活条件。

(4)预测可能发生的变化，提出应变措施，做好应变准备。

(5)从计划、技术、物资、劳动力、设备、组织、场地等方面为施工创造必备的条件，以保证工程顺利开工和连续进行。

二、施工准备工作的意义

1. 施工准备是建筑施工程序的一个重要阶段

现代工程施工是十分复杂的生产活动，技术规律和市场经济规律要求工程施工必须严格按建筑施工程序进行。只有认真做好施工准备工作，才能取得良好的建设效果。

2. 施工准备是降低施工风险的有效措施

就工程项目施工的特点而言，工程项目施工受外界干扰及自然因素的影响较大，施工中可能遇到的风险较多。只有充分做好施工准备工作，采取预防措施，加强应变能力，才能有效地降低风险损失。

3. 施工准备是创造工程开工和顺利施工的条件

工程项目施工中不仅需要消耗大量的材料，使用许多机械设备，组织安排各工种入场，协调各种社会关系，而且要解决各种复杂的技术问题，协调各种配合关系，因此需要统筹安排和周密准备，才能保证工程顺利开工和开工后能连续顺利施工。

4. 施工准备是提高企业经济效益的有效途径之一

认真做好工程项目的施工准备工作，能调动各方面的积极因素，合理组织资源进度，提高工程质量，降低工程成本，从而提高企业的经济效益和社会效益。

实践证明，施工准备工作的好与坏将直接影响建筑产品生产的全过程。凡是重视和做好施工准备工作的，积极为工程项目创造一切有利施工条件的，则该工程能顺利开工，取得施工的主动权；反之，如果违背施工程序，忽视施工准备工作，或工程仓促开工，必然在工程施工中受到各种掣肘、处处被动，以致造成重大的经济损失。

三、施工准备工作的分类

1. 按施工准备工作的范围分类

按施工准备工作的范围分类，施工准备工作一般可分为全场性施工准备、单位工程施工条件准备和分部分项工程作业条件准备三种。

(1)全场性施工准备。全场性施工准备是以一个建筑工地为对象而进行的各项施工准备工作，其是为全场性施工服务的，它不仅要为全场性的施工活动创造有利条件，而且要兼顾单位工程施工条件的准备。全场性施工准备由现场施工总包单位负责全面规划和日常管理。

(2)单位工程施工条件准备。单位工程施工条件准备是以一个建筑物或构筑物为对象而进行的施工条件准备工作，其是为单位工程施工服务的，它不仅要做好单位工程开工前的一切准备工作，而且要做好分部分项工程的施工准备工作。单位工程施工条件准备由单位工程的负责人组织完成。

(3)分部分项工程作业条件准备。分部分项工程作业条件准备是以一个分部分项工程或冬(雨)期施工为对象而进行的作业条件准备工作。

2. 按拟建工程所处的施工阶段分类

按拟建工程所处的施工阶段分类，施工准备工作一般可分为开工前的施工准备和开工后的施工准备。

(1)开工前的施工准备。开工前的施工准备是在拟建工程正式开工之前所进行的一切施工准备工作，其是为拟建工程正式开工创造必要的施工条件。它既可能是全场性施工准备，又可能是单位工程施工条件准备。

(2)开工后的施工准备。开工后的施工准备是在工程开工之后、每个施工阶段正式开工之前所进行的施工准备工作，其是为施工阶段正式开工创造必要的施工条件。例如，混合结构的民用住宅的施工一般可分为地下工程、主体工程、装饰工程和屋面工程等施工阶段，每个施工阶段的施工内容不同，所需要的技术条件、物资条件、组织要求和现场布置等方面也不同。因此，在每个施工阶段开工之前，都要认真做好相应的施工准备工作。

四、施工准备工作的内容

施工准备工作的一般内容包括调查研究与收集资料、技术资料准备、施工现场准备、资源准备、季节性施工准备，如图 2-1 所示。

为落实各项施工准备工作，加强检查和监督，应根据各项施工准备工作的内容、时间和人员，编制施工准备工作计划。

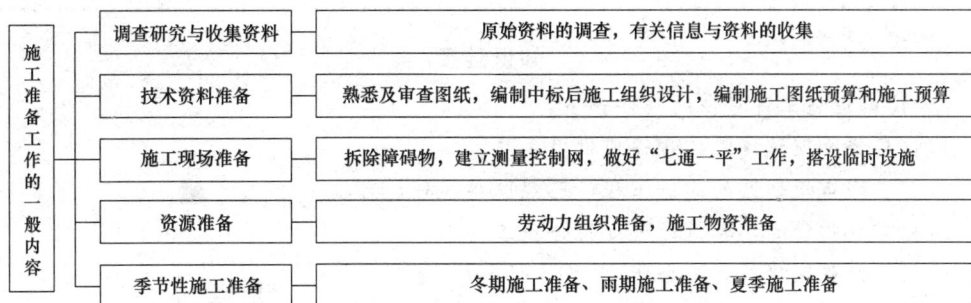

图 2-1　施工准备工作的一般内容

（施工准备工作的一般内容）
- 调查研究与收集资料 —— 原始资料的调查，有关信息与资料的收集
- 技术资料准备 —— 熟悉及审查图纸，编制中标后施工组织设计，编制施工图纸预算和施工预算
- 施工现场准备 —— 拆除障碍物，建立测量控制网，做好"七通一平"工作，搭设临时设施
- 资源准备 —— 劳动力组织准备，施工物资准备
- 季节性施工准备 —— 冬期施工准备、雨期施工准备、夏季施工准备

五、建筑工程施工准备工作的要求

为了做好施工准备工作，应采取以下 5 个方面的具体措施。

（1）编制施工准备工作计划。施工准备工作要编制详细的计划，列出施工准备工作的具体内容、完成时间和负责人等。由于各项准备工作之间有相互依存的关系，单纯的计划难以表达清楚，因此可同时编制施工准备工作网络计划，明确并找出关键工作。利用网络图进行施工准备期的调整，尽量缩短施工时间。

施工准备工作计划作为施工组织设计的基本内容之一，应当在施工组织设计中予以安排，同时应注重施工过程的统筹安排。

（2）建立严格的施工准备工作责任制与检查制度。

1）施工准备工作责任制。由于施工准备项目多、范围广，有时施工准备工作的期限比正式施工期限还要长，因此必须有严格的责任制。要按计划将责任明确到有关部门甚至个人，以保证按计划要求完成工作。同时应明确各级技术负责人在施工准备工作中应负的领导责任，以便推动和促进各部门认真做好各项施工准备工作。

2）检查制度。对施工准备工作应定期进行检查，主要检查施工准备工作计划的执行情况，发现薄弱环节及时加以改进。对施工准备工作进行检查的方法可采用实际与计划对比法，或采用相关单位、人员割分制，当场分析产生问题的原因，提出解决问题的方法。

（3）施工准备工作应有组织、有计划、分阶段、有步骤地进行。

1）建立施工准备工作的组织机构，明确相应管理人员。

2）编制施工准备工作计划表，保证施工准备工作按计划落实。

3）将施工准备工作按工程的具体情况划分为开工前、地基基础工程、主体工程、屋面与装饰装修工程等时间段，分阶段、有步骤地进行。

（4）施工准备工作应取得建设单位、设计单位及各有关协作配合单位的大力支持。将建设、设计和施工三方面结合在一起，并组织相关各专业协作配合单位，统一步调，分工协作，以便共同做好施工准备工作。

（5）施工准备工作应做好以下 4 个结合。

1）设计与施工相结合。

2）室内准备与室外准备相结合。

3）土建工程与专业工程相结合。

4）前期准备与后期准备相结合。

单元二　调查研究与收集资料

施工前，除了要掌握有关拟建工程的书面资料外，还应做好原始资料的调查和有关信息与资料的收集工作，如对建设单位、设计单位、建设地区自然条件、给水供电资料、交通运输资料、机械设备与建筑材料、劳动力与生活条件的调查。这些调查工作进行的效果将直接影响施工进度和施工质量。

一、对建设单位的调查

1. 调查内容

(1)建设项目设计任务书、有关文件；

(2)建设项目性质、规模、生产能力；

(3)生产工艺流程、主要工艺设备名称及来源、供应时间、分批和全部到货时间；

(4)建设期限、开工时间、交工先后顺序、竣工投产时间；

(5)总概算投资、年度建设计划；

(6)施工准备工作内容、安排、工作进度表。

2. 调查目的

(1)施工依据；

(2)项目建设部署；

(3)制订主要工程施工方案；

(4)规划施工总进度；

(5)安排年度施工计划；

(6)规划施工总平面；

(7)确定占地范围。

二、对设计单位的调查

1. 调查内容

(1)建设项目总平面规划；

(2)工程地质勘察资料；

(3)水文勘察资料；

(4)项目建筑规模、建筑、结构、装修概况、总建筑面积、占地面积；

(5)单项(单位)工程个数；

(6)设计进度安排；

(7)生产工艺设计、特点；

(8)地形测量图。

2. 调查目的

(1)规划施工总平面图；

(2)规划生产施工区、生活区；

(3)安排大型暂设工程；

(4)概算施工总进度；

(5)规划施工总进度；

(6)计算平整场地土石方量；

(7)确定地基、基础的施工方案。

三、建设地区自然条件调查

建设地区自然条件调查的主要内容包括建设地点的气象、地形、地貌、工程地质、水文地质、场地周围环境、地上障碍物和地下隐蔽物，这些资料来源于当地气象台、勘察设计单位和施工单位进行现场勘测的结果，用作确定施工方法和技术措施的依据，并为编制施工进度计划和施工总平面图提供参考。

1. 建设地区气象资料调查

建设地区气象资料调查见表 2-1。

表 2-1 建设地区气象资料调查

序号	项目	调查内容 气象资料	调查目的
1	气温	1. 全年各月平均温度； 2. 最高温度、月份；最低温度、月份； 3. 冬季、夏季室外计算温度； 4. 霜、冻、冰雹期； 5. 小于−3℃、0℃、5℃的天数，起止日期	1. 防暑降温； 2. 全年正常施工天数； 3. 冬期施工措施； 4. 估计混凝土、砂浆强度增长
2	降雨	1. 雨期起止时间； 2. 全年降水量、一日最大降水量； 3. 全年雷暴日数、时间； 4. 全年各月平均降水量	1. 雨期施工措施； 2. 现场排水、防洪； 3. 防雷； 4. 雨天天数估计

序号	项目	调查内容	调查目的
		气象资料	
3	风	1. 主导风向及频率(风玫瑰图); 2. ≥8级风全年天数、时间	1. 布置临时设施; 2. 高空作业及吊装措施

2. 建设地区工程地形、地质资料调查

建设地区工程地形、地质资料调查见表 2-2。

表 2-2　建设地区工程地形、地质资料调查

序号	项目	调查内容	调查目的
		工程地形、地质资料	
1	地形	1. 区域地形图与工程位置地形图; 2. 工程建设地区的城市规划; 3. 控制桩、水准点的位置; 4. 地形地质的特征; 5. 勘察文件、资料等	1. 选择施工用地; 2. 合理布置施工总平面图; 3. 计算现场平整土方量; 4. 障碍物及数量; 5. 拆迁和清理施工现场
2	地质	1. 钻孔布置图; 2. 地质剖面图(各层土的特征、厚度); 3. 地质稳定性:滑坡、流沙、冲沟; 4. 地基土各项物理力学指标:天然含水量、孔隙比、渗透性、压缩性指标、塑性指数、地基承载力; 5. 软弱土、膨胀土、湿陷性黄土分布情况,最大冻结深度; 6. 防空洞、枯井、土坑、古墓、洞穴,地基土破坏情况; 7. 地下沟通管网、地下构筑物	1. 土方施工方法的选择; 2. 地基处理方法; 3. 基础、地下结构施工措施; 4. 障碍物拆除计划; 5. 基坑开挖方案设计
3	地震	地震设防烈度的大小	对地基、结构的影响,施工注意事项

3. 建设地区工程水文地质资料调查

建设地区工程水文地质资料调查见表 2-3。

表 2-3　建设地区工程水文地质资料调查

序号	项目	调查内容	调查目的
		工程水文地质资料	
1	地下水	1. 最高、最低水位及时间; 2. 流向、流速、流量; 3. 水质分析; 4. 抽水试验、测定水量	1. 土方施工基础施工方案的选择; 2. 降低地下水位方法、措施; 3. 判定侵蚀性质及施工注意事项; 4. 使用、饮用地下水的可能性
2	地面水	1. 临近的江河湖泊及距离; 2. 洪水、平水、枯水时期,水位、流量、流速、航道深度,通航可能性; 3. 水质分析	1. 临时给水; 2. 航运组织; 3. 水工工程
3	周围环境及障碍物	1. 施工区域现有建筑物、构筑物、沟渠、树木、土堆、高压输变电线路等; 2. 临近建筑坚固程度,以及其中人员工作生活、健康状况	1. 及时拆迁、拆除; 2. 保护工作; 3. 合理布置施工总平面图; 4. 合理安排施工进度

四、建设地区技术经济条件调查

建设地区技术经济条件调查包括地方建筑生产企业、地方资源交通运输、水、电及其他能源，主要设备、三大材料和特殊材料，以及它们的生产能力等项目的调查等。

1. 建设地区建筑材料及构件生产企业情况调查

建设地区建筑材料及构件生产企业情况调查见表 2-4。

表 2-4　建设地区建筑材料及构件生产企业情况调查

序号	企业名称	产品名称	规格质量	单位	生产能力	供应能力	生产方式	出厂价格	运距	运输方式	单位运价	备注

注：企业名称按构件厂，木工厂，金属结构厂，商品混凝土厂，砂石厂，建筑设备厂，砖、瓦、石灰厂等填列。

2. 建设地区资源情况调查

建设地区资源情况调查见表 2-5。

表 2-5　建设地区资源情况调查

序号	材料名称	产地	储存量	质量	开采（生产）量	开采费	出厂价	运距	运费	供应的可能性	备注

注：1. 材料名称按块石、碎石、砾石、砂、工业废料（包括冶金矿渣、炉渣、电站粉煤灰）填列。

2. 调查目的是落实地方物资准备工作。

3. 建设地区交通运输条件调查

建设地区交通运输条件调查见表 2-6。

表 2-6　建设地区交通运输条件调查

序号	项目	调查内容	调查目的
1	铁路	1. 邻近铁路专用线、车站至工地的距离及沿途运输条件； 2. 站场卸货线长度、起重能力和储存能力； 3. 装载单个货物的最大尺寸、质量的限制； 4. 运费、装卸费和装卸力量	1. 选择施工运输方式； 2. 拟订施工运输计划
2	公路	1. 主要材料产地至工地的公路等级，路面构造宽度及完好情况，允许最大载重量； 2. 途经桥涵等级，允许最大载重量； 3. 当地专业机构及附近村镇能提供的装卸、运输能力，汽车、人力车的数量及运输效率，运费、装卸费； 4. 当地有无汽车修配厂、修配能力和至工地距离、路况； 5. 沿途架空电线高度	
3	航运	1. 货源、工地至邻近河流、码头渡口的距离，道路情况； 2. 洪水、平水、枯水、封冻期，通航的最大船只及吨位，取得船只的可能性； 3. 码头装卸能力，最大起重量，增设码头的可能性； 4. 渡口的渡船能力；同时可载汽车、马车数，每日次数，能为施工提供的能力； 5. 运费、渡口费、装卸费	

4. 建设地区供水、供电、供气条件调查

建设地区供水、供电、供气条件调查见表2-7。

表2-7　建设地区供水、供电、供气条件调查

序号	项目	调查内容
1	给排水	1. 与当地现有水源连接的可能性，可供水量，接管地点、管径、管材、埋深、水压、水质、水费，至工地距离、地形地物情况； 2. 临时供水源：利用江河、湖水可能性，水源、水量、水质、取水方式，至工地距离、地形地物情况；临时水井：位置、深度、出水量、水质； 3. 利用永久排水设施的可能性，施工排水去向，距离坡度；有无洪水影响，现有防洪设施、排洪能力
2	供电与通信	1. 电源位置，引入的可能性，允许供电容量、电压、距离、电费、接线地点，至工地距离、地形地物情况； 2. 建设、施工单位，自有发电、变电设备的规格、台数、能力，燃料及可能性； 3. 利用邻近电信设备的可能性，电话、电报局至工地距离，增设电话设备和计算机等自动化办公设备和线路的可能性
3	供气	1. 蒸气来源，可供能力、数量，接管地点、管径、埋深，至工地距离、地形地物情况，供气价格，供气的正常性； 2. 建设、施工单位自有锅炉型号、台数、能力、所需燃料、用水水质，投资费用； 3. 当地、建设单位提供压缩空气、氧气的能力，至工地的距离

注：1. 资料来源：当地城建、供电局、水厂等单位及建设单位。
　　2. 调查目的：选择给水排水、供电、供气方式，作出经济比较。

5. 建设地区三大材料、特殊材料及主要设备调查

建设地区三大材料、特殊材料及主要设备调查见表2-8。

表2-8　建设地区三大材料、特殊材料及主要设备调查

序号	项目	调查内容	调查目的
1	三大材料	1. 钢材订货的规格、钢号、强度等级、数量和到货时间； 2. 木材订货的规格、等级、数量和到货时间； 3. 水泥订货的品种、强度等级、数量和到货时间	1. 确定临时设施和堆放场地； 2. 确定木材加工计划； 3. 确定水泥储存方式
2	特殊材料	1. 需要的品种、规格、数量； 2. 试制、加工和供应情况； 3. 进口材料和新材料	1. 制订供应计划； 2. 确定储存方式
3	主要设备	1. 主要工艺设备名称、规格、数量和供货单位； 2. 分批和全部到货时间	1. 确定临时设施和堆放场地； 2. 拟订防雨措施

6. 建设地区社会劳动力和生活设施调查

建设地区社会劳动力和生活设施调查见表2-9。

表2-9　建设地区社会劳动力和生活设施调查

序号	项目	调查内容	调查目的
1	社会劳动力	1. 少数民族地区的风俗习惯； 2. 当地能提供的劳动力人数、技术水平、工资费用和来源； 3. 上述人员的生活安排	1. 拟订劳动力计划； 2. 安排临时设施

序号	项目	调查内容	调查目的
2	房屋设施	1. 必须在工地居住的单身人数和户数; 2. 能作为施工用的现有房屋的栋数、每栋面积、结构特征、总面积、位置、水暖电卫、设备状况; 3. 上述建筑物的适宜用途,用作宿舍、食堂、办公室的可能性	1. 确定现有房屋为施工服务的可能性; 2. 安排临时设施
3	周围环境	1. 主副食品供应、日用品供应、文化教育、消防治安等机构能为施工提供的支援能力; 2. 邻近医疗单位至工地的距离,可能就医情况; 3. 当地公共汽车、邮电服务情况; 4. 是否存在有害气体、污染情况,有无地方病	安排职工生活基地,解除后顾之忧

7. 参加施工的各单位能力调查

参加施工的各单位能力调查见表 2-10。

表 2-10　参加施工的各单位能力调查

序号	项目	调查内容
1	工人	1. 工人数量、分工种人数、能投入本工程施工的人数; 2. 专业分工及一专多能的情况、工人队组形式; 3. 定额完成情况、工人技术水平、技术等级构成
2	管理人员	1. 管理人员总数、所占比例; 2. 其中技术人员数、专业情况、技术职称、其他人员数
3	施工机械	1. 机械名称、型号、能力、数量、新旧程度、完好率,能投入施工的情况; 2. 总装备程度(马力/全员); 3. 分配、新购情况
4	施工经验	1. 历年曾施工的主要工程项目、规模、结构、工期; 2. 习惯施工方法,采用过的先进施工方法,构件加工、生产能力及其质量; 3. 工程质量合格情况,科研、革新成果
5	经济指标	1. 劳动生产率、年完成能力; 2. 质量、安全、降低成本情况; 3. 机械化程度; 4. 工业化程度设备、机械的完好率、利用率

注：1. 来源：参加施工的各单位。
　　2. 目的：明确施工力量、技术素质,规划施工任务分配、安排。

五、其他相关信息与资料的收集

(1)现行的由国家有关部门制定的技术规范、规程及有关技术规定;

(2)企业现有的施工定额、施工手册、类似工程的技术资料及平时施工实践活动中所积累的资料等。

单元三　技术资料准备

技术资料准备即通常所说的"内业"工作，它是施工准备的核心，指导现场施工准备。做好施工技术资料准备，对保证建筑产品质量、实现安全生产、加快施工进度具有重要作用。技术资料准备内容主要包括熟悉和审查施工图纸、编制中标后施工组织设计、编制施工图预算和施工预算等。

一、熟悉和审查施工图纸

1. 熟悉和审查施工图纸的依据

(1)建设单位和设计单位提供的初步设计、施工图纸设计、建设工程总平面等资料；

(2)调查、收集的原始资料；

(3)设计、施工验收规范和有关技术规定。

2. 熟悉和审查施工图纸的目的

(1)为了能够按照设计图纸的要求顺利地进行施工，生产出符合设计要求的最终产品；

(2)为了能在开工前，使从事的建设工程施工技术与管理人员充分了解和掌握设计图纸的设计意图、结构特点和技术要求；

(3)通过审查，发现图纸中出现的问题和错误，使之在开工之前得到改正，为正式施工提供一份准确的设计图纸。

3. 熟悉和审查施工图纸的程序

(1)自审图纸的组织。工程项目经理部组织有关工程技术人员熟悉图纸。

(2)自审图纸的要求。

1)熟悉图纸的要求。

①先精后细。先看平、立、剖面图，再看细部做法。

②先小后大。先看小样图，后看大样图。

③先建筑后结构，并把建筑图与结构图互相对照。

④先一般后特殊。先看一般的部位和要求，后看特殊的部位和要求。

⑤图纸与说明结合。

⑥土建与安装结合。

⑦图纸要求与实际情况结合。

2)审查图纸的要求。

①审查拟建工程的地点、建筑总平面图同国家、城市或地区规划是否一致，以及建筑物或构筑物的设计功能和使用要求是否符合环卫、防火及美化城市方面的要求。

②审查设计图纸是否完整齐全，以及设计图纸和资料是否符合国家有关技术规范要求。

③审查建筑、结构、设备安装图纸是否相符，有无"错、缺"，内部结构和工艺设备有无矛盾。

④审查地基处理与基础设计同拟建工程地点的工程地质和水文地质等条件是否一致，

以及建筑物或构筑物与原地下构筑物及管线之间有无矛盾，深基础的防水方案是否可靠，材料设备能否解决。

⑤明确拟建工程的结构形式和特点，复核主要承重结构的承载力、刚度和稳定性是否满足要求，审查设计图纸中的形体复杂、施工难度大和技术要求高的分部分项工程或新结构、新材料、新工艺，在施工技术和管理水平上能否满足质量和工期要求，选用的材料、构(配)件、设备等能否解决。

⑥明确建设期限，分期分批投产或交付使用的顺序和时间，以及工程所用的主要材料、设备的数量、规格、来源和供货日期。

⑦明确建设、设计和施工等单位之间的协作、配合关系，以及建设单位可以提供的施工条件。

⑧审查设计是否考虑了施工的需要，各种结构的承载力、刚度和稳定性是否满足设置内爬、附着、固定式塔式起重机等使用的要求。

(3)施工图纸的会审阶段。

1)图纸会审的组织。由监理单位组织并主持会议，设计单位交底，施工单位、建设单位参加。重点工程或规模较大及结构、装修较复杂的工程，如有必要可邀请各主管部门、消防、防疫与协作单位参加。

会审的程序如下：

①设计单位做设计交底；

②施工单位对图纸提出问题；

③有关单位发表意见，与会者讨论、研究、协商逐条解决问题达成共识，组织会审的单位汇总成文，各单位会签，形成图纸会审记录，见表2-11。

表2-11 图纸会审记录

会审日期 年 月 日 编号：

工程名称		共 页 第 页		
图纸编号	提出问题		会审结果	
参加会审人员				
会审单位(公章)	建设单位	监理单位	设计单位	施工单位

2)图纸会审的要求。

①设计是否符合国家有关方针、政策和规定。

②设计规模、内容是否符合国家有关的技术规范要求，尤其是强制性标准的要求，是否符合环境保护和消防安全的要求。

③建筑设计是否符合国家有关的技术规范要求，尤其是强制性标准的要求，是否符合环境保护和消防安全的要求。

④建筑平面布置是否符合标准的按建筑红线划定的详图和现场实际情况，是否提供符合要求的永久水准点或临时水准点位置。

⑤图纸及说明是否齐全、清楚、明确。

⑥结构、建筑、设备等图纸本身及相互之间有无错误和矛盾，图纸与说明之间有无矛盾。

⑦有无特殊材料(包括新材料)要求，其品种、规格、数量能否满足需要。

⑧设计是否符合施工技术装备条件。如需采取特殊技术措施时，技术上有无困难，能否保证安全施工。

⑨地基处理及基础设计有无问题，建筑物与地下构筑物、管线之间有无矛盾。

⑩建(构)筑物及设备的部位尺寸、轴线位置、标高、预留孔洞及预埋件，大样图及作法说明有无错误和矛盾。

二、编制中标后施工组织设计

中标后施工组织设计是施工单位在施工准备阶段编制的指导拟建工程从施工准备到竣工验收乃至保修回访的技术经济、组织的综合性文件，也是编制施工预算、实行项目管理的依据，是施工准备工作的主要文件。

(1)施工单位必须在施工约定的时间内完成中标后施工组织设计的编制与自审工作，并填写施工组织设计报审表，报送项目监理单位。

(2)总监理工程师应在约定的时间内，组织专业监理工程师审查，提出审查意见后，由总监理工程师审定批准，需要施工单位修改时，由总监理工程师签发书面意见，退回施工单位修改后再报审，总监理工程师应重新审定，已审定的施工组织设计由项目监理单位报送建设单位。

(3)施工单位应按审定的施工组织设计文件组织施工，如需对其内容做较大变更，应在实施前将变更内容书面报送项目监理单位重新审定。

(4)对规模大、结构复杂或属于新结构，特种结构的工程，专业监理工程师提出审查意见后，由总监理工程师签发审查意见，必要时与建设单位协商，组织有关专家会审。

三、编制施工图预算和施工预算

(1)施工图预算是根据施工图纸、预算定额、各项取费标准、建设地区的自然及技术经济条件等资料编制的建筑安装工程预算造价文件。

(2)在我国，施工图预算是建筑企业和建设单位签订承包合同、实行工程预算包干、拨付工程款和办理工程结算的依据，也是建筑企业编制计划、实行经济核算和考核经营成果的依据。在实行招标承包制的情况下，施工图预算是建设单位确定招标控制价(标底)和建筑企业投标报价的依据。施工图预算是关系建设单位和建筑企业经济利益的技术经济文件，如在执行过程中发生经济纠纷，应经仲裁机关仲裁，或按法律程序解决。

(3)施工预算是施工单位根据施工合同价款、施工图纸、工组织设计或施工方案、施工定额等文件进行编制的企业内部经济文件，它直接受施工合同中合同价款的控制，是施工前的一项重要准备工作。

单元四　　施工现场准备

施工现场是施工的全体参与者为了完成优质、高速、低耗的目标，有节奏、均衡、连续地进行施工的活动空间。施工现场的准备工作，主要是为了给施工项目创造有利的施工条件，是保证工程按计划开工和顺利进行的重要环节。

一、施工现场准备工作的范围及各方职责

1. 业主施工现场准备工作

(1)办理土地征用、拆迁补偿、平整施工场地等工作，使施工场地具备施工条件，在开工后继续负责解决以上事项遗留问题。

(2)将施工所需水、电、电信线路从施工场地外部接至专用条款约定地点，保证施工期间的需要。

(3)开通施工场地与城乡公共道路的通道，以及专用条款约定的施工场地内的主要道路，满足施工运输的需要，保证施工期间的畅通。

(4)向承包人提供施工场地的工程地质和地下管线资料，对资料的真实准确性负责。

(5)办理施工许可证及其他施工所需证件、批件，以及临时用地、停水、停电、中断道路交通、爆破作业等的申请批准手续(证明承包人自身资质的证件除外)。

(6)确定水准点与坐标控制点，以书面形式交给承包人，进行现场交验。

(7)协调处理施工场地周围地下管线和邻近建筑物、构筑物(包括文物保护建筑)、古树名木的保护工作，承担有关费用。

2. 施工单位现场准备工作

(1)根据工程需要，提供和维修非夜间施工使用的照明、围栏设施，并负责安全保卫。

(2)按专用条款约定的数量和要求，向发包人提供施工场地办公和生活的房屋及设施，发包人承担由此产生的费用。

(3)遵守政府有关主管部门对施工场地交通、施工噪声以及环境保护和安全生产等的管理规定，按规定办理有关手续，并以书面形式通知发包人，发包人承担由此产生的费用，因承包人责任造成的罚款除外。

(4)按专用条款约定做好施工场地地下管线和邻近建筑物、构筑物(包括文物保护建筑)、古树名木的保护工作。

(5)保证施工场地清洁，符合环境卫生管理的有关规定。

(6)建立测量控制网。

(7)工程用地范围内的"七通一平"，其中平整场地工作应由业主承担，但业主也可要求施工单位完成，费用仍由业主承担。

(8)搭设现场生产和生活用的临时设施。

二、拆除障碍物

(1)施工现场内的一切地上、地下障碍物,都应在开工前拆除。

(2)对于房屋的拆除,一般只要把水源、电源切断后即可进行拆除。当采用爆破的方法时,必须经有关部门批准,需要由专业的爆破作业人员来承担。

(3)架空电线(电力、通信)、地下电缆(包括电力、通信)的拆除,要与电力部门或通信部门联系并办理有关手续后方可进行。

(4)自来水、污水、煤气、热力等管线的拆除,都应与有关部门取得联系,办好手续后由专业公司来完成。

(5)场地内若有树木,需报园林部门批准后方可砍伐。

(6)拆除障碍物留下的渣土等杂物都应清除出场。

三、建立测量控制网

(1)施工时应根据建设单位提供的由规划部门给定的永久性坐标和高程,按建筑总图上的要求,进行现场控制网点的测量,妥善设立现场永久性标准,为施工全过程的投测创造条件。

(2)在测量放线时,应校验校正经纬仪、水准仪、钢尺等测量仪器;校核接线桩与水准点,制订切实可行的测量方案,包括平面控制、标高控制、沉降观测和竣工测量等工作。

(3)建筑物定位放线,一般通过设计图中平面控制轴线来确定建筑物位置,测定并经自检合格后,提交有关部门和建设单位或监理人员验线,以保证定位的准确性。沿红线的建筑物放线后,还要由城市规划部门验线,以防止建筑物压红线或超红线,为正常顺利地施工创造条件。

四、"七通一平"

"七通一平"包括在工程用地范围内,接通施工用水、用电、道路、电信、燃气、施工中排水及排污畅通和平整场地的工作。

1."七通"

(1)路通。施工现场的道路是组织物资进场的动脉,拟建工程开工前,必须按照施工总平面图的要求,修建必要的临时性道路,为节约临时工程费用,缩短施工准备工作时间,尽量利用原有道路设施或拟建永久性道路解决现场道路问题,形成畅通的运输网络,使现场施工用道路的布置确保运输和消防用车等的行驶畅通。临时道路的等级,可根据交通流量和所用车辆解决。

(2)给水通。施工用水包括生产、生活与消防用水,应按施工总平面图的规划进行安排,施工给水尽可能与永久性的给水系统结合起来。临时管线的铺设,既要满足施工用水的需求量,又要施工方便,并且尽量缩短管线的长度,以降低工程的成本。

(3)排水通。施工现场的排水也十分重要,特别是在雨期,如果场地排水不畅,会影响施工和运输的顺利进行。高层建筑的基坑深、面积大,施工过程中往往要经过雨期,应做好基坑周围的挡土支护工作，防止坑外雨水向坑内汇流，并做好基坑底部雨水的排放工作。

(4)排污通。施工现场的污水排放，直接影响城市的环境卫生，由于环境保护的要求，有些污水不能直接排放，而需进行处理后方可排放。因此，现场的排污也是一项重要的工作。

(5)电及电信通。电是施工现场的主要动力来源，施工现场中的电包括施工生产用电和生活用电。由于建筑工程施工供电面积大、启动电流大、负荷变化多和手持式用电机具多，施工现场临时用电要考虑安全和节能措施。开工前，要按照施工组织设计的要求，接通电力和电信设施。电源首先应考虑从建设单位给定的电源上获得，如其供电能力不能满足施工用电需要，则应考虑在现场建立自备发电系统，确保施工现场动力设备和通信设备的正常进行。

(6)蒸气及燃气通。施工中如果需要通蒸气、燃气，应按施工组织设计的要求进行安排，以保证施工的顺利进行。

2."一平"

"一平"即场地平整，清除障碍物后，即可进行场地平整工作，按照建筑施工总平面、勘测地形图和场地平整施工方案等技术文件要求，通过测量，计算出填挖土方工程量，设计土方调配方案，确定平整场地的施工方案，组织人力和机械进行平整场地工作。应尽量做到填完平衡，总运输量小，便于机械施工和充分利用建筑物挖方填土，并应防止用地表土、软润湿土、草皮、建筑垃圾等作为填方。

五、搭设临时设施

临时设施包括仓库、搅拌站、加工厂作业棚、宿舍、办公用房、食堂、文化生活设施等。

现场生活和生产用的临时设施，应按施工总平面图的要求进行，临时建筑平面图及主要房屋结构图都应报请城市规划、市政、消防、交通、环境保护等有关部门审查批准。

为了安全及文明施工，应用围墙将施工用地围护起来，围墙的形式、材料和高度应符合市容管理的有关规定和要求，并在主要出入口设置标牌挂图，标明工程项目名称、施工单位、项目负责人等。

单元五　资源准备

资源准备主要包括劳动力组织准备和施工物资准备。在施工过程中，应做好资源的准备工作，为后续施工工作做好铺垫。同时，能够灵活应用资源，将资源合理分配。

为使建筑工程顺利进行，应做好项目组织机构建立、施工队伍组织、优化劳动组合、建立健全各项管理制度、做好分包安排、组织好科研攻关；做好材料准备、构(配)件及设备加工订货准备、施工机具准备、生产工艺设备准备、运输准备，强化施工物资价格管理。

一、劳动力组织准备

1. 项目组织机构建立

建立项目组织机构就是建立项目经理部。高效的项目组织机构的建立，是为建设单位服务的，是为项目管理目标服务的。这项工作实施得合理与否，很大程度上关系到拟建工程能否顺利进行。施工企业建立项目经理部，要针对工程特点和建设单位的要求，根据有关规定进行精心的组织安排，认真抓实、抓细、抓好。

(1)项目经理部的设置应遵循的原则。

1)用户满意原则。施工单位要根据单位要求组建项目经理部，让建设单位满意、放心。

2)全能配套原则。项目经理要安全管理、善经营、懂技术，能担任公关，且要具有较强的适应能力、应变能力和开拓进取精神。项目经理部成员要有施工经验、创造精神，工作效率要高。项目经理部既分工合理又协作密切，人员配备应满足施工项目管理的需要，如大型项目，管理人员必须具备一级项目经理资质，管理人员中的高级职称人员不应低于10%。

3)精干高效原则。项目经理部要尽量压缩管理层次，因事设岗、因职选人，做到管理人员精干、一职多能、人尽其才，以适应市场变化要求。

4)管理跨度原则。管理跨度过大，鞭长莫及且力不从心；管理跨度过小，人员增多，造成资源浪费。因此，项目经理部各层面设置是否合理，要看确定的管理跨度是否科学，即应使每一个管理层面都保持适当管理幅度，以使各层面管理人员在职责范围内实施有效控制。

5)系统化管理原则。建设项目是由许多子系统组成的有机整体，系统内部存在大量的"结合"部，各层次管理职能的设计要形成一个相互制约、相互联系的完整体系。

(2)项目经理部的设立步骤。

1)根据企业批准的"项目管理规划大纲"，确定项目经理部的管理任务和组织形式。

2)确定项目经理的层次，设立职能部门与工作岗位。

3)确定人员、职责、权限。

4)由项目经理根据"项目管理目标责任书"进行目标分解。

5)组织有关人员制定规章制度和目标责任考核、奖惩制度。

(3)项目经理部的组织形式应根据施工项目的规模、结构复杂程度、专业特点、人员素质和地域范围确定。

1)大中型项目宜按矩阵式项目管理组织设置项目经理部(图 2-2)。

2)远离企业管理层的大中型项目宜按事业部式项目管理组织设置项目经理部(图 2-3)。

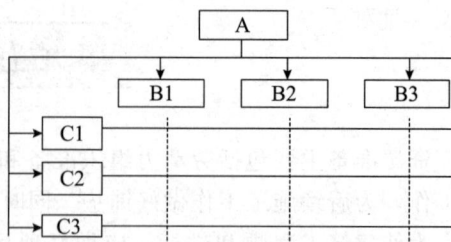

图 2-2 矩阵式项目管理组织

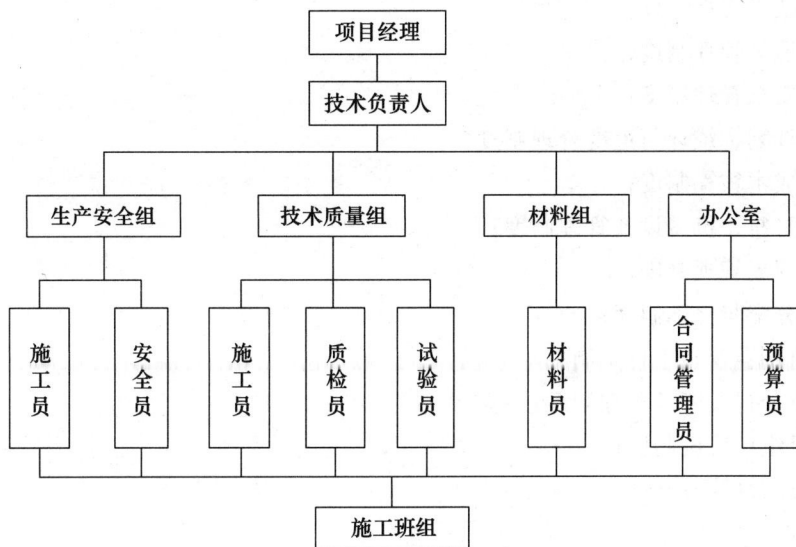

图 2-3　事业部式项目管理组织

3)小型项目宜按直线职能式项目管理组织设置项目经理部(图 2-4)。

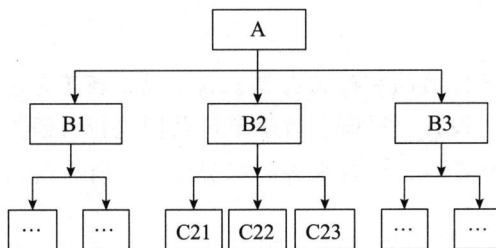

图 2-4　直线职能式项目管理组织

2. 施工队伍组织

(1)组织施工队伍,要认真考虑专业工程的合理配合,技工和普工的比例要满足合理的劳动组织要求。

(2)集结施工力量,组织劳动力进场。

3. 优化劳动组合

(1)针对工程施工难点,组织工程技术人员和工人队组中的骨干力量,进行类似工程的考察学习。

(2)做好专业工程技术培训,提高对新工艺、新材料使用操作的适应能力。

(3)强化质量意识,抓好质量教育,增强质量观念。

(4)工人队组实行优化组合,双向选择,动态管理,最大程度地调动职工的积极性。

(5)认真全面地进行施工组织设计的落实和技术交底工作。

(6)切实抓好施工安全、安全防火和文明施工等方面的教育。

4. 建立健全各项管理制度

(1)项目管理人员岗位责任制度;

(2)项目技术管理制度；

(3)项目质量管理制度；

(4)项目安全管理制度；

(5)项目计划、统计与进度管理制度；

(6)项目成本核算制度；

(7)项目材料、机械设备管理制度；

(8)项目现场管理制度；

(9)项目分配与奖励制度；

(10)项目例会及施工日志制度；

(11)项目分包及劳务管理制度；

(12)项目组织协调制度；

(13)项目信息管理制度。

5. 做好分包安排

对于本企业难以承担的一些专业项目，如深基础开挖和支护、大型结构安装和设备安装等项目，应及早做好分包或劳务安排，与有关单位协调，签订分包合同或劳务合同，以保证按计划施工。

6. 组织好科研攻关

凡工程中采用带有试验性质的一些新材料、新产品、新工艺项目，应在建设单位、主管部门的参与下，组织有关设计、科研、教学单位共同进行科研工作，要明确相互承担的试验项目、工作步骤、时间要求、经费来源和职责分工。所有科研项目必须经过技术鉴定后，再用于施工。

二、施工物资准备

施工物资准备的具体内容有材料准备、构(配)件及设备加工订货准备、施工机具准备、生产工艺设备准备、运输设备和施工物资价格管理等。

施工物资准备是指施工中必须有的劳动手段(施工机械、工具)和劳动对象[材料、构(配)件]等的准备，是一项较为复杂而又细致的工作。建筑施工所需的材料、构(配)件、机具和设备品种多且数量大，能否保证按计划供应，对整个施工过程的工期、质量和成本，有着举足轻重的作用。各种施工物资只有运到现场并有必要的储备后，才具备基础的开工条件。因此，要将这项工作作为施工准备工作的一个重要方面。

施工管理人员应尽早计算各阶段对材料、施工机械、设备、工具等的需用量，并说明供应单位、交货地点、运输方式等，特别是对预制构件，必须尽早地从施工图纸中摘录出构建的规格、质量、品种和数量，制表造册，向预制加工厂订货并确定分批交货清单、交货地点及时间。对大型施工机械、辅助机械及设备要精确计算工作日，并确定进场时间，做到进场后立即使用，用毕后立即退场，提高机械利用率，节省机械台班计费及停留费。

1. 材料准备

(1)根据施工方案中的施工进度计划和施工预算中的工料分析，编制工程所需材料用量计划，作为备料、供料和确定仓库、堆场面积及组织运输的依据。

（2）根据材料需用量计划，做好材料的申请、订货和采购工作，使计划得到落实。

（3）组织材料按计划进场，按施工总平面图和相应位置堆放，并做好合理的储备、保管工作。

（4）严格验收、检查、核对材料的数量和规格，做好材料试验和检验工作，保证施工质量。

2. 构(配)件及设备加工订货准备

（1）根据施工进度计划及施工预算所提供的各种构(配)件及设备数量，做好加工翻样工作，并编制相应的需用量计划。

（2）根据需用量计划，向有关厂家提出加工订货计划要求，并签订订货合同。

（3）组织构(配)件和设备计划进场，按施工总平面图做好存放及保管工作。

（4）严格验收、检查、核对材料的数量和规格，做好材料试验及检验工作，保证施工质量。

3. 施工机具准备

（1）各种土方机械、混凝土、砂浆搅拌设备、垂直及水平运输机械、钢筋加工设备、木工机械、焊接设备、打夯机、排水设备等应根据施工方案，对施工机具配备的要求、数量以及施工进度进行安排，编制施工机具需用量计划。

（2）拟由本企业内部负责解决的施工机具，应根据需用量计划组织落实，确保按期供应。

（3）对施工企业缺少且需要的施工机具，应与有关方面签订订购和租赁合同，以保证施工需要。

（4）对于大型施工机械(如塔式起重机、挖土机、桩基设备等)的需用量和时间，应和有关方面(如专业分包单位)联系，提出要求，在落实后签订有关分包合同，并为大型机械按期进场做好现场有关准备工作。

（5）安装、调试施工机具，按照施工机具需用量计划，组织施工机具进场，根据施工总平面图将施工机具安置在规定的地方或仓库。对施工机具要进行就位、搭棚、接电源、保养、调试等工作。所有施工机具在使用前都必须进行检查和试运转。

4. 生产工艺设备准备

订购生产用的生产工艺设备，要注意交货时间与土建进度密切配合，因为某些庞大设备的安装往往要与土建施工穿插进行，如果土建全部完成或封顶，安装会有困难，故各种设备的交货时间要与安装时间密切配合，它将直接影响建设工期。准备时按照施工项目工艺流程及施工设备的布置图，提出工艺设备的名称、型号、生产能力和需用量，确定分期分批进场时间和保管方式，编制工艺设备需用量计划，为组织运输、确定堆场面积提供依据。

5. 运输设备

（1）根据上述四项需用量计划，编制运输需用量计划，并组织落实运输工具。

（2）按照上述四项需用量计划明确的进场日期，联系和调配所需运输工具，确保材料、构(配)件和机具设备按期进场。

6. 强化施工物资价格管理

(1)建立市场信息制度，定期收集、披露市场物资价格信息，提高透明度。

(2)在市场价格信息指导下，"货比三家"，选优进货。对大宗物资的采购要采取招标采购方式，在保证物资质量和工程质量的前提下，降低成本、提高效益。

单元六　季节性施工准备

建筑工程施工工作绝大部分是露天作业，受气候影响比较大，因此，在冬(雨)期施工中，必须从具体条件出发，正确选择施工方法，做好季节性施工准备工作，以保证按期、保质、安全地完成施工任务，取得较好的技术经济效果。

可以从组织措施、图纸准备、现场准备、安全与防火等方面，开展冬(雨)期施工准备工作。

一、冬期施工准备

1. 冬期施工的特点

《建筑工程冬期施工规程》(JGJ/T 104—2011)规定：根据当地多年气象资料统计，当室外日平均气温连续 5 天稳定低于 5 ℃时，即进入冬期施工；当室外日平均气温连续 5 天稳定高于 5 ℃ 时，解除冬期施工。

2. 冬期施工准备工作

(1)生产准备。

1)结合施工特点将冬期施工准备所需的劳动力、材料等均纳入生产计划。

2)对冬期施工停工工程应进行围护与保管。

3)临时设备与设施越冬维护。对现场搅拌机棚、卷扬机棚、消防设施及管道部分进行越冬防冻维护，保证冬季正常使用。

(2)技术准备。

1)结合冬期施工原则及工程特点编写施工方案。

2)在冬期施工前对技术干部进行专业培训。

3. 冬期施工管理

(1)常温转入冬期施工温度控制。

1)当大气温度低于 10 ℃时，即转入冬期施工。

2)当室外日平均气温连续 5 天低于 5 ℃时，一切施工项目转入冬期施工。

(2)混凝土工程。

1)冬期施工采用商品混凝土，应及时与商品混凝土生产厂家联系，提出进场温度的要求，要求确保主要原材料的温度控制及拌制混凝土运输到现场保证温度等，必要时可要求混凝土厂家掺防冻剂等。

2）混凝土在浇筑前，应清除钢筋上的冰雪和污垢，尽量减少混凝土的浇筑时间，确保混凝土连续浇筑。

3）混凝土在负温条件下养护严禁浇水，且外露表面必须覆盖。

4）当拆模后混凝土的表面温度与环境温度差大于 20 ℃时，应对混凝土采用保温材料覆盖养护。

5）混凝土浇筑后应在其裸露的表面用塑料布等防水材料覆盖并进行保温。

（3）钢筋工程的施工。

1）钢筋在负温度条件下焊接时，应有挡风措施，焊后未冷却的接头，严禁碰到冰雪。

2）负温的闪光对焊，宜采用预热闪光对焊或闪光—预热—闪光焊工艺。其调伸长度与常温相比应增加 10％～20％，利于增大加热范围，改善接头性能。

3）负温下电渣压力焊应适当加大通电时间，接头药盒拆除时间宜延长 2 min 左右，接头的渣壳宜延长 5 min，方可打渣。

（4）砌筑工程。

1）砌块进场后，应及时运至砌筑层，若不能及时运至砌筑楼层，应采取防雨、防雪措施。

2）砌块在砌筑前，应清除其表面污物、冰雪，遭水浸后冻结的砌块不得使用。

3）砌块专用腻子应入库保存，并采取防潮措施，拌和时，应随拌随用，铺浆长度不得大于一块砌块，缩短腻子降温时间。

4）在砌筑完成后，对运输车辆及容器等工具及时清理，防止第二次使用时冻结。

①为保证砌筑质量，砖砌体应严格按"三一"砌筑法施工，并采用满丁满条排砖法，灰缝应控制在 10 mm 左右。

②转入冬期施工后，砌砖不浇水，要适当加大砂浆稠度，一般控制 10～12 cm。

③砌筑砂浆强度等级应按设计院要求配制，一般不再提高强度等级。

④冬期施工用混合砂浆，采用热砂浆，上墙温度不低于 5 ℃。

（5）抹灰工程。

1）室内抹灰转入冬期施工后，应采取热做法，环境温度保持 5 ℃以上，门窗、楼梯出入口封闭好。

2）室内抹灰后加强管理，并保持 5 ℃以上室温养护。

3）室外抹灰砂浆内可掺入各种防冻剂和复合防冻剂，但必须有出厂合格证书和使用证明，并检验合格方准使用。

（6）水、电、风管工程。

1）风管工程内不通暖，卫生设备试水后需把其内部及返水弯中的水放净。

2）铸铁水管用水泥捻口时应在常温下操作。

（7）消防、安全管理。

1）预防为主，加强对职工的安全教育工作，并严格执行安全生产责任制。

2）严格执行公司现场动火制度。

3）易燃品及时清理并远离施工地点堆放。

4）保证消防用品供应，保证道路畅通。

二、雨期施工准备

1. 雨期施工现场准备

(1)场地排水：对于施工现场及构件生产基地，应根据地形对场地排水系统进行疏通，以保证排水畅通，不积水，并要防止周边地区地面水倒流入场内。

(2)道路：现场内主要运输道路两旁要做好排水沟，保证雨后排水畅通。

(3)机电设备防护。

1)机电设备的电闸箱采取防雨、防潮等措施，并安装好接地保护装置。

2)提升机的接地装置应进行全面检查，其接地装置、接地的深度、距离、棒径、地线截面应符合规程要求，并进行接测。

(4)原材料及半成品的保护：对木门、窗、石膏板等，以及其他怕雨的材料要采取防雨措施，并放入棚内或仓库内，要垫高，使其通风良好。

(5)大小设施检修及停工维护。

1)对现场临时设施，如工人宿舍、食堂、仓库等应进行全面检修，对危险临时建筑物需进行全面翻修加固或拆除。

2)对一般不进入雨期施工的工程，力争雨期到来前完成到一定部位，同时考虑防雨措施。

2. 雨期施工管理

(1)钢筋混凝土工程。混凝土在雨期施工中塌落度偏大，雨后模板、钢筋插铁淤泥较多，影响混凝土质量。因此，应尽量避免在雨天进行混凝土浇捣，如无法避免，则采取混凝土开盘前根据砂石含水率，调整配合比，适当减少加水量，合理使用外加剂等一系列措施，确保工程质量。

(2)装修工程。

1)装修施工在结构施工同时要提前插入，必须做好上层地面，并封好窗口及电梯井口，各层楼梯间做好挡水埂。

2)外脚手架要设挡脚板，并随时清理架子上的污物，防止雨水溅污墙面。

3)高级外饰物及一般外墙涂料等在雨期施工过程中要采取加塑料薄膜的保护措施。

4)已做好的屋面，要及时将雨水管接至地面，防止雨水沿雨水沟流至墙面而造成污染。

(3)安全工作。

1)每日提升机作业完毕，要将吊篮放至地面，拉断电源，配电箱上锁。

2)脚手架的拖拉绳需补齐绞紧，脚手架要加扫地杆。

3)露天使用电气设备，要有可靠防漏措施。

(4)消防工作。

1)消防器材要有防雨、防晒措施。

2)对化学品、油类、易燃品应设专人妥善保管，防止受潮变质及起火。

单元七　施工准备工作计划

一、工程概况

针对某工程，编制施工准备工作计划。

工程概况：某工程地下为人防地下室，地上为框架 12 层结构，工程总建筑面积约 34 213 m²。本工程建筑设计使用年限为 50 年，建筑物耐火等级为一级，本工程抗震设防烈度 7 度。

二、施工准备工作内容

施工准备工作从内容上分为技术准备、物资准备、施工现场准备、劳动力组织准备四部分。

1. 技术准备

(1)熟悉和审查施工图纸。

1)检查施工图纸是否完整和齐全，施工图纸是否符合国家有关工程设计和施工的规范和要求。

2)检查施工图纸与其说明在内容上是否一致，施工图纸的各组成部分间是否矛盾。

3)检查建筑图同其相关的结构图，在尺寸、坐标、标高和说明方面是否一致，技术要求是否明确。

4)检查基础设计同建造地点的工程地质和水文地质条件是否一致，同周边建筑物在施工时是否有影响，弄清原有的地下管线、地下构筑物是否会对新造建筑施工有影响。

5)掌握拟建工程的建筑和结构的形式和特点，需要采取哪些新技术。对于技术含量高、施工难度大的分部分项工程，要审查现有的施工技术和管理水平是否能满足工期、质量要求。

(2)原始资料调查分析。

1)自然条件调查分析：调查建设地区的气象、地形、工程地质、水文地质、施工场地地下和地上障碍物。

2)技术经济条件调查分析：调查建材生产企业、地方资源的生产供应情况，以及交通运输和水电供应情况。

3)根据施工图纸所确定的工作量，施工组织设计拟订的施工方法和建筑工程预算定额编制施工图预算。

(3)编制专项施工方案，见表 2-12。

表 2-12　编制专项施工方案

序号	施工组织设计和施工方案名称
1	施工组织设计
2	定位和测量放线施工方案
3	安全技术方案
4	总承包管理方案
5	总平面及临时水电布置方案
6	临建设计及施工方案
7	塔式起重机安装方案
8	土方、护坡、降水施工方案
9	防水工程施工方案
10	支模架施工方案
11	机电安装施工方案
12	冬期施工方案
13	应急预案
14	雨期施工方案
15	屋面施工方案
16	外脚手架施工方案

2. 物资准备

(1)材料准备。

1)根据施工组织设计中的施工进度计划和施工预算中的工料分析，编制工程所需材料用量计划，作为备料、供料和确定仓库、堆场面积及组织运输的依据。

2)根据材料需用量计划，做好材料的申请、订货和采购工作，使计划得以落实。

3)组织材料按计划进场，并做好验收保管工作。

(2)构(配)件及设备加工订货准备。

1)根据施工进度计划及施工预算所提供的各种构(配)件及设备数量，做好翻样加工工作，并编制相应的需用量计划。

2)根据需用量计划，向有关厂家提出加工订货计划要求，并签订订货合同，制定产品质量技术验收标准。

3)组织构(配)件和设备按计划进场，按施工总平面图做好存放及保管工作。

(3)施工机具的准备。

1)根据施工组织设计中确定的施工方法、施工机具配备要求、数量及施工进度安排，编制施工机具需用量计划。

2)对大型施工机械(如起重机、挖土机等)，提出需用量和时间要求，并提前通知专用设备进场时间和衔接工作，准时运抵现场，并做好施工现场准备工作。

3)运输的准备。

① 根据上述三项需用量计划，编制运输需用量计划，并组织落实运输工具。

② 与外界进行协调，确定合理的运输路线。

3. 施工现场准备

(1)施工现场控制网测量。根据给定永久性坐标和高程，按照建筑总平面图要求，进行施工场地控制网测量，设置场区永久性控制测量标桩。

(2)拆除施工现场范围内的障碍，如建筑物、坟墓、暗穴、水井、各种管线、道路、灌溉渠道、民房等必须拆除或改建，以利施工的全面展开，做好"七通一平"，认真设置消火栓。

(3)做好现场规划。施工单位按照施工总平面图搭设工棚、仓库、加工厂和预制厂，安装供水管线、架设供电和通信线路，设置料场、车场、搅拌站，修筑临时道路和临时排水设施等。在有洪水威胁的地区，防洪设施应在汛期前完成。

(4)组织施工机具进场。根据施工机具需用量计划，按施工总平面图要求，组织施工机械、设备和工具进场，按规定地点和方式存放，并应进行相应的保养和试运转等工作。

(5)组织建筑材料进场。根据建筑材料、构(配)件和制品需用量计划，组织其进场，按规定地点和方式储存或堆放。

(6)拟订有关试验、试制新技术、新材料的计划。建筑材料进场后，应进行各项材料的试验、检验。对于新技术项目，应拟订相应试制和试验计划，并均应在应用前实施。

(7)做好季节性施工准备。按照施工组织设计要求，认真落实冬期施工、雨期施工和高温季节施工设施和技术组织措施。

(8)道路安全畅通。道路施工需要许多大型的车辆机械和设备，原有道路及桥涵能否承受此种重载，需要进行调查、验算，不合要求的应做加宽或加固处理，保证道路安全畅通。

4. 劳动力组织准备

(1)建立施工项目组织机构。根据工程规模、结构特点和复杂程度，确定施工项目组织机构的人选和名额；遵循合理分工与密切协作、因事设职与因职选人的原则，建立有施工经验、有开拓精神和工作效率高的施工项目组织机构。

(2)建立精干的工作队组。根据采用的施工组织方式，确定合理的劳动组织，建立相应的工作队组。

(3)集结施工力量，组织劳动力进场。按照开工日期和劳动力需用量计划，组织工人进场，安排好职工生活，并进行安全、防火和文明施工等教育。

(4)做好职工入场教育工作。为落实施工计划和技术责任制，应按管理系统逐级进行交底。交底内容通常包括：工程施工进度计划和月、旬作业计划；各项安全技术措施、降低成本措施和质量保证措施；质量标准和验收规范要求；设计变更和技术核定事项等。这些内容都应详细交底，必要时进行现场示范，同时健全各项规章制度，加强遵纪守法教育。

5. 施工准备工作计划落实

施工准备工作需分阶段、有组织、有计划、有步骤地进行，为了保证施工准备工作的顺利进行，应编制施工准备工作计划，明确其完成的时间、内容及责任人员，并纳入年度、月度施工计划中，认真贯彻执行。

建筑工程施工准备工作按其性质及内容通常包括调查研究与收集资料、技术资料准备、施工现场准备、资源准备、季节性施工准备等。施工前，应做好原始资料的调查分析工作，如对建设单位、设计单位、建设地区自然条件、给水供电资料、交通运输资料、机械设备与建筑材料、劳动力与生活条件的调查。这些调查工作进行的效果，直接影响施工进度和施工质量。

技术资料准备即通常所说的"内业"工作，它是施工准备的核心，指导现场施工准备。做好施工技术资料准备，对保证建筑产品质量、实现安全生产、加快施工进度具有重要作用。技术资料准备内容主要包括熟悉和审查施工图纸、编制中标后施工组织设计、编制施工图预算和施工预算等。

施工现场是施工的全体参加者为了完成优质、高速、低耗的目标，均衡、连续地进行施工的活动空间。施工现场的准备工作，主要是为了提供有利的施工条件，是保证工程按计划开工和顺利进行的重要环节。

资源准备主要包括劳动力组织准备和施工物资准备。在施工过程中，应做好资源的准备工作，为后续施工工作做好铺垫。同时，能够灵活应用资源，将资源合理分配。

为使建筑工程顺利进行，应做好项目组织机构建立、施工队伍组织、优化劳动组合、建立健全各项管理制度、做好分包安排、组织好科研攻关；做好材料准备、构(配)件及设备加工订货准备、施工机具准备、生产工艺设备准备、运输准备，强化施工物资价格管理。

建筑工程施工工作绝大部分是露天作业，受气候影响比较大，因此，在冬(雨)期施工中，必须从具体条件出发，正确选择施工方法，做好季节性施工准备工作，以保证按期、保质、安全地完成施工任务，取得较好的技术经济效果。

课后习题

1. 对建设地区自然条件、给水供电资料、交通运输资料的调查，具体内容各包括哪些？
2. 图纸自审阶段的具体内容包括哪些？
3. 编制中标后施工组织设计报审程序是什么？
4. 施工单位现场准备工作包括哪些？
5. "七通一平"具体包括哪些内容？
6. 施工现场障碍物包括哪些？拆除障碍物时，应注意哪些问题？
7. 简述项目经理部的设立步骤。

8. 简述资源准备包括的具体内容。

9. 简述项目组织机构的设置应遵循的原则。

10. 依据《建筑工程冬期施工规程》(JGJ/T 104—2011)，冬期施工方案的编制原则是什么？

11. 冬期施工图纸准备主要包括哪些内容？

模块三　施工方案概述

了解施工方案的确定方法；了解施工进度计划的编制方法；了解施工总平面图的确定方法；学会编制分部分项工程施工组织设计。

案例导入

2018年10月23日，港珠澳大桥正式开通，如图3-1所示。一桥飞架三地，天堑变通途。15年坚守，3万多人参与；全长55 km、6.7 km海底沉管隧道；成就多项世界之最，堪称桥梁史上奇迹……它将粤港澳三地紧密地联系在一起。建设之时，这里汇聚了许许多多优秀的建设者，集成了世界上最先进的管理技术和经验。

图3-1　港珠澳大桥

对于这项"超级工程"，港珠澳大桥主体工程的参建单位有上百家，如何让劳动力、材料、机械以及工期等合理、高效地组织起来，那么，制订合理的施工组织方案就显得非常重要，能使建设过程井然有序。

上百家建设单位、上万建设者群策群力，他们从祖国各地汇聚在伶仃洋，吼起南腔北调的劳动号子，建成了这项世界公路建设史上技术最复杂、施工难度最高、工程规模最庞大的桥梁。

单元一 确定施工程序

一、施工程序应遵循的原则

1. 先地下后地上

先地下后地上是指地上工程开始之前，尽量先把管线、线路等地下设施以及土方工程和基础工程完成或基本完成，以免对地上部分产生干扰，否则，既给施工带来不便，又会造成浪费，影响工程质量和进度。

2. 先土建后设备

先土建后设备是指土建施工一般应先于水、电、暖、卫设备的安装。它们之间更多是穿插配合的关系，一般在土建施工的同时要配合进行有关建筑设备安装的预埋工作。尤其在装修阶段，要从保质量、讲成本的角度处理好相互之间的关系。

3. 先主体后围护

先主体后围护是指框剪结构房屋的主体结构与围护结构要有合理的搭接。一般来说，多层建筑以少搭接为主，而高层建筑则应尽量搭接施工，以有效缩短工期。

4. 先结构后装修

先结构后装修是指先完成主体结构的施工，再进行装修工程的施工。这是就一般情况而言，有时为了压缩工期，也可以部分搭接施工。

二、土建施工与设备安装施工的程序安排

工业性建设项目除了土建施工及水、电、暖、卫等建筑设备安装外，还有工业管道和工艺设备及生产设备的安装，此时应十分重视合理安排土建施工与设备安装之间的施工程序。其一般有封闭式施工、敞开式施工和同时施工等程序。

1. 封闭式施工

封闭式施工即土建主体结构完成之后，再进行设备安装。它适用于一般轻型工业厂房（如精密仪器厂房）。

2. 敞开式施工

敞开式施工即先施工设备基础，安装工艺设备，然后建造厂房。它适用于重型工业厂房（如冶金工业厂房中的高炉间）。

3. 同时施工

同时施工即安装设备与土建施工同时进行。这样，土建施工可以为设备安装创造必要的条件，同时又可采取防止设备被砂浆、垃圾等污染的保护措施。当厂房土质不佳，而设备基础与柱基础又连成一片时，在设备基础基坑开挖过程中易造成柱基础地基不稳定的情况下，可采用该方法。

单元二　确定施工起点与流向

一、单位工程施工起点及流向应考虑的因素

1. 生产工艺或使用要求

生产工艺上影响其他工段试车投产的或生产使用上要求急的工段或部分可优先安排施工。例如，工业厂房内要求先试生产的工段应先施工；高层宾馆、饭店等，可以在主体结构施工到相当层数后，即进行地面上若干层的设备安装与室内外装饰装修。

2. 单位工程各部分的繁简程度

对技术复杂、施工进度较慢、工期较长的工段或部位应先施工。例如，高层现浇混凝土结构房屋，主楼部分应先施工，裙房部分后施工。

3. 房屋高低层或高低跨

在高低跨并列的单层工业厂房结构安装中，柱的吊装应从高低跨并列处开始；在高低层并列的多层建筑物中，层数多的区段应先施工。

4. 工程现场条件和施工方案

施工场地大小、道路布置和施工方案所采用的施工方法及机械也是确定施工流程的主要因素。例如，土方工程施工中，边开挖边外运余土，则施工起点应确定在远离道路的部位，由远及近地展开施工。又如，根据工程条件，挖土机械可选用正铲挖土机、反铲挖土机、拉铲挖土机等，吊装机械可选用履带式起重机、汽车式起重机或塔式起重机，这些机械的开行路线或布置位置决定了基础挖土及结构吊装施工的起点和流程。

5. 施工组织的分层、分段

划分施工层、施工段的部位，如伸缩缝、沉降缝、施工缝，这些部位也是决定其施工流程应考虑的因素。

6. 分部分项工程或施工阶段的特点及相互关系

基础工程由施工机械和施工方法决定其平面的施工流程，主体工程从平面上看，任意一边先开始都可以，从竖向看，一般应自下而上施工。

二、装饰装修工程竖向施工流向

室外装饰装修可以采用"自上而下"的流程，室内装饰装修可以采用"自上而下""自下而上"和"自中而下再自上而中"三种流程。

1. 自上而下

"自上而下"是指主体结构封顶、屋面防水层完成后，装饰装修工程由顶层开始逐层向下的施工流程，一般有水平向下和垂直向下两种方式。其优点是：装饰装修工程在主体结构工程完成沉降后进行，能保证装修质量；做好屋面防水层后，可防止在雨期施工时因雨

水渗漏而影响装饰装修工程质量；由于主体结构施工和装饰装修施工分别进行，使各施工过程之间交叉作业较少，便于组织施工。其缺点是不能与主体施工搭接，工期较长。

2. 自下而上

"自下而上"是指主体结构施工到三层以上时（上有两层楼板，确保底层施工安全），装饰装修工程从底层开始逐层向上的施工流程，一般有水平向上和垂直向上两种形式。为了防止雨水或施工用水从上层板缝内渗漏而影响装饰装修质量，应先做好上层楼板面层抹灰，再进行本层墙面、天棚、地面的抹灰施工。这种流程的优点是装饰装修与主体结构平行搭接施工，能相应缩短工期。其缺点是交叉施工多，现场施工组织管理比较复杂。

3. 自中而下再自上而中

"自中而下再自上而中"即当裙房主体结构工程完工后，便可自中而下进行装饰装修，当主楼的主体结构工程结束后，再自上而中进行装饰装修，一般适用于高层建筑的装饰装修施工。自中而下再自上而中的施工流向，综合了前两种流向的优点。

单元三　确定施工顺序

一、施工顺序应遵循的原则

（1）遵守施工程序。施工程序确定了大的施工阶段之间的先后次序。在组织具体施工时，必须遵循施工程序，如先地下后地上的施工程序。

（2）符合施工工艺的要求。这种要求反映施工工艺上存在的客观规律和相互间的制约关系。例如，现浇钢筋混凝土柱的施工顺序为绑钢筋→支模板→浇筑混凝土→养护→拆模。

（3）施工方法协调一致。同一施工方案，采用不同施工方法，则施工顺序不同。例如，单层工业厂房的施工顺序，当采用分件吊装法时，则吊装顺序为吊柱→吊梁→吊屋盖系统；当采用综合吊装法时，则施工顺序为第一节间吊柱、梁和屋盖系统→第二节间吊柱、梁和屋盖系统。

（4）考虑施工组织的要求。例如，安排装饰装修工程施工时，一般情况下可按施工组织规定的顺序。

（5）必须考虑施工质量的要求。例如，多层结构房屋的内墙面及天棚抹灰，应在上一层楼地面完成后进行，否则，抹灰面易受上层施工用水或雨水渗漏的影响。楼梯抹面应在全部墙面、地面和天棚抹灰完成之后，自上而下一次完成。

（6）应考虑当地气候条件。例如，冬（雨）季来临之前，应先完成室外各项施工内容，在冬（雨）季时进行室内各项施工内容。

（7）应考虑施工安全的要求。例如，多层房屋主体结构与装饰装修搭接施工时，只有完成两个楼板的铺放后，才允许在底层进行装饰装修施工。

二、多层砖混结构房屋的施工顺序

多层砖混结构房屋的施工一般可划分为基础（包括地下室结构）工程，主体结构工程，屋面工程,装饰装修工程,水、暖、电、卫、气与房屋设备安装工程等施工阶段。若按施工阶段划分,其一般可以分为基础(包括地下室结构)工程,主体结构工程,屋面、装饰装修与房屋设备安装工程三个阶段。

1. 基础工程的施工顺序

基础工程的施工顺序一般是挖土→垫层→基础→防潮层→回填土。这一阶段挖土和垫层在施工安排上要紧凑,时间间隔不能太长,也可将挖土和垫层作为一个施工过程,避免基槽灌水或受冻,影响地基土承载力,造成质量事故或人工、材料的浪费。

2. 主体结构工程的施工顺序

多层砖混结构房屋主体结构施工阶段通常包括搭设脚手架、砌筑墙体及浇筑圈梁、楼梯、阳台、楼板、梁、构造柱、雨篷等施工过程。若楼板为现浇,其施工顺序为绑扎构造柱钢筋→砌墙→支构造柱模板→浇筑构造柱混凝土→支梁、板、楼梯模板→绑扎梁、楼梯钢筋→浇梁、板、楼梯混凝土。

3. 屋面工程的施工顺序

屋面工程的施工应根据屋面的设计要求逐层进行,施工顺序为找平层→隔汽层→保温层→找平层→结合层→防水层→隔热层。

4. 装饰装修工程施工顺序

装饰装修工程可分为室内装饰装修工程和室外装饰装修工程两类。装饰装修工程的施工顺序通常有先内后外、先外后内、内外同时进行三种顺序,采用哪种施工顺序应视施工条件和气候条件而定。通常室外装饰装修应避开冬(雨)期。当室内为水磨石地面时,为防止水磨石施工时施工用水渗漏对外墙面装饰装修质量产生影响,应先完成水磨石的施工,再进行外墙装饰装修。如果为了加速脚手架周转或赶在冬(雨)期到来之前完成室外装饰装修,则应采取先外后内的顺序施工。

室外装饰装修工程一般采取自上而下的施工顺序,每层装饰装修完毕、水落管安装完成后,即可拆除该层的脚手架,然后进行散水及台阶的施工。

室内抹灰在同一层内的顺序有两种:楼地面→天棚→墙面;天棚→墙面→楼地面。前一种顺序便于清理楼地面基层,楼地面质量易于保证,但楼地面施工完毕后需要留养护时间及采取保护措施。后一种顺序需要在楼地面施工前,将天棚和墙面施工时的落地灰和渣滓扫清洗涤后再做面层,否则会影响楼地面面层同结构层间的黏结,引起地面空鼓。室内抹灰时,应注意对于同一层楼板要先完成楼面施工,再进行楼板下天棚、墙面抹灰,以避免楼面施工用水的渗漏影响墙面、天棚的抹灰质量。

底层地坪一般是在各层装饰装修完成后进行施工,应注意与管沟施工的配合。为进行成品保护,楼梯间和踏步抹灰常安排在各层装饰装修基本完成后进行。门窗扇的安装应在抹灰之后进行,但是如果考虑室内装饰装修工程的冬期施工,为防止抹灰层冻结,可采取室内升温加速干燥,则门窗扇和玻璃可在抹灰前安装完毕。门窗玻璃安装一般在门窗油漆之后进行。

5. 房屋设备安装的施工顺序

房屋设备安装应与土建工程交叉施工,紧密配合。基础施工阶段,应该先将相应的管沟埋设好,再进行回填土;主体结构施工阶段,应在砌墙或浇筑混凝土时,预留设备安装所需的孔洞和预埋件;装饰装修阶段,应先安装好各种管线和接线盒后,再进行装饰装修施工。总之，房屋设备安装的施工顺序除了符合自身安装的工艺顺序之外，还应注意与土建施工相互配合，保证安装工程与土建工程的施工方便和成品保护效果。

三、现浇钢筋混凝土结构房屋的施工顺序

钢筋混凝土框架结构建筑的施工一般可划分为地基和基础工程（±0.000 以下工程）、主体结构工程、围护工程和装饰装修工程四个阶段。现浇钢筋混凝土结构房屋的施工顺序如图 3-2 所示。

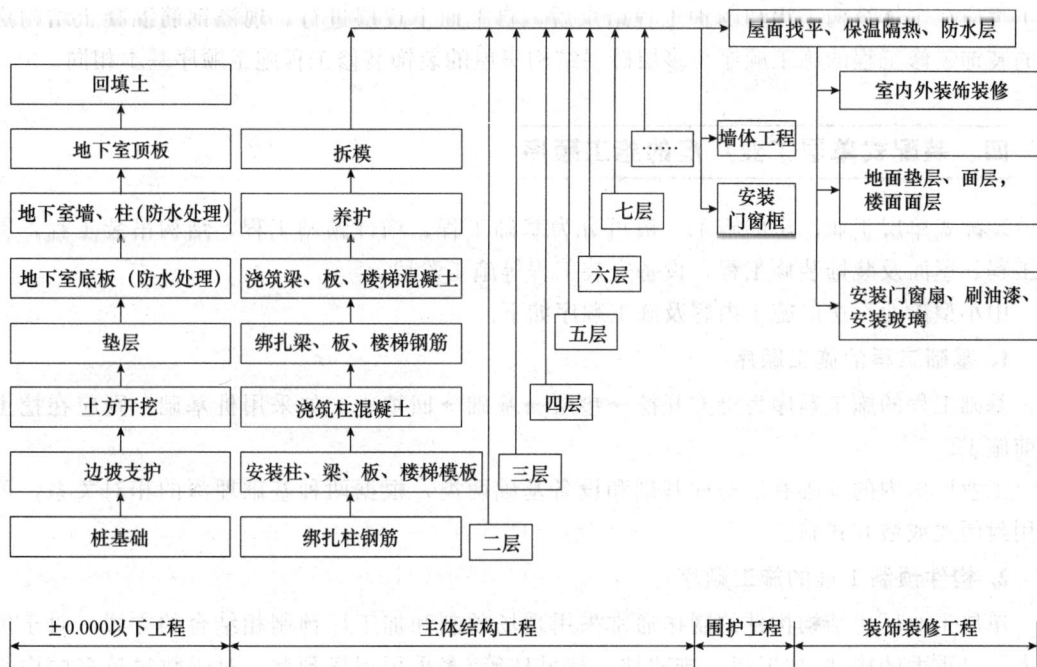

图 3-2　现浇钢筋混凝土结构房屋的施工顺序

1. 地基和基础工程（±0.000 以下工程）的施工顺序

多层现浇钢筋混凝土结构房屋的±0.000 以下工程施工阶段，一般可分为有地下室和无地下室两种形式。若无地下室且基础形式为浅基础，其施工顺序一般为土方开挖→垫层→基础→回填土；若有地下室且基础形式为桩基础，其施工顺序一般为桩基础→边坡支护→土方开挖→垫层→地下室底板（防水处理）→地下室墙、柱（防水处理）→地下室顶板→回填土。

2. 主体结构工程的施工顺序

主体结构工程的施工顺序为绑扎柱钢筋→安装柱、梁、板、楼梯模板→浇筑柱混凝土→绑扎梁、板、楼梯钢筋→浇筑梁、板、楼梯混凝土→养护→拆模。为了组织流水施工，需将多层框架在竖向分层施工，在平面上分层、分段施工。

3. 围护工程的施工顺序

围护工程包括墙体工程、安装门窗框和屋面工程。墙体工程包括砌筑用脚手架的搭拆、内外墙及女儿墙的砌筑等分项工程，它是围护工程的主导施工过程，应与主体结构工程、

屋面工程和装饰装修工程密切配合，交叉施工，以加快施工进度。

主体结构拆模后便可以进行墙体砌筑，即墙体砌筑可与主体结构搭接施工；墙体砌筑完毕后便可以进行室内装饰装修工程；主体结构和女儿墙施工完毕后，便可进行屋面工程。现浇钢筋混凝土结构房屋的屋面工程的施工顺序与多层砖混结构房屋的屋面工程的施工顺序相同。

4. 装饰装修工程的施工顺序

装饰装修工程的施工分为室内装饰装修工程和室外装饰装修工程。室内装饰装修工程既可以在主体结构工程和围护工程结束后开始，也可以与围护工程搭接施工。室外装饰装修工程应在主体结构工程和围护工程结束后，自上而下逐层进行。现浇钢筋混凝土结构房屋的装饰装修工程的施工顺序与多层砖混结构房屋的装饰装修工程施工顺序基本相同。

四、装配式单层工业厂房的施工顺序

装配式单层工业厂房的施工一般可分为基础工程、构件预制工程，结构吊装工程，围护工程、屋面及装饰装修工程，设备安装工程等施工阶段。

中小型工业厂房的施工内容及施工顺序如下。

1. 基础工程的施工顺序

基础工程的施工顺序为土方开挖→垫层→基础→回填土。如采用桩基础，则应在挖土之前施工。

工业厂房内的基础有厂房柱基础和设备基础两类，根据两种基础埋深的相对关系，可采用封闭式或敞开式施工。

2. 构件预制工程的施工顺序

单层工业厂房结构构件的制作通常采用现场预制和加工厂预制相结合的方式。对于尺寸大、自重大的构件(如屋架、排架柱、抗风柱等)多采用现场预制；对于数量较多的中小型构件(如吊车梁、连系梁、屋面板)，可以在加工厂预制，随着厂房结构吊装工程的进度陆续运往现场堆放或安装。

单层工业厂房钢筋混凝土预制构件现场预制的施工顺序为场地平整夯实→支模板→钢筋绑扎→浇筑混凝土(对于后张法预应力构件应同时预留孔道)→混凝土养护→拆模板→张拉预应力钢筋并锚固→孔道灌浆。

3. 结构吊装工程的施工顺序

结构吊装工程的施工顺序取决于施工方案。采用分件吊装法时，其施工顺序一般为：第一次开行吊装柱，并进行校正和固定；第二次开行吊装吊车梁、连系梁、基础梁等，使柱和梁形成空间结构，共同工作；第三次开行吊装屋架、屋面板和屋盖支撑系统。采用综合吊装法时，其施工顺序一般为：先吊装第一、二节间4～6根柱，再吊装该节间内的吊车梁、连系梁、基础梁，最后吊装该节间内的屋架、屋面板、屋盖支撑系统，如此逐间依次进行，直至厂房全部构件吊装完毕。

厂房两端抗风柱的吊装顺序也有两种：一种是在吊装排架柱的同时，先吊装该跨一端抗风柱，待厂房屋盖系统全部吊装完毕后，再吊装另一端的抗风柱；另一种是待厂房屋盖系统全部吊装完后，最后吊装抗风柱。

4. 围护工程、屋面及装饰装修工程的施工顺序

一般来说，这一阶段的施工顺序为围护工程→屋面工程→装饰装修工程。装饰装修工程包括室内装饰装修(楼地面、门窗扇、玻璃安装、油漆、刷白等)和室外装饰装修(勾缝、抹灰、勒脚、散水等)，两者可平行施工，也可依次施工。室内抹灰一般自上而下进行，刷白应在墙面干燥和大型屋面板灌缝完毕、雨水不再渗漏后进行。

5. 设备安装工程的施工顺序

这一阶段的施工顺序除满足自身工艺要求外，还要重视与土建施工相互配合，特别是大中型生产设备的安装更是如此。

单元四　选择施工方法和施工机械

一、选择施工方法的基本要求

首先考虑主导施工过程的要求。在选择施工方法时，应着重考虑影响整个施工的主导施工过程的施工方法，而对于工程量小、按常规施工和工人熟悉的施工过程，只要提出应注意的问题和要求就可以，以便突出重点。

其次，应符合施工组织总设计的要求，满足施工技术要求，符合提高工厂化、机械化程度的要求，符合先进、合理、可行、经济的要求，满足质量、工期、安全和成本的要求。

二、主要分部分项工程施工方法的选择

主要分部分项工程施工方法的选择包括以下内容，具体施工方法详见建筑施工技术相关课程。

1. 土方工程

(1)计算土方工程量，确定土方开挖或爆破方法，选择土方施工机械。

(2)确定放坡坡度或土壁支撑形式和打设方法。

(3)选择排除地面、地下水的方法，确定排水沟、集水井或井点布置。

(4)确定土方平衡调配方案。

2. 基础工程

(1)浅基础中垫层、混凝土基础和钢筋混凝土基础施工技术要求，以及地下室的施工技术要求。

(2)桩基础的施工方法以及施工机械选择。

3. 砌筑工程

(1)砌体的组砌方法和质量要求。

(2)弹线及皮数杆的控制要求。

(3)确定脚手架搭设方法及安全网的挂设方法。

4. 钢筋混凝土工程

（1）确定模板类型及支模方法，对于复杂的模板工程还需进行模板设计并绘制模板翻样图。

（2）选择钢筋的加工、绑扎、焊接和机械连接方法。

（3）选择混凝土的搅拌、运输及浇筑方法，确定混凝土搅拌振捣方法，选择设备的类型和规格，确定施工缝的留设位置。

（4）确定预应力钢筋混凝土的施工方法、控制应力方法和张拉设备。

5. 结构吊装工程

（1）选择起重机械，确定结构安装方法和起重机械的位置或开行路线。

（2）确定构件运输及堆放要求。

6. 屋面工程

（1）确定各个分部分项工程施工的操作要求。

（2）确定屋面材料的运输方式。

7. 装饰装修工程

（1）确定各分部分项工程的操作要求及方法。

（2）选择材料运输方式及存储要求。

三、施工机械的选择

工程施工中机械的使用直接影响工程施工效率、质量及成本，同时，机械化施工还是改变建筑业生产落后面貌、实现建筑工业化的基础。因此，施工机械的选择是施工方法选择的中心环节，在选择时应注意以下几点。

（1）首先选择主导工程的施工机械，如地下工程的土方机械，主体结构工程的垂直、水平运输机械，结构吊装工程的起重机械等。

（2）各种辅助机械或运输机械应与主导工程的施工机械的生产能力协调配套，以充分发挥主导工程的施工机械的效率。例如，土方工程在采用汽车运土时，汽车的载重量应为挖土机斗容量的整数倍，汽车数量应保证挖土机连续工作。

（3）在同一工地上，应力求施工机械的种类和型号尽可能少一些，以便进行机械管理。

（4）机械选择应充分发挥施工单位现有机械的能力，当本单位的机械能力不能满足工程需要时，则应购置或租赁所需新型机械或多用途机械。

单元五 施工方案的技术经济比较

一、定性分析评价

定性分析评价是结合施工的实际经验，对若干个施工方案的优缺点进行比较，如技术上是否可行、施工的复杂程度、安全可靠性和经济性、劳动力和机械设备能否满足要求、是否能充分发挥现有机械的作用、保证质量的措施是否完善可靠、季节性施工情况如何等。主要从以下几个方面评价。

(1)工人在施工操作上的难易程度和安全可靠性。

(2)为后续工程创造有利条件的可能性。

(3)利用现有施工机械或取得施工机械的可能性。

(4)施工方案对冬(雨)期施工的适应性。

(5)为现场文明施工创造有利条件的可能性。

二、定量分析评价

定量分析评价一般是计算不同施工方案所消耗的人力、物力、财力和所需要的工期等指标,进行综合分析,从中选择最优的施工方案。

1. 多指标分析评价法

多指标分析评价法是对各个方案的工期指标、实物量指标和价值指标等一系列单个的技术经济指标进行计算对比,从中选出优秀的方案。定量分析的指标通常有以下几个。

(1)工期指标。在确保工程质量和施工安全的条件下,以国家有关规定及建设地区类似建筑物的平均工期为参考,以合同工期为目标来满足工期指标或尽量缩短工期。当合同规定工程必须在短期内投入生产或使用时,选择方案就要在确保工程质量和安全施工的条件下,把缩短工期问题放在首位考虑。

(2)单位建筑面积造价。单位建筑面积造价是人工、材料、机械和管理费的综合货币指标。

$$单位建筑面积造价 = 施工实际费用/建筑总面积$$

(3)主要材料消耗指标。主要材料消耗指标反映若干施工方案的主要材料节约情况。

$$主要材料节约量 = 主要材料预算用量 - 主要材料施工组织设计计划用量$$
$$主要材料节约率 = (主要材料节约量/主要材料预算用量) \times 100\%$$

(4)降低成本指标。降低成本指标可综合反映单位工程或分部分项工程在采用不同施工方案时的经济效果。可按下式计算:

$$降低成本率 = (1 - 计划成本/预算成本) \times 100\%$$

(5)投资额。当选定的施工方案需要增加新的投资时(如购买新的施工机械或设备),则对增加的投资额也要加以比较。

2. 综合指标分析评价法

综合指标分析评价法是以各方案的多指标为基础,将各指标的值按照一定的计算方法进行综合,得到每个方案的一个综合指标,对比各综合指标,从中选出优秀的方案。该方案一般先根据多指标中各个指标在方案中的重要性,分别确定出它们的权值 W,再依据每一指标在各方案中的具体情况,计算出分值 C_{ij}。设有 m 个方案和 n 种指标,则第 j 个方案的综合指标 A_j 可按下式计算:

$$A_j = \sum_{i=1}^{n} C_{ij} W_i \tag{3-1}$$

式中,$j = 1, 2, \cdots, m$;$i = 1, 2, \cdots, n$。

计算出各方案的综合指标,其中综合值最大的方案为最优方案。

　　本模块主要介绍了编制施工方案的内容和方法。学生通过学习，能够灵活运用施工方案的编制原则进行施工段的划分、施工起点与流向的确定、施工顺序的确定、施工方法和施工机械的选择等，并能通过评价，确定经济、合理、安全、可靠的最优施工方案，能够了解施工方案的确定方法和施工进度计划的编制方法，学会编制分部分项工程施工组织设计，为后续内容的学习做好充分准备。

课后习题

一、单项选择题

1. 下列选项中，（　　）是单位工程施工组织设计的核心。

　　A. 工程概况　　　　B. 施工方案　　　　C. 施工总平面图　　　　D. 施工进度计划

2. 单位工程施工组织设计中，施工方案包括（　　）。

　　A. 选择主要施工方法　　　　　　　　B. 现场平面布置

　　C. 编制进度计划　　　　　　　　　　D. 确定基本建设程序

3. 下列选项中，不属于施工方案内容的是（　　）。

　　A. 确定单位工程施工流向　　　　　　B. 确定分部分项的施工顺序

　　C. 确定主要分部分项的施工方法　　　D. 确定主要分部分项的材料用量

4. 重型工业厂房不宜采取（　　）的程序施工。

　　A. 先地下后地上　　B. 先主体后围护　　C. 先土建后设备　　D. 先设备后土建

5. 在选择和确定施工方法与施工机械时，要首先满足（　　）。

　　A. 先进性　　　　　B. 合理性　　　　　C. 可行性　　　　　D. 经济性

二、多项选择题

1. 确定施工程序应遵循的基本原则有（　　）。

　　A. 先地下后地上　　B. 先主体后围护　　C. 先结构后装修　　D. 先土建后设备
　　E. 先准备后开工

2. 确定施工顺序的基本要求有（　　）。

　　A. 符合施工工艺　　　　　　　　　　B. 与施工方法协调

　　C. 考虑施工成本要求　　　　　　　　D. 考虑施工质量要求

　　E. 考虑施工安全要求

3. 室内装饰装修工程一般采用的施工流向有（　　）。

　　A. 自上而下　　　　　　　　　　　　B. 自下而上

　　C. 自中而下再自上而中　　　　　　　D. 自下而中再自中而上

　　E. 自中而上再自中而下

4. 单位工程施工组织设计中，施工方案的主要内容有（　　）。

　　A. 工程概况　　　　　　　　　　　　B. 确定施工顺序和起点流向

C. 划分施工段   D. 选择施工方法和施工机械

E. 施工方案的技术经济分析

5. 室内装饰装修同一楼层天棚、墙面、地面的施工顺序一般采用(　　)两种。

A. 天棚→地面→墙面   B. 天棚→墙面→地面

C. 地面→墙面→天棚   D. 地面→天棚→墙面

E. 墙面→地面→天棚

6. 以下施工顺序中,有利于保证施工质量的是(　　)。

A. 抹水泥砂浆地面→抹纸筋灰天棚   B. 抹纸筋灰天棚→抹水泥砂浆地面

C. 抹白灰砂浆墙面→抹水泥砂浆墙裙   D. 抹水泥砂浆墙裙→抹白灰砂浆墙面

E. 室内抹灰→外墙抹灰

7. 施工方案中,选择施工方法和施工机械的基本要求是(　　)。

A. 考虑全部的分部分项工程   B. 满足施工技术要求

C. 符合机械化施工要求   D. 符合先进、合理、可行、经济的要求

F. 满足工期、质量、成本和安全要求

三、判断题

1. 施工方案包括确定施工程序、划分施工段、确定施工进度、选择主要分部分项工程的施工方法等。   (　　)

2. 单位工程施工起点与流向是指竖向空间与平面空间上施工开始的部位及其流向。   (　　)

3. 多层砖混结构工程主体结构施工的起点流向,必须自上而下,平面方向则从任一边开始都可以。   (　　)

4. 房屋结构和构造决定了各施工过程之间存在着一定的工艺关系。   (　　)

5. 先结构后装修是指一般情况而言,但有时为了缩短工期,也可以部分搭接施工。   (　　)

模块四　施工进度横道计划编制

模块目标

　　了解施工过程、施工段的划分；掌握横道图的绘制方法；了解建筑工程的三种施工组织方式；了解工艺参数、时间参数、空间参数的相关概念；了解流水施工的基本组织方式，掌握流水施工。

案例导入

　　生产实践证明，在所有的生产领域中，流水作业也是组织产品生产的理想方法。由于建筑施工的技术经济特点以及建筑产品本身的特点，其流水作业的组织方式与一般工业生产有所不同，主要差别在于一般工业生产是工人和机械设备固定、产品流动，而建筑施工是产品固定、工人连同所使用的机械设备流动。

　　因此，建筑施工流水作业也称流水施工。流水施工也是项目施工的最有效的科学组织方法。它建立在分工协作的基础上，通过组织流水施工，可以充分地利用时间和空间，连续、均衡、有节奏地进行施工，从而提高劳动生产率，加快工期，节省施工费用，降低工程成本和提高经济效益（图4-1）。

图 4-1　某电子厂流水生产线场景

单元一　流水施工的基本概念

一、建筑工程施工进度计划

　　工程施工进度计划图表是反映工程施工时各施工过程按其工艺上的先后顺序、相互配合的关系和它们在时间、空间上的开展情况。目前应用最广泛的施工进度计划图表有线条图和网络图。

　　流水施工的工程进度计划图表采用线条图表示时，按其绘制方法的不同分为水平图表

（又称横道图）[图 4-2（a）]及垂直图表（又称斜线图）[图 4-2（b）]。图中水平坐标表示时间；垂直坐标表示施工对象；4 条水平线段或斜线表示 4 个施工过程在时间和空间上的流水开展情况。在水平图表中，也可用垂直坐标表示施工过程，此时 4 条水平线段则表示施工对象。应该注意，垂直图表中垂直坐标的施工过程编号是由下而上编写的。水平图表具有其自身特点。

（1）水平图表的优点：

1）能够清楚地表达各项工作的开始时间、结束时间和持续时间，计划内容排列有序，形象直观，计划工期一目了然；

2）不但能够安排工期，还可以在水平图表中加入各分部分项工程的工程量、机械需求量、劳动力需求量等，从而与资金计划、资源计划、劳动力计划相结合；

3）使用方便，制作简单，易于掌握，简单形象，易学易用。

（2）水平图表的缺点：

1）一项工作的变动对其他工作或整个计划的影响不能清晰地反映；

2）不能表达各项工作的重要性，不能反映计划任务的内在矛盾和关键环节；

3）不能利用计算机对复杂工程进行处理和优化。

（3）应用范围：

1）一些简单的较小项目的施工进度计划；

2）项目初期采用横道图做总体计划；

3）以供决策，作为网络分析的输出结果。

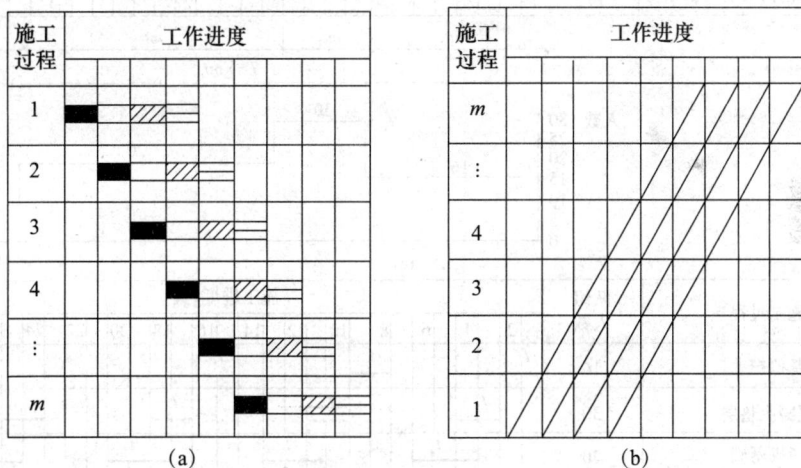

图 4-2　流水施工图表

（a）水平图表（横道图）；（b）垂直图表（斜线图）

水平图表具有绘制简单，流水施工形象直观的优点。垂直图表能直观地反映在一个施工段中各施工过程的先后顺序和相互配合关系，而且可由其斜线的斜率形象地反映各施工过程的流水强度。在垂直图表中还可方便地进行各施工过程工作进度的允许偏差计算。

为了说明组织流水施工时，各施工过程在时间上和空间上的开展情况及相互依存关系，必须引入一些描述流水施工进度计划图表特征和各种数量关系的参数，这些参数称为流水参数，它包括工艺参数、时间参数和空间参数。

二、建筑工程施工组织方式

建筑工程的施工组织方式是主要考虑到其内部施工工艺、施工场地、专业施工队组、机械设备、空间等诸多因素影响和制约,将这些因素有效地组织在一起,并按照一定的施工组织顺序、时间、空间展开的施工。常用的施工组织方式有依次施工、平行施工和流水施工三种。这三种组织方式不同,工作效益有别,使用范围各异,现将这三种方式的特点和适用范围分析如下。

1. 依次施工

依次施工是指各施工段或各施工过程依次开工、依次完成的一种施工组织方式,遵照建筑工程内部各分部分项工程内在的联系和必须遵循的施工顺序,不考虑后续施工过程在时间上和空间上的搭接。某工程基础工程施工,图 4-3 所示为其依次施工的施工进度、工期和劳动力需求量动态曲线。图 4-3(a)为按施工过程依次施工,图 4-3(b)为按施工段依次施工。

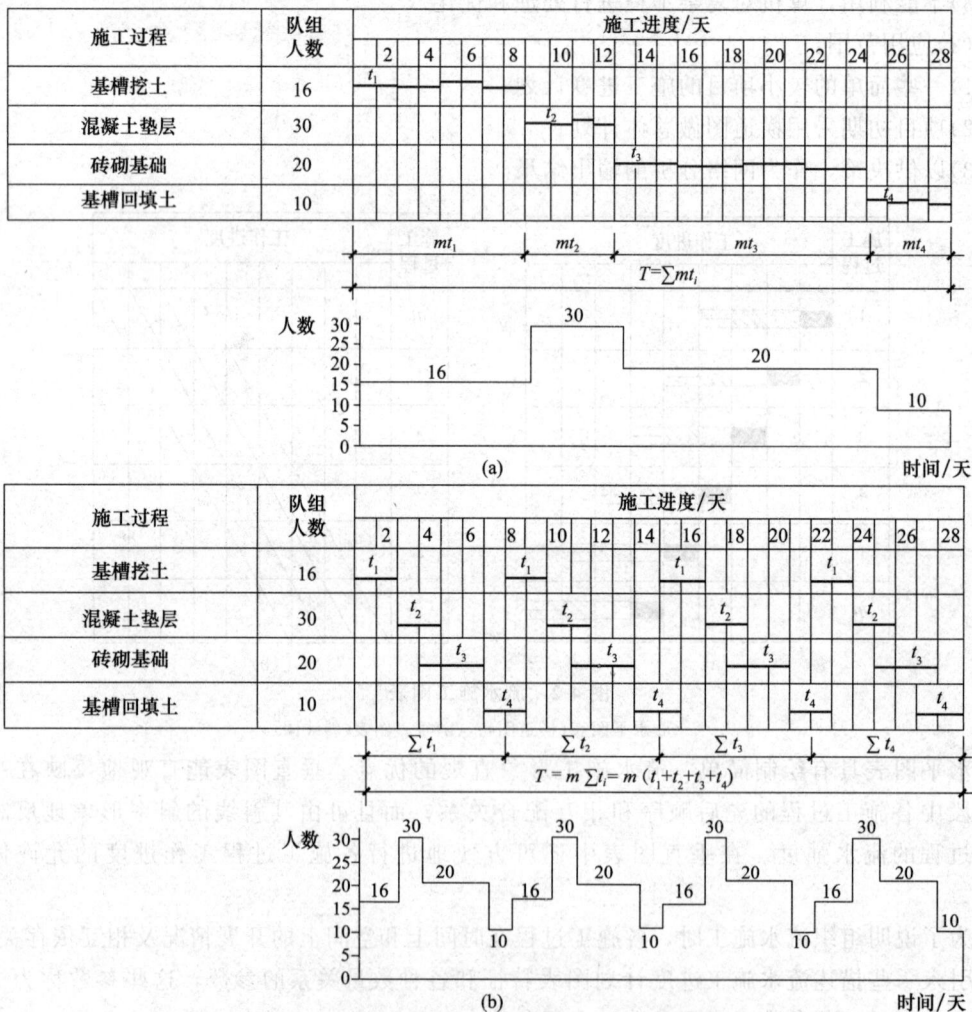

图 4-3 依次施工的施工进度、工期和劳动力需求量动态曲线

(a)按施工过程依次施工;(b)按施工段依次施工

由图 4-3(b)可以看出,按施工段依次施工主要优点为每天投入的劳动力较少,机具使用不集中,材料供应较单一,施工现场管理简单,便于组织和安排。

但其较突出的问题如下:

(1)由于没有充分地利用工作面去争取时间,所以必然拉长工期;

(2)各施工队组及材料供应无法保持连续和均衡,工人有窝工的情况;

(3)由于不连续,所以不利于改进工人的操作方法和施工机具,既不能实现专业化施工,又不利于提高工程质量和劳动生产率。

按施工过程依次施工时,各施工队组虽能连续施工,但不能充分利用工作面,工期长,且不能及时为上部结构提供工作面。

2. 平行施工

平行施工是指全部工程任务的各施工段同时开工、同时完成的一种施工组织方式,它是组织若干个施工队组,在同一时间、不同空间上完成同样的施工任务。一般在拟建工程任务十分紧迫、工作面允许及资源保证供应的条件下,可采用平行施工组织方式。

图 4-4 所示为按施工过程平行施工的施工进度、工期和劳动力需求量动态曲线,该组织方式充分利用了工作面,列出了完成工程任务的时间。

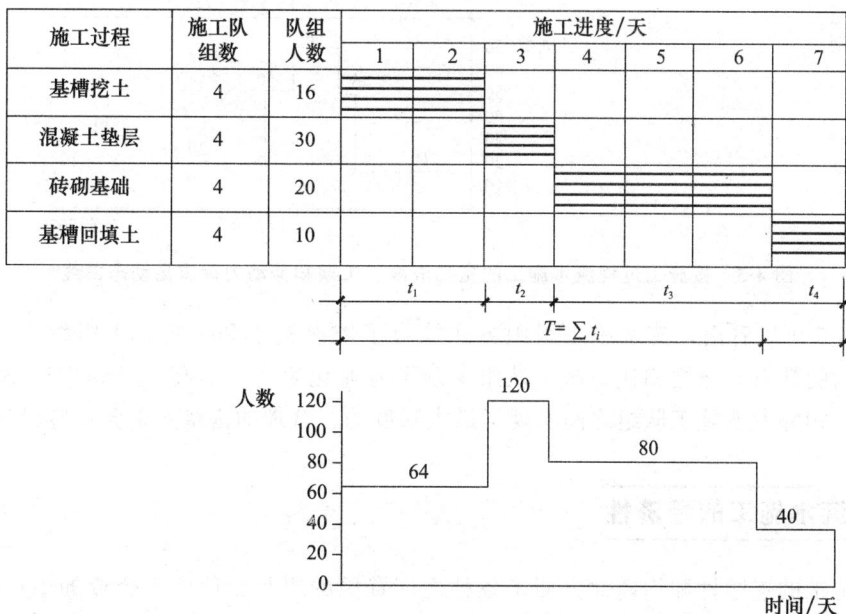

图 4-4 按施工过程平行施工的施工进度、工期和劳动力需求量动态曲线

但是实行平行施工存在较为突出的问题,具体如下:

(1)施工队组数成倍增加;

(2)机具设备增加,材料供应集中;

(3)临时设施和堆场面积也要增加;

(4)组织安排和施工管理困难;

(5)增加施工管理费用;

(6)施工队组不能实现专业化生产,不利于提高工程质量和劳动生产率。

正是因为这些优缺点,平行施工适用于工期要求紧、大规模的建筑群及分批分期组织施工的工程任务。

3. 流水施工

流水施工是指所有的施工过程按照一定的时间间隔依次投入施工，各个施工过程陆续开工、陆续竣工，使同一施工过程的施工队组保持连续、均衡施工，不同的施工过程尽可能平行搭接施工的组织方式。

流水施工是施工组织设计中编制施工进度计划、劳动力调配、提高建筑施工组织和管理水平的理论基础。图 4-5 所示为某工程按施工过程流水施工的施工进度、工期和劳动力需求量动态曲线。

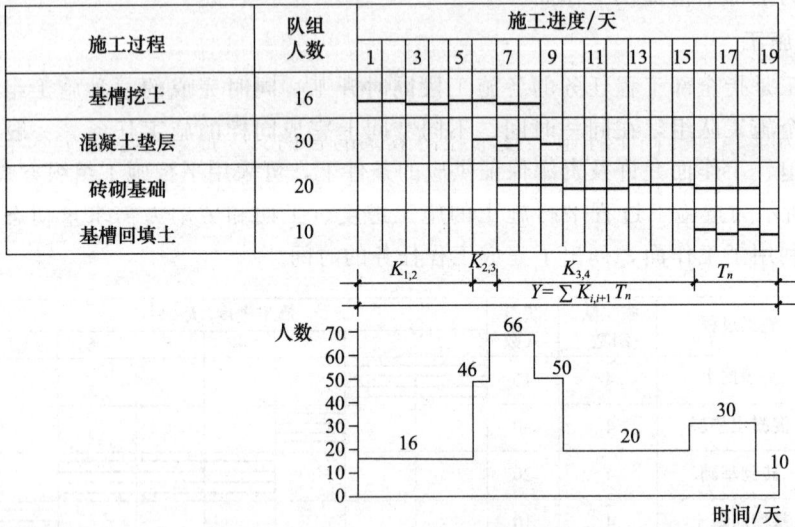

图 4-5　按施工过程流水施工的施工进度、工期和劳动力需求量动态曲线

由图 4-5 可以看出，流水施工组织方式综合了依次施工和平行施工组织方式的优点，克服了它们的缺点，与之相比，施工队组实现了专业化生产，提高了劳动生产率，保证了工程质量；相邻专业施工队组之间实现了最大限度的、合理的搭接；资源供应较为均衡。

三、流水施工的经济性

流水施工的连续性和均衡性方便了各种生产资源的组织，使施工企业的生产能力可以得到充分的发挥，使劳动力、机械设备得到合理的安排和使用，提高了生产的经济效果，具体归纳为以下几点。

（1）便于施工中的组织与管理。流水施工的均衡性避免了施工期间劳动力和其他资源使用过分集中，有利于资源的组织。

（2）施工工期比较理想。流水施工的连续性保证各专业施工队组连续施工，减少了间歇，充分利用工作面，可以缩短工期。

（3）有利于提高劳动生产率。流水施工实现了专业化的生产，为工人提高技术水平、改进操作方法以及革新生产工具创造了有利条件，因而改善了工作的劳动条件，促进了劳动生产率的不断提高。

（4）有利于提高工程质量。专业化的施工提高了工人的专业技术水平和熟练程度，为推行全面质量管理创造了条件，有利于保证和提高工程质量。

(5)能有效降低工程成本。由于工期缩短、劳动生产率提高、资源供应均衡，各专业施工队组连续均衡作业，减少了临时设施数量，从而可以节约人工费、机械使用费、材料费和施工管理费等相关费用，有效地降低工程成本。

单元二　流水施工的基本参数

从前述流水施工的基本概念及组织流水施工的要点和条件可知：施工过程的分解、流水段划分、施工队组的组织、施工过程间的搭接、各流水段的作业时间5个方面的问题是流水施工中需要解决的主要问题。只有解决好这5个方面的问题，使空间和时间合理、充分地利用，方能达到提高工程施工技术经济效果的目的。为此，流水施工基本原理中将上述的问题归纳为工艺、空间和时间三个参数，称为流水施工的基本参数。

一、工艺参数

工艺参数是指在组织流水施工时，用以表达流水施工在施工工艺上开展顺序及其特征的参数。通常，工艺参数包括施工过程数和流水强度两种。

1. 施工过程数

施工过程数是指参与一组流水施工过程数目，以符号"n"表示。施工过程划分的数目多少、粗细程度一般与下列因素有关。

(1)施工计划的性质与作用。对工程施工控制性计划、长期计划以及建筑群体规模大、结构复杂、施工工期长的施工进度计划，其施工过程划分可粗些、综合性些。对中、小型单位工程及施工工期不长的工程施工实施性计划，其施工过程划分可细些、具体些，一般划分至分项工程。对月度作业性计划，有些施工过程还可以分解为工序，如安装模板、绑扎钢筋等。

(2)施工方案及工程结构。施工过程的划分与工程的施工方案及工程形式有关。如厂房的柱基础与设备基础挖土，如同时施工，可合并为一个施工过程，若先后施工，可分为两个施工过程。承重墙与非承重墙的砌筑，也是如此。砖混结构、大墙板结构、装配式框架与现浇钢筋混凝土框架等不同结构体系，其施工过程划分及其内容也各不相同。

(3)劳动组织及劳动量大小。施工过程的划分与劳动组织有关。如现浇钢筋混凝土结构的施工，如果是单一工种组成的施工队组，可以划分为支模板、扎钢筋、浇混凝土三个施工过程；同时为了组织流水施工的方便或需要，也可以合并成一个施工过程，这时劳动队组的组成是多工种混合队组。施工过程的划分还与劳动量大小有关。劳动量小的施工过程，当组织流水施工有困难时，可与其他施工过程合并。如垫层劳动量较小时，可与挖土合并为一个施工过程，这样可以使各个施工过程的劳动量大致相等，便于组织流水施工。

(4)施工过程和工作范围。一般来说，施工过程可分四类：加工厂(或现场外)生产各种预制构件的施工过程；各种材料及构件、配件、半成品的运输过程；直接在工程对象上操作的各个施工过程(安装砌筑类施工过程)；大型施工机具安置及砌砖、抹灰、装修等脚手架搭设施工过程(不构成工程实体的施工过程)。前两类施工过程，一般不应占有施工工期，只配合工程实体施工进度的需要——及时生产和供应到现场，所以一般可以不划入流水施工过程；第三类可以划入流水施工过程；第四类要根据具体情况，如果需要占用施工工期，则可划入流水施工过程。

2. 流水强度

流水强度是指某施工过程在单位时间内所完成的过程量，一般以 V_i 表示。

机械施工过程的流水强度按下式计算：

$$V_i = \sum_{i=1}^{X} R_i S_i$$

式中　　R_i——某种施工机械台数；

　　　　S_i——该种施工机械台班生产率；

　　　　X——用于同一施工过程的主导施工机械种数。

手工操作过程的流水强度按下式计算：

$$V = R \times S$$

式中　　R——每一施工过程投入的工人人数(R 应小于工作面上允许容纳的最多人数)；

　　　　S——每一工人每班产量。

流水强度关系到专业工作队的组织，合理确定流水强度有利于科学地组织流水施工，对工期大的优化有重要的作用。

二、空间参数

空间参数是指在组织流水施工时，用以表达流水施工在空间上开展状态的参数，主要包括工作面、施工段数和施工层。

1. 工作面

某专业工种的工人在从事建筑产品施工生产过程中，必须具备一定的活动空间，这个活动空间称为工作面。它的大小是根据对应工种单位时间内的产量定额、工程操作规程和安全规程等的要求确定的。工作面确定合理与否，直接影响到专业工种工人的劳动生产效率，因此必须认真加以对待，合理确定。表 4-1 列出了主要工种工作面参考数据。

表 4-1　主要工种工作面参考数据

工作项目	每个技工的工作面	说明
钢筋混凝土柱	2.45 m³/人	现浇、机拌、机捣
钢筋混凝土梁	3.20 m³/人	现浇、机拌、机捣
钢筋混凝土墙	5 m³/人	现浇、机拌、机捣
钢筋混凝土楼板	5.3 m³/人	现浇、机拌、机捣
混凝土设备基础	7 m³/人	现浇、机拌、机捣
混凝土基础	8 m³/人	现浇、机拌、机捣
混凝土地平及面层	40 m²/人	现浇、机拌、机捣

工作项目	每个技工的工作面	说明
砖基础	7.6 m/人	以 36 墙计，2 砖乘以 0.8，3 砖乘以 0.55
工作项目	每个技工的工作面	说明
砌砖墙	8.5 m/人	以 24 墙计，3 砖乘以 0.71，2 砖乘以 0.57
毛石基础	3 m/人	以 600 mm 厚
毛石墙	3.3 m/人	以 400 mm 厚
外墙抹灰	16 m²/人	—
内墙抹灰	18.5 m²/人	—
卷材屋面	18.6 m²/人	—
防水水泥砂浆屋面	16 m²/人	—
门窗安装	11 m²/人	—

2. 施工段数

为了有效组织流水施工，把施工对象划分为工作面和劳动量（大致）相等的若干个段。施工段数用 m 表示，它是流水施工的基本参数之一。

施工段数要适当，过多，势必要减少工人数而延长工期；过少，又会造成资源供应过分集中，不利于组织流水施工。施工段划分的原则如下：

（1）专业工作队在各个施工段上的劳动量要大致相等，其相差幅度不超过 10％～15％；

（2）对多层或高层建筑物，施工段数要满足合理流水施工组织的要求，即施工段数大于施工过程数（还需划分施工层）；

（3）每个施工段要有足够的工作面，使其能容纳所需劳动力人数和机械台数；

（4）施工段的划分应尽可能与结构的自然界线（如伸缩缝）相一致。

3. 施工层

为了满足专业工作对操作高度的要求或工艺要求，将拟建的工程项目在竖向上划分成若干个施工层，其用 j 表示。施工层的划分，要根据建筑物的高度、楼层来确定。如砌筑工程的施工层高度一般为 1.2 m，室内抹灰、木装饰、油漆、玻璃和水电安装等，可按楼层进行施工层划分。

当施工对象有层间关系且分层又分段时，划分施工段数尽量满足下式要求：

$$Am \geqslant n \tag{4-1}$$

式中　A——参加流水施工的同类型建筑的幢数；

　　　m——每幢建筑平面上所划分的施工段数；

　　　n——参加流水施工的施工过程数或作业班组总数。

当 $Am = n$ 时，每一施工过程或作业班组既能保证连续施工，又能使所划分的施工段不至于空闲，是最理想的情况，有条件时应尽量采用。

当 $Am > n$ 时，每一施工过程或作业班组能保证连续施工，但所划分的施工段会出现空闲，这种情况也是允许的。实际施工时，有时为满足某些施工过程技术间歇的要求，有意让工作面空闲一段时间反而更趋合理。

当 $Am < n$ 时，每一施工过程或作业班组虽能保证连续施工，但施工过程或作业班组不能连续施工而会出现窝工现象，一般情况下应力求避免。但有时当施工对象规模较小，确实不可能划分较多的施工段时，可与同工地或同一部门内的其他相似的工程组织成大流水，以保证施工队组连续作业，不出现窝工现象。

三、时间参数

在组织流水施工时，用以表达流水施工在时间排列上所处状态的参数，称为时间参数。它包括流水节拍、流水步距、平行搭接时间、技术与组织间歇时间、工期等。

1. 流水节拍

流水节拍是指从事某一施工过程的施工队组在一个施工段上完成施工任务所需要的时间，用符号 t_i 表示，$t_i = 1，2，\cdots$。

流水节拍的大小直接关系到投入的劳动力、机械和材料量的多少，决定着施工速度和施工节奏，因此，合理确定流水节拍，具有重要意义。

流水节拍最常用的确定方法是定额计算法。这是根据各施工段的工程量和现有能够投入的资源量(劳动力、机械台数和材料量等)，按以下公式进行计算：

$$t_i = \frac{Q_i}{S_i R_i N_i} = \frac{P_i}{R_i N_i}$$

$$P_i = \frac{Q_i}{S_i}$$

式中　　t_i——某施工过程的流水节拍；

　　　　Q_i——某施工过程在某施工段上的工程量；

　　　　S_i——某施工队组的计划产量定额；

　　　　P_i——在一施工段上完成某施工过程所需要的劳动量(工日数)或机械台班量(台班数)；

　　　　R_i——某施工过程的施工队组人数或机械台数；

　　　　N_i——每天工作班制。

在特定施工段上工程量不变的情况下，流水节拍越小，所需的专业施工队组的工人或机械就越多。除了用公式计算，确定流水节拍还应该考虑下列要求：

(1)施工队组人数应符合该施工过程最小劳动组合人数的要求。所谓最小劳动组合，就是指某一施工过程进行正常施工所必需的最低限度的队组人数及其合理组合。如模板安装就要按技工和普工的最少人数及合理比例组成施工队组，人数过少或比例不当都将引起劳动生产率的下降，甚至无法施工。

(2)符合最小工作面的要求。否则，无法发挥正常的施工效率或不利于安全生产。

(3)要考虑各种机械台班的效率或机械台班产量的大小。要考虑各种材料、构配件等施工现场堆放量、供应能力及其他有关条件的制约。

(4)要考虑施工及技术条件的要求。如浇筑混凝土为了连续施工有时要按三班制工作的条件决定流水节拍，以确保工程量。

(5)确定一个分部工程各个施工过程的流水节拍时，首先应考虑主要的、工程量大的施工过程的流水节拍，其次确定其他施工过程的流水节拍。

(6)流水节拍一般取整数，必要时可保留 0.5 天(台班)的小数。

2. 流水步距

流水步距是指两个相邻的施工过程的施工队组相继进入同一个施工段开始施工的最小时间间隔(不包括技术与组织间歇时间)，用符号 $K_{i,i+1}$ 表示(i 表示前一个施工过程，$i+1$ 表示后一个施工过程)。

流水步距的大小，对工期有着较大的影响。一般来说，在施工段不变的条件下，流水步距越大，工期越长；流水步距越小，工期越短。流水步距还与前后两个相邻施工过程流水节拍的大小、施工工艺技术要求、施工段数、流水施工组织方式有关。

流水步距等于 $(n-1)$ 个参加流水施工的施工过程(队组)数。

(1)确定流水步距的基本要求。

1)主要施工队组连续施工的需要。流水步距的最小长度，必须使主要专业施工队组进场以后，不发生停工、窝工现象。

2)施工工艺的要求。保证每个施工段的正常作业程序，不发生前一个施工过程尚未全部完成，而后一个施工过程提前介入的现象。

3)最大限度搭接的要求。流水步距要保证相邻两个专业施工队组在开工时间上最大限度的、合理的搭接。

4)要保证工程质量，满足安全生产、成品保护的需要。

(2)流水步距的确定方法。确定流水步距的方法很多，简捷实用的方法主要有图上分析法、分析计算法(公式法)和累加数列法(潘特考夫斯基法)。分析计算法确定见本模块中的相关内容，而累加数列法适用于各种形式的流水施工，且较简捷、准确。

累加数列法没有计算公式，它的文字表达式为"错位相减取大差"。

其计算步骤如下：

1)将每个施工过程的流水节拍逐段累加，并形成横向数列；

2)根据施工顺序，将相邻两工序中后续工序的累加流水节拍数列向后移一位再相减；

3)根据错位相减的结果，取最大值作为相邻两工序之间的流水步距。

3. 平行搭接时间

在组织流水施工时，有时为了缩短工期，在工作面允许的条件下，如果前一个施工队组完成部分施工任务后，能够提前为后一个施工队组提供工作面，使后者提前进入一个施工段，两者在同一施工段上平行搭接施工，这个搭接时间称为平行搭接时间，通常以 $C_{i,i+1}$ 表示。

4. 技术与组织间歇时间

在组织流水施工时，有些施工过程完工后，后续施工过程不能立即投入施工，必须有足够的间歇时间。由建筑材料或现浇构件工艺性质决定的间歇时间称为技术间歇，如现浇混凝土构件养护时间、抹灰层和油漆层的干燥硬化时间等。由施工组织原因造成的间歇时间称为组织间歇，如回填土前地下管道检查验收、施工机械转移和砌墙前强身位置弹线，以及其他作业前准备工作。技术与组织间歇时间用 $Z_{i,i+1}$ 表示。

5. 工期

工期是指完成一项工程任务或一个流水组施工所需的时间，一般可采用下式计算完成一个流水组的工期。

$$T = \sum K_{i, i+1} + T_n + \sum Z_{i, i+1} - \sum C_{i, i+1}$$

式中　　T——流水施工工期；

$\sum K_{i, i+1}$——流水施工中各流水步距之和；

T_n——流水施工中最后一个施工过程的持续时间；

$Z_{i,i+1}$——第 i 个施工过程与第 $i+1$ 个施工过程之间的技术与组织间歇时间；

$C_{i,i+1}$——第 i 个施工过程与第 $i+1$ 个施工过程之间的平行搭接时间。

单元三　流水施工的基本组织方式

根据组织流水施工的工程对象的范围大小，流水施工通常可分为以下几种。

(1)分项工程流水施工。分项工程流水施工也称为细部流水施工，它是在一个施工过程内部组织起来的流水施工。例如，砌砖墙施工过程的流水施工、现浇钢筋混凝土施工过程的流水施工等。细部流水施工是组织工程流水中范围最小的流水施工。

(2)分部工程流水施工。分部工程流水施工也称为专业流水施工，它是在一个分部工程内部，各分项工程之间组织起来的流水施工。例如，基础工程的流水施工、主体结构工程的流水施工、装饰装修工程的流水施工。分部工程流水施工是单位工程流水施工的基础。

(3)单位工程流水施工。单位工程流水施工也称为综合流水施工，它是在一个单位工程内部，各分部工程之间组织起来的流水施工。如一幢办公楼、一个厂房车间等组织的流水施工。单位工程流水施工是分部工程流水的扩大和组合，是建立在分部工程流水基础上的。

(4)群体工程流水施工。群体工程流水施工也称为大流水施工，它是在一个个单位工程之间组织起来的流水施工，是为完成工业或民用建筑群而组织起来的全部单位工程流水施工的总和。

组织流水施工要考虑很多参数，这些参数包括流水施工的工期、施工段数、各工序每段施工时间即流水节拍、专业工种施工队组数以及流水步距，但决定流水不同组织方式的主要参数是流水节拍。

根据流水节拍的不同，流水施工的基本组织方式分为有节奏流水施工和无节奏流水施工两大类。有节奏流水施工又可分为等节奏流水施工和异节奏流水施工，如图 4-6 所示。

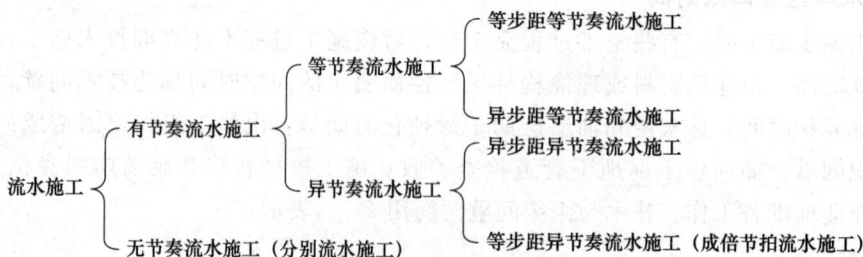

图 4-6　流水施工的基本组织方式分类

一、等节奏流水施工

有节奏流水施工是指同一施工过程在各施工段上的流水节拍都相等的一种流水施工方式。当各施工段劳动大致相等时，即可组织有节奏流水施工。

根据不同施工过程之间的流水节拍是否相等，有节奏流水施工又可分为等节奏流水施工和异节奏流水施工。

等节奏流水施工是指同一施工过程在各施工段上的流水节拍都相等，并且不同施工过程之间的流水节拍也相等的一种流水施工方式，因各施工过程的流水节拍均为常数，故也称为全等节拍流水施工或固定节拍流水施工。

例如，某工程划分为 A、B、C、D 4 个施工过程，每个施工过程分为 4 个施工段，流水节拍均为 2 天，组织等节奏流水施工，其进度表如图 4-7 所示。

施工过程	施工进度/天													
	1	2	3	4	5	6	7	8	9	10	11	12	13	14
A	1		2		3		4							
B			1		2		3		4					
C					1		2		3		4			
D							1		2		3		4	

图 4-7　某工程等节奏流水施工进度表

1. 等节奏流水施工的特征

(1)各施工过程在各个施工段上的流水节拍彼此相等。

(2)流水步距彼此相等，而且等于流水节拍值。

(3)各专业施工队组在各施工段上能够连续作业，施工段之间没有空闲时间。

(4)施工队组数 n_1 等于施工过程数 n。

2. 等节奏流水施工段数的确定

无层间关系时，施工段数 m 按划分施工段的基本要求确定即可。

有层间关系时，为了保证各施工队组连续施工，应取 $m \geq n$，此时，每层施工段空闲数为 $m-n$，一个空闲施工段的时间为 t，则每层的空闲时间为

$$(m-n)t = (m-n)K$$

若一个楼层内各施工过程间的技术与组织间歇时间之和为 $\sum Z_1$，楼层间技术与组织间歇时间为 Z_2，每层的 $\sum Z_1$ 均相等，Z_2 也相等，则保证各施工队组能连续施工的最小施工段数 m 的确定如下：

$$(m-n)K = \sum Z_1 + Z_2$$

$$m = n + \frac{\sum Z_1}{K} + \frac{Z_2}{K}$$

式中　　　m——施工段数；

　　　　　n——施工过程数；

　　　　　$\sum Z_1$——楼层内各施工过程技术与组织间歇时间之和；

　　　　　Z_2——楼层间技术与组织间歇时间；

　　　　　K——流水步距。

3. 等节奏流水施工的组织方法

(1)首先划分施工过程，应将劳动量小的施工过程合并到相邻施工过程中，以使各流水节拍相符。

(2)其次确定主要施工过程的施工队组人数，计算其流水节拍。

(3)最后根据已定的流水节拍，确定其他施工过程的施工队组人数及其组成。

等节奏流水施工一般适用于工程规模较小、建筑结构比较简单、施工过程不多的房屋或某些构筑物，常用于组织一个分部工程的流水施工。

二、异节奏流水施工

在组织流水施工时，通常在同一施工段的固定工作面上，不同施工过程的施工性质、复杂程度各不相同，从而使其流水节拍很难完全相等，不能形成等节奏流水施工。但是，如果施工段划分得恰当，可以使同一施工过程在各个施工段上的流水节拍均相等。这种各施工过程的流水节拍均相等，而不同施工过程之间的流水节拍不尽相等的流水施工组织方式属于异节奏流水施工。异节奏流水施工又可分为异步距异节奏流水施工和等步距异节奏流水施工两种。

1. 异步距异节奏流水施工

(1)异步距异节奏流水施工的特征。

1)同一施工过程流水节拍相等，不同施工过程之间的流水节拍不一定相等；

2)各个施工过程之间的流水步距不一定相等；

3)各施工队组数 n_1 等于施工过程数 n。

(2)流水步距的确定。

$$K = \begin{cases} t_i \\ mt_i - (m-1)t_{i+1} \end{cases}$$

式中　　　t_i——第 i 个施工过程的流水节拍；

　　　　　t_{i+1}——第 $i+1$ 个施工过程的流水节拍。

流水步距也可由前述"累加数列法"求得。

(3)流水施工工期 T。

$$T = \sum K_{i,i+1} + T_n + \sum Z_{i,i+1}$$

【例 4-1】某工程划分为 A、B、C、D 4 个施工过程，分 3 个施工段组织施工，各施工过程的流水节拍分别为 $t_A = 3$ 天，$t_B = 4$ 天，$t_C = 5$ 天，$t_D = 3$ 天；施工过程 B 完成后有 2 天的技术间歇时间，施工过程 D 与 C 搭接 1 天。试求各施工过程之间的流水步距及该工程的工期，并绘制流水施工进度表。

解：（1）确定流水步距。

根据上述条件及公式，各流水步距计算如下：

因为 $t_A < t_B$，所以 $K_{A,B} = t_A = 3$（天）

因为 $t_B < t_C$，所以 $K_{B,C} = t_B = 4$（天）

因为 $t_C > t_D$，所以 $K_{C,D} = mt_C - (m-1)t_D = 3 \times 5 - (3-1) \times 3 = 9$（天）

（2）计算流水施工工期。

$$T = \sum K_{i,i+1} + T_n + \sum Z_{i,i+1} = (3+4+9) + 3 \times 3 + 2 - 1 = 26（天）$$

（3）绘制施工进度表如图 4-8 所示。

施工过程	施工进度/天																									
	1	2	3	4	5	6	7	8	9	10	11	12	13	14	15	16	17	18	19	20	21	22	23	24	25	26
A																										
B																										
C																										
D																										

图 4-8 异步距异节奏流水施工进度表

组织异步距异节奏流水施工的基本要求：各施工队组尽可能依次在各施工段上连续施工，允许有些施工段出现空闲，但不允许多个施工队组在同一施工段交叉作业，更不允许发生工艺顺序颠倒的现象。异步距异节奏流水施工适用于施工段大小相等的分部工程和单位工程的流水施工，它在进度安排上比等节奏流水施工灵活，实际应用范围较广泛。

2. 等步距异节奏流水施工

等步距异节奏流水施工也称成倍节拍流水施工，是指同一施工过程在各个施工段上的流水节拍相等，不同施工过程之间的流水节拍不完全相等，但各个施工过程的流水节拍均为其中最小流水节拍的整数倍，即各个流水节拍之间存在一个最大公约数的流水施工方式。为加快流水施工进度，按最大公约数的倍数组建每个施工过程的施工队组，以形成类似于等节奏流水施工的等步距异节奏流水施工方式。

（1）等步距异节奏流水施工的特征。

1）同一施工过程流水节拍相等，不同施工过程流水节拍等于其中最小流水节拍的整数倍；

2）流水步距彼此相等，且等于最小流水节拍值；

3）施工队组数 n_1 大于施工过程数 n；

4）各专业施工队组都能够保证连续作业，施工段没有空闲。

（2）流水步距的确定。

$$K_{i,\,i+1} = K_b$$

（3）每个施工过程的施工队组数确定。

$$b_i = \frac{t_i}{K_b}$$

$$n_1 = \sum b_i$$

式中　　b_i——某施工过程所需施工队组数；

$\qquad$ n_1——施工队组总数；

$\qquad$ K_b——最大公约数，其他符号含义同前。

(4)施工段数 m 的确定。

1)无层间关系时，可按划分施工段的基本要求确定施工段数 m，一般取 $m = n_1$；

2)有层间关系时，施工段数的最小值 m_{min} 应满足下式要求：

$$m_{min} = n + \frac{Z_{max} + C_{max} + \sum td}{K}$$

(5)流水施工工期。

1)无层间关系时：

$$T = (m + n_1 - 1)K_b + \sum Z_{i, i+1} - \sum C_{i, i+1}$$

2)有层间关系时：

$$T = (m + n_1 - 1)K_b + \sum Z_1 - \sum C_1$$

式中，各符号含义同前。

三、无节奏流水施工

无节奏流水施工是指同一施工过程在各个施工段上流水节拍不完全相等的一种流水施工方式。

在实际工程中，通常每个施工过程在各个施工段上的工程量彼此不等，各专业施工队组的生产效率相差较大，导致大多数的流水节拍也彼此不相等，因此有节奏流水施工，尤其是等节奏流水施工和成倍节拍流水施工往往是难以组织的，而无节奏流水施工则是利用流水施工的基本概念，在保证施工工艺、满足施工顺序要求的前提下，按照一定的计算方法，确定相邻专业施工队组之间的流水步距，使其在开工时间上最大限度地、合理地搭接起来，形成每个专业施工队组都能连续作业的流水施工方式。它是流水施工的普遍形式。

1. 无节奏流水施工的特点

(1)每个施工过程在各个施工段上的流水节拍不尽相等；

(2)各个施工过程之间的流水步距不完全相等且差异较大；

(3)各施工队组能够在施工段上连续作业，但有的施工段之间可能有空闲时间；

(4)施工队组数等于施工过程数。

2. 流水步距的确定

无节奏流水施工中，流水步距的大小是没有规律的，彼此不等。流水步距的计算方法有很多，主要有图上分析法、分析计算法和潘特考夫斯基法，其中潘特考夫斯基法比较简捷实用。

潘特考夫斯基法又称为累加数列法，是由潘特考夫斯基首先提出来的。这种方法概括为：首先把每个施工过程在各个施工段上的流水节拍依次累加，逐段求和，得出各施工过程流水节拍的累加数列；再将相邻的两个施工过程的累加数列的后者均向后错一位，分别相减得到一个新的差数列；差数列中的最大值即为这两个相邻施工过程的流水步距。

3. 流水施工工期

流水施工工期的计算公式如下：

$$T = \sum K_{i,i+1} + \sum t_n + \sum Z_{i,i+1} - \sum C_{i,i+1}$$

4. 无节奏流水施工的组织

无节奏流水施工的实质是，各施工队组连续作业，流水步距经计算确定，使专业施工队组之间在一个施工段内不互相干扰(不超前，但有可能滞后)，或做到前后施工队组之间工作紧紧衔接。因此，组织无节奏流水施工的关键就是正确计算流水步距。

组织无节奏流水施工的基本要求与异步距异节奏流水施工相同，即保证各施工过程的工艺顺序合理和各施工队组尽可能依次在各施工段上连续施工。

无节奏流水施工不像有节奏流水施工那样有一定的时间规律约束，在进度安排上比较灵活、自由，适用于分部工程、单位工程及大型建筑群的流水施工，实际运用比较广泛。

【例4-2】某工程由3个施工过程组成，分成4个施工段进行流水施工，其流水节拍见表4-2，试确定其流水步距。

表4-2　某工程流水节拍

施工过程	流水节拍			
	施工段1	施工段2	施工段3	施工段4
过程1	3	2	3	4
过程2	3	4	2	3
过程3	2	3	2	1

解：(1)求各施工过程流水节拍的累加数列。

过程1：3，5，8，12。

过程2：3，7，9，12。

过程3：2，5，7，8。

(2)错位相减求得差数列。

过程1和过程2：

$$\begin{array}{ccccc} 3, & 5, & 8, & 12 & \\ -) & 3, & 7, & 9, & 12 \\ \hline 3, & 2, & 1, & 3, & -12 \end{array}$$

$K_{1,2} = 3$ 天

过程2和过程3：

$$\begin{array}{ccccc} 3, & 7, & 9, & 12 & \\ -) & 2, & 5, & 7, & 8 \\ \hline 3, & 5, & 4, & 5, & -8 \end{array}$$

$K_{2,3} = 5$ 天

(3)计算工期。

$$T = \sum K_{i,i+1} + \sum t_n + \sum Z_{i,i+1} - \sum C_{i,i+1}$$
$$= 3 + 5 + (2 + 3 + 2 + 1) = 16(天)$$

单元四　流水施工案例

一、组织流水施工时应注意的要求

1. 划分施工段

施工段是便于组织施工将同一性质的施工任务化整为零而形成的施工区间。如某三单元多层砖混结构房屋在平面上以一个单元作为一个施工段，则在平面上就可以划分为三个施工段。划分施工段这一要求确切地说是要将施工任务划分为多个施工段，以形成流水施工要求的"批量"生产的条件。缺乏这一条件是无法组织流水施工的，因为如果是单件产品，则只能一道工序接一道工序进行顺序施工。

2. 划分工序

工序是指施工过程，一道工序就是一个施工过程。根据需要，一道工序的施工作业内容可多可少。在控制性计划中，一道工序可以是一个分部工程或单位工程的施工过程，在建筑群的施工控制计划中，一道工序甚至可以是一栋建筑物的施工过程。流水施工作业组织是一种作业计划，工序划分应考虑具有很强的可操作性，工序作业内容应较单一。因此，流水施工划分工序的任务是要将一个施工段（分部工程）的整个施工过程划分为若干个小的、施工作业内容单一（专业化）的施工过程，并组建相应工序的专业施工队组。如条形基础施工，每一个施工段的整个施工过程都可以划分为挖基槽、做垫层、砌基础、回填土四个小的、作业内容单一的工序，并组建相应的专业施工队组。划分工序与划分施工段一样，是流水施工的客观要求。如果不划分工序，也就不存在相应的专业施工队组，一个施工段的施工过程只能被看成是一个大工序，这样只能组织一个综合施工队组，按一个施工段接一个施工段的顺序完成各段施工任务。

3. 进行高效协作

分工是基础，协作是目的。没有分工后的协作，也就没有流水施工。流水施工进行高效协作的含义是：保证各工序组织细部流水施工的连续性，避免窝工；合理搭接各工序的细部流水施工，尽可能保持施工段工艺细部流水施工的连续性。

二、组织流水施工的一般步骤

流水施工组织的基本对象是分部工程，先组织分部工程流水施工，然后将各分部工程的流水施工搭接起来可形成单位工程流水施工直至建筑群流水施工。因此，要掌握组织流水施工的一般步骤，应以分部工程流水施工为研究对象，如一栋房屋可以以基础、主体结构、装饰装修等为主要控制分部工程的组织流水施工。分部工程的组织流水施工的一般步骤如下：

1. 划分工序，确定工序的工艺顺序

从预算定额中可以看出，一个分部工程要经过很多细小的分项工程施工才能完成。如

果以这些细小的分项工程作为一道道工序组织施工，会使施工组织变得复杂而烦琐。

因此，需要将一些作业性质相近的细小的分项工程合并成大一些的工序，这样一个分部工程从形式上可以划分为几个主要的工序，使施工组织变得简单明了。这种将一个分部工程的很多细小的施工过程进行适当合并，形成几个大的施工过程，并根据这些施工工序的主要性质选取一个合适的工序名称的过程就是划分工序。合并工序时应以方便施工组织为原则，结合定额分项和类似的施工经验来进行。如砖混条形基础一般划分为挖基槽、做垫层、砌基础、回填土四道工序，其中，挖基槽是挖地槽、挖地坑等分项工程合并而成的；做垫层是原土打夯、灰土垫层、混凝土垫层等分项工程合并而成的；砌基础是砌砖基础、浇筑混凝土基础、浇筑地圈梁等分项工程合并而成的；回填土是取土、运土、基础回填、室内地平回填等分项工程合并而成的。

一个分部工程需要划分为多少个工序，目前没有统一的规定，一般以既能表达一个工程的完整施工过程，又能做到简单明了为划分原则。工序划分好后，应根据施工技术的客观要求确定工序的工艺顺序。

（1）例如，一栋民用建筑房屋的施工过程常做以下划分：

1）基础部分常划分为挖土方、做垫层、砌基础、回填土四个施工过程；

2）砖混结构的主体部分常划分为砌砖墙、浇钢筋混凝土、吊装楼板三个施工过程；

3）框架结构的主体部分则可以划分为筑框架柱、筑框架梁、铺筑板和砌砖墙四个施工过程；

4）屋面工程可作为一个独立的施工过程，安排在主体与装修部分之间或将屋面划分为找平层、防水层、架空隔热层等施工过程；

5）装饰装修部分常划分为外墙装饰、天棚内墙粉刷、楼地面铺筑、安装门窗扇、玻璃油漆五个施工过程。

（2）又如单层工业厂房的施工过程常做以下划分：

1）基础部分划分为挖土方、做垫层、砌基础、回填土；

2）预制工程划分为预制柱、预制梁、预制屋架、预制屋面板；

3）吊装工程划分为吊装柱、吊装梁、吊装屋架、安装屋面板；

4）围护工程划分为砌砖墙、安装门窗；

5）装饰装修工程划分为外粉刷、内粉刷、筑地面、玻璃油漆。

2. 划分施工段，确定施工段的施工顺序

前面讲述了施工段的概念，讲述了划分施工段的原则方法，这里重点讲述划分施工段时应注意的要点。

划分施工段时主要应考虑施工段的大小、多少和分界线位置。施工段的大小、多少主要应满足施工组织方面的要求；施工段的分界线位置主要应满足施工技术方面的要求。

（1）划分施工段大小的要点。

1）施工段不能划分得太小。至少应满足施工队组人员和机具最小搭配后的活动范围要求，否则会形成拥挤而影响施工效率，甚至无法施工。

2）施工段不能划分得过大。如果过大，当施工队组人员和机具设备较少时，会造成作业面的浪费；当施工队组人员和机具设备充足时，会形成施工力量与材料物资供应的高峰集中现象。

3）施工段的大小应尽可能一致。施工段的大小一致，是指施工段的形状、尺寸一致，以使工程量或劳动量一致。其目的是使施工工序每段作业时间相等，以利于流水施工组织有规律、有节奏。但施工段的大小不可能像工业产品那样大小统一、规格一致，因此只能要求尽可能一致。一般要求施工段的大小差别控制在15%以内，在这种差别内，通过施工队组的努力，基本上可以做到每段作业时间相等。

(2)确定施工段数的要点。

1)如果施工段数远大于施工段的工序专业施工队组数，则各工序的专业施工队组可利用众多不同的施工段充分实现平行作业，提高作业效率。从这个意义上讲，施工段数应大于工序专业施工队组数。但在实际施工中，建筑物不可能无限制地划分施工段，可根据工程规模、施工力量，以及施工进度要求等因素，结合类似工程经验来划分施工段数，但至少应有两个施工段，否则就不可能组织流水施工。

2)当施工队组要在各段上周而复始地进行循环性作业时，要求施工段数等于或大于工序专业施工队组数。如在多层房屋的主体施工中，不仅要在平面上划分施工段，还要在竖向上划分施工层，各工序在每层要进行循环性作业。这时，要使各工序专业施工队组不停工、窝工，施工段数就必须等于或大于工序专业施工队组数。事实是很清楚的，如果施工段数少于工序专业施工队组数，则因为一个施工段上一般只能容纳一个施工队组进行工作，这就必然会使超过施工段数的队组因无作业场所而窝工。当然，如果施工段数多于工序专业施工队组数，则除在每个施工段上安置一个施工队组外，必然还会有施工段空闲而得不到充分的利用。但是，一定数量施工段的空闲可使作业计划具有弹性，是合理的。

(3)确定施工段的分界线的要点。

1)施工段的分界线，应与结构构造设置相一致。如果当房屋中设有沉降缝、抗震缝、伸缩缝、高低层交界线、单元分隔线等，则施工段的分界线应与这些结构构造设置线相一致。

2)多层房屋竖向分段(层)一般与结构层一致。不同的分部工程划分施工段的方法是不一样的，这也是流水施工以分部工程为基本对象组织施工的原因。如基础施工一般在平面内按长度或区域划分施工段；主体结构一般要在平面上划分施工段，并在竖向上也要划分施工层；装饰装修工程一般沿楼层竖向划分施工段。

施工段划分好后，应根据方便施工、有利于加快施工进度等因素确定施工段的施工顺序，这样，各工序沿施工段转移的组织顺序也相应确定。

3. 组织专业工种施工队组

(1)专业工种施工队组数的确定。专业工种施工队组应根据分部流水线中划分的工序建立相应的施工队组，即按专业分工的原则建立相应的专业工种施工队组。一般情况下，专业工种施工队组数与分部流水线中划分的工序数相等。当条件允许时，某一专业工种施工队组可以做流水线中的多道工序，如支模组可以再去拆模，基础施工中的挖基槽组可以再去做回填土的工作，但这时应将其视为相应工序的两个施工队组。

(2)专业工种施工队组作业人数的确定。专业工种施工队组作业人数的确定应参考以下两个参数。

1)最多人数，是指施工段上在满足正常施工的情况下可容纳的最多人数。可按下式确定：

最多人数＝最小施工段上的作业面/每个工人所需最小作业面

最小施工段是指分部工程施工所划分的几个施工段中整体工作面最小的施工段；每个工人所需最小作业面是指保证工人正常作业效率所需的最小作业空间。

2）最少人数，是指合理施工所必需的最少劳动组合人数，如果达不到此要求会影响作业效率，甚至使施工无法进行。如砌砖和抹灰，除了技工之外，还必须配备供料的辅助工，否则将难以正常工作。

依据以上两个参数，根据流水施工对流水节拍的要求，最后确定一个合适人数。这种合适人数应满足以下关系：

$$最多人数 \geq 合适人数 \geq 最少人数$$

4. 确定流水节拍，组织各工序细部流水施工

（1）确定流水节拍。流水节拍是指一个工序的专业施工队组在一个施工段上完成该工序的作业任务而持续的作业时间。由于施工段的大小可能不一致，同一工序在不同的施工段上流水节拍可能不一样，因此，确定流水节拍就是确定工序每段作业时间。

工序每段作业时间（流水节拍）取决于两个因素：每段的工程量和工序专业工种施工队组的劳动效率（或每段的劳动量和队组的工人人数），其计算公式如下：

$$工序某段流水节拍 = \frac{该施工段工程量}{工序专业工种施工队组的劳动效率}$$

确定流水节拍时应根据以下几条原则结合上式进行调整。

1）每段流水节拍应不小于最短流水节拍。当施工段数确定后，流水节拍的长短对总工期有一定的影响，流水节拍长则工期相应的也就长。因此，从理论上讲，总是希望流水节拍越短越好。但是，实际上由于工作面的限制，每一种工序都有最短流水节拍。所谓最短流水节拍，就是工序专业工种施工队组中每人占有的最小作业面（再小就要影响劳动效率的发挥），也就是施工段上人数达到饱和的情况下的每段作业时间，这个时间是不可能在合理的条件下再缩短的，因此称为最短流水节拍。所以在确定流水节拍时，最好首先计算出最短流水节拍，作为考虑的基础。如果是先决定每段的作业时间，也应根据最短流水节拍加以检验核算。最短流水节拍可按下式计算，即

$$某工序最短流水节拍 = \frac{每个工人所需最小作业面 \times 单位作业面所含工程量}{产量定额}$$

由此可见，工序最短流水节拍与施工段的大小无关。只要施工段上的人数是饱和的，无论施工段是大还是小，流水节拍将是一个定数，即等于最短流水节拍。

2）每段流水节拍最好为一班（即八小时）或是其倍数。由上式计算的结果应取整数，对微小差别可近似取整数，如差别较大，则可以通过调整工序专业施工队组的人数来达到要求。这样做便于施工组织，使施工队组转移施工段与工班制度一致，避免中途转移施工段而耽误时间。

3）尽可能使同一工序乃至不同工序的流水节拍相等。这样做是为了组织有节奏流水施工。当不同工序流水节拍相等有一定困难时，就应尽可能地使其流水节拍成倍数关系，通过合理组织，也可形成有节奏流水施工。

（2）组织各工序细部流水施工划分了工序，确定了其施工队组；划分了施工段，确定了施工段的转移顺序；有了工序的流水节拍，就可以组织各工序的细部流水施工。其原则很简单，即保证工序专业施工队组连续逐段转移，防止窝工即可。

各工序细部流水施工确定后，如何将其合理搭接，形成分部工程流水施工呢？这就需要确定各细部流水施工之间的流水步距。

5. 确定流水步距

确定流水步距时，一般要求应在合理的情况下使流水步距的搭接时间间隔最短。所谓搭接，就是在前一分项工程(工序)的施工队组施工时，使接续施工的后一分项工程(工序)的施工队组在适当时间插入施工，平行操作。所谓合理，是指一般情况下，后一施工队组插入施工时要做到既能保证各队组都能正常操作和连续施工，又能较充分地利用作业面而使工期合理缩短。施工顺序在后的分项工程(工序)，在任何时候都不允许发生"超前"(在一个施工段上，前一分项工程尚未完工而后一施工队组就插入施工)的现象，因为后一分项工程要靠前一分项工程为其创造施工条件、提供作业面，不然就会形成窝工，这是违背流水施工的基本精神的。例如，当某一施工段上扎筋的工作尚未完成，甚至是尚未开始时，就绝不可能进行混凝土浇筑。

三、某工程流水施工组织实例

本工程为大模板高层住宅，由三个单元组成，呈一字形。建筑物总长为 147.5 m，宽为 18.46 m，檐口高度为 41.00 m，总高为 43.58 m，建筑面积为 29 700 m²，地下室为 2.7 m 高的设备层，地上部分共 14 层，层高为 2.9 m，每个单元设电梯两部。

本工程采用外壁板内大模的结构形式，现浇钢筋混凝土地下室基础，基础以下设无筋混凝土垫层，地面为水泥砂浆抹面，室内墙面为一般喷涂，天棚为钢筋混凝土板下喷白，外墙面装饰随壁板在预制厂做好，屋面为二毡三油卷材防水，采用一般给水排水设施、热水采暖系统和照明配电，其主要工程量见表 4-3。根据合同要求，项目经理部 5 月初即可进场开始施工准备工作，12 月中旬必须竣工。

表 4-3 本工程主要工程量

项次	工程名称	工程量	单位	项次	工程名称	工程量	单位
一、地下室工程				12	阳台栏板吊装	2 330	块
1	土方开挖	9 000	m³	13	门头花饰吊装	672	块
2	混凝土垫层	216	m²	三、屋面及装饰装修工程			
3	楼板	483	块	14	楼地面豆石混凝土垫层	19 800	m³
4	回填土	1 200	m³	15	棚顶喷浆	21 625	m²
二、主体结构工程				16	墙面喷浆	60 290	m²
5	壁板吊装	1 596	块	17	屋面找平	3 668	m³
6	内墙隔板混凝土	1 081	m²	18	铺二毡三油卷材	3 668	m²
7	通风道吊装	495	块	19	木门窗	2 003	刷
8	圆孔板吊装	5 329	块	20	钢门窗	1 848	扇
9	阳台板吊装	637	块	21	玻璃	7 728	m²
10	垃圾道吊装	84	块	22	油漆	223 634	m²
11	楼梯休息板吊装	354	块				

本工程具有结构新、层数多、挖土量大和工期短等特点。因此，要特别注意基础土方开挖和主体工程的组织管理。

考虑工期要求和项目特点，拟订控制工期如下：施工准备工作 1 个月，地下室工程 1 个月，主体结构工程 2 个月，装饰装修工程与主体结构工程穿插施工。

地下室工程：包括土方开挖、浇筑基础垫层、绑扎基础钢筋、浇筑底板混凝土、绑扎地下室墙钢筋、支墙模板、浇筑墙混凝土、吊装地下室顶板和回填土 9 个施工过程。由于土方开挖深 3.7 m，为Ⅱ类土，地下水水位为 −5.0 m，而且基坑四周比较狭窄，修整边坡困难，故选用 W-100 型反铲挖土机一台，其所需工期为

$$T = Q/(BS) = 9\ 000/(1 \times 529) = 17(天)$$

土方开挖、浇筑基础垫层与浇筑底板混凝土搭接进行。绑扎地下室墙钢筋、支墙模板、浇筑墙混凝土和吊装地下室顶板，分四段组织流水施工。

主体结构工程包括墙钢筋绑扎、墙大模板、立门口、吊装外壁板、浇注混凝土墙、吊装内墙板、吊装楼板、支板缝梁模板、绑扎板缝梁钢筋和浇筑板缝梁混凝土 10 个施工过程。

根据本工程的高度、平面尺寸、构件的最大质量和公司能提供（或项目经理部能够租赁到）的机械情况，选择 TQ60/80 型塔式起重机作为主体结构工程施工的水平、垂直运输机械。施工中，选用三台 TQ60/80 型塔式起重机。确定过程按下式进行计算得出：

$$N = \frac{1}{TBK} \times \frac{Q}{S}$$

式中　　N——所需起重机台数；

Q——主体工程要求的最大施工强度，本工程为 2 064 吊次；

T——工期，按主体结构工程施工控制进度要求，取每层 4 天；

B——每日工作班次，取 $B = 2$；

K——时间利用系数，取 $K = 0.9$；

S——起重机台班产量定额，取 $S = 100$ 吊/台班。

将各数值代入上式，得

$$N = \frac{1}{4 \times 2 \times 0.9} \times \frac{2\ 064}{100} = 2.87(取值为 3)$$

三台塔式起重机布置在建筑物北侧同一轨道上，分别负责一个单元的垂直运输。其起重能力复核验算从略。

主体结构工程施工时，每个单元分成四个施工段，三个单元同时施工，采用自东向西的方向进行流水施工。

屋面及装饰装修工程：主体结构封顶后，即开始屋面工程。

室内墙面抹灰、顶板抹灰随主体结构进行，当主体结构进行到 4 层时，即插入底板勾缝和室内地面施工。总的施工流向：自下而上。施工顺序：先湿后干；先地面后天棚；先房间后走道，最后进行楼梯抹灰。

外装饰装修分两段：一段从 6 层开始往下进行到 1 层；一段从顶层开始往下进行到 7 层。水、暖、电与主体结构穿插进行。

本模块内容主要包括流水施工的基本概念、基本参数、基本组织方式等，主要知识点包括：

(1)建筑工程施工组织的方式有依次施工、平行施工和流水施工，通过比较其各自施工的特点得出流水施工的优点及其技术经济效果。

(2)流水施工的表示方法包括水平图表(横道图)、垂直图表(斜线图)和网络图3种，本模块主要要求掌握水平图表和垂直图表的表示方法。

(3)流水施工参数按其性质不同，一般可分为工艺参数、空间参数和时间参数3类。工艺参数包括施工过程数和流水强度；空间参数包括工作面、施工段数和施工层；时间参数包括流水节拍、流水步距和流水施工工期等参数。掌握各参数的概念及其内容。

(4)流水施工按照其组织的范围划分，可以划分为分项工程流水施工、分部工程流水施工、单位工程流水施工和群体工程流水施工。

(5)流水施工按照其流水节拍特征的不同，可以划分为有节奏流水施工和无节奏流水施工。有节奏流水施工分为等节奏流水施工和异节奏流水施工，异节奏流水施工又包括等步距异节奏流水施工和异步距异节奏流水施工。掌握各种流水施工的特点、基本参数的计算、施工进度计划的绘制等内容。

课后习题

一、思考题

1. 建筑工程施工组织方式有哪些？各有何特点？

2. 流水施工的技术经济效果有哪些？

3. 流水施工的基本参数包括哪些内容？

4. 流水施工的基本组织方式有哪些？

5. 固定节拍流水施工、加快的成倍节拍流水施工、无节奏流水施工各具有哪些特点？

6. 当组织无节奏流水施工时，如何确定其流水步距？

二、单项选择题

1. 相邻两工序在同一施工段上相继开始的时间间隔称为(　　)。

    A. 流水施工　　　　B. 流水步距　　　　C. 流水节拍　　　　D. 技术间歇

2. 某工程划分为四个施工过程、五个施工段进行施工，各施工过程的流水节拍分别为6天、4天、4天、2天。如果组织成倍节拍流水施工，则流水施工工期为(　　)天。

    A. 40　　　　　　　B. 30　　　　　　　C. 24　　　　　　　D. 20

3. 某工程需挖土 4 800 m³，分成四段组织施工，拟选择两台挖土机挖土，每台挖土机的产量定额为 50 m³/台班，拟采用两个施工队组倒班作业，则该工程土方开挖的流水节拍为(　　)天。

    A. 24　　　　　　　B. 15　　　　　　　C. 12　　　　　　　D. 6

4. 对于多层建筑物，为保证层间连续作业，施工段数 m 应（   ）施工过程数 n。

    A. 大于   B. 小于   C. 等于   D. 大于或等于

5. 流水施工中的空间参数是指（   ）。

    A. 平行搭接时间   B. 施工过程数   C. 施工段数   D. 流水强度

三、多项选择题

1. 无论是否应用流水施工原理，工程进展状况均可用（   ）等表示方法。

    A. 横道图   B. 网络图   C. 系统图   D. 结构图

    E. 流程图

2. 流水施工是一种科学合理、经济效果明显的施工方式，其特点为（   ）。

    A. 工期比较合理   B. 提高劳动生产率   C. 保证工程质量   D. 降低工程成本

    E. 施工现场的组织及管理比较复杂

3. 组织流水施工的时间参数有（   ）。

    A. 流水节拍   B. 流水步距   C. 施工段数   D. 施工过程数

    E. 工期

4. 下列有关无节奏流水施工的说法正确的是（   ）。

    A. 流水节拍没有规律

    B. 流水步距没有规律

    C. 施工队组数大于施工过程数

    D. 施工过程数大于施工段数

    E. 相邻施工队组之间没有搭接

5. 划分施工段，通常应遵循（   ）等基本原则。

    A. 各施工段上的工程量大致相等

    B. 能充分发挥主导机械的效率

    C. 对于多层建筑，施工段数应小于施工过程数

    D. 保证结构整体性

    E. 对于多层建筑，施工段数应不小于施工过程数

模块五　网络计划

模块目标

　　了解网络计划的发展概况，熟悉网络图、网络计划的定义及网络计划技术的概念，了解工期优化、费用优化及资源优化的过程，熟悉费用优化和资源优化的有关方法；掌握网络图的基本类型及其表示方法；掌握双代号网络图的构成，熟悉双代号网络图的绘制规则，掌握双代号网络图时间参数的计算规则；能计算双代号网络图的时间参数，能绘制双代号网络图；掌握双代号时标网络图构成及绘图规则，掌握双代号网络图的时间参数；掌握工期优化、费用优化、资源优化的概念。

案例导入

　　近年来，随着我国供给侧的改革和各行各业的转型升级发展，我国需求侧的市场主导地位越加明显。建设单位作为买方市场，对工程的要求越来越高，施工单位的竞争压力也越来越大。在巨大的竞争压力下，施工单位不断转型升级，向着工业化、信息化、精细化的方向发展，这标志着建筑业将告别传统落后的时代。在新的形势下，各种新的施工方法、管理模式应运而生，"EPC工程总承包模式""装配式建筑""PPP项目"逐渐进入人们的视野。企业不断整合资源，将工程全过程逐渐归并到统一的管理下，这意味着施工任务更加复杂，工序之间的穿插更加紧凑，施工难度也大大增加，施工单位不能再通过传统的施工经验来指导工程，所以为了保证工程的如期竣工，工程进度计划工作变得尤为重要，越来越多的企业开始通过双代号网络图进度计划与横道图进度计划相结合的方法来对工程进行进度管理。

　　例如：冰上综合训练馆项目作为北京市2018年重点工程之一，是保障2022年冬奥会成功举办的重要工程，受到北京市委市政府的高度重视。本工程位于北京市延庆区延庆体育场东侧，场地北临湖北东路，西临妫水南街，东临师范路，场地南面为延庆区的夏都公园莲花湖。项目建设用地总体呈"L"形。工程总建筑面积为67 942 m²，其中地下建筑面积22 798 m²，地下1层，地上4层，总建筑高度20 m。工程结构类型为钢框架结构，屋盖为钢网架及钢桁架结构。本工程工期紧，任务重，工程难度大，专业分包多，极容易出现工期延误。因此，需要认真制订切实可行的工程进度计划，同时在施工中随时监督进度完成情况，及时纠偏，保证工程如期交工。通过编制工程双代号网络进度计划，施工单位不仅发现并更正了原横道图进度计划中的问题，同时还看到了本工程的关键线路，知道了具体哪些施工任务会对工程造成直接影响，对整个施工计划进行深度优化，确保了项目能够按时交工。

单元一　发展概况及基本概念

一、网络计划的发展概况

20 世纪 50 年代，网络计划兴起于美国，在美国杜邦公司的工程项目管理和美国海军"北极星"导弹计划中得到了成功应用。随着现代科学技术和工业生产的发展，网络计划成为比较盛行的一种现代生产管理科学方法。20 世纪 60 年代中期，著名数学家华罗庚教授将它引入我国，经过多年的推广和实践，网络计划技术在我国的工程建设领域得到广泛应用。

1992 年，国家技术监督局颁布了中华人民共和国国家标准《网络计划技术》(GB/T 13400.1～13400.3)；2000 年，原建设部颁布了中华人民共和国行业标准《工程网络计划技术规程》(JGJ/T 121—1999)，使工程网络计划技术在计划的编制与控制管理工实际应用中有了一个可遵循、统一的技术标准，保证了计划的严谨性，对提高建设工程项目管理科学化起到重要的推动作用。

二、网络计划的相关定义

1. 网络图

网络图是由箭线和节点按照一定规则组成的、用来表示工作流程的有向、有序的网状图形。

2. 网络计划

网络计划是在网络图上加注工作的时间参数等而编制成的进度计划。

3. 网络计划技术

网络计划技术是用网络计划对工程的进度进行安排和控制，以保证实现预定目的科学的计划管理技术。

工程网络计划
技术规程

三、网络计划的基本原理

首先，利用网络图的形式表达一项工程计划方案中各项工作之间的相互关系和先后顺序关系；其次，通过计算找出影响工期的关键工序和关键线路；再次，通过不断调整网络计划，寻求最优方案并付诸实施；最后，在计划实施过程中采取有效措施对其进行控制，以合理使用资源，高效、优质、低耗完成预定任务。

四、网络计划方法的特点

1. 横道计划法

(1)优点。

1)简单、明了、直观、易懂；

2)各项工作的起点、延续时间、工作进度、总工期一目了然，资源计算便于据图叠加。

3)流水情况表示清楚。

(2)缺点。

1)不能反映各工作之间的联系与制约关系；

2)不能反映哪些工作是主要的、关键的，看不出计划的潜力。

2. 网络计划法

(1)优点。

1)能明确反映各工作之间的制约与依赖关系；

2)能找出关键工作和关键线路，便于管理人员抓主要矛盾；

3)便于资源调整和利用计算机管理与优化。

(2)缺点。不能清晰反映流水情况、资源需用量的变化情况。

五、网络图的基本类型

1. 双代号网络图

双代号网络图又称为箭线式网络图，是用两个圆圈和一个箭线表示一项工作的网状图。双代号网络图的表示方法如图 5-1 所示。

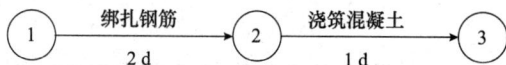

图 5-1　双代号网络图的表示方法

2. 单代号网络图

单代号网络图又称为节点式网络图，是用一个圆圈表示一项工作，箭线表示该工作与其他工作的相互关系的网状图。单代号网络图的表示方法如图 5-2 所示。

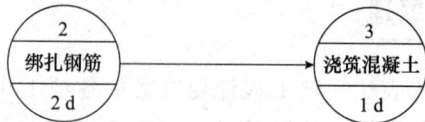

图 5-2　单代号网络图的表示方法

六、工艺关系和组织关系

1. 工艺关系

生产性工作之间由工艺过程决定的、非生产性工作之间由工作程序决定的先后顺序关系称为工艺关系。

如图 5-3 所示，立模 1、绑扎钢筋 1、浇筑混凝土 1 为工艺关系。

2. 组织关系

工作之间由于组织安排需要或资源（劳动力、原材料、施工机具等）调配需要而规定的先后顺序关系称为组织关系。如图 5-3 所示，立模 1、立模 2 即为组织关系。

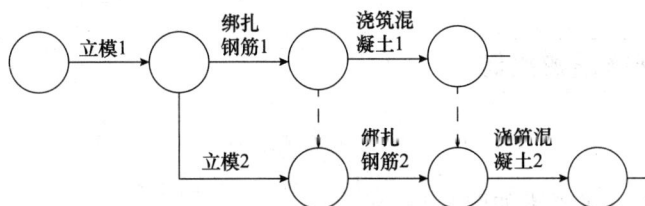

图 5-3　工艺关系和组织关系

七、紧前、紧后和平行工作

1. 紧前工作

在网络图中，相对于某工作而言，紧排在该工作之前的工作称为该工作的紧前工作。在双代号网络图中，该工作与其紧前工作之间可能存在虚工作。如图 5-3 所示，绑扎钢筋 1 和绑扎钢筋 2 在组织关系上虽然存在虚工作，但绑扎钢筋 1 仍然是绑扎钢筋 2 的紧前工作，立模 1 则是绑扎钢筋 1 在工艺关系上的紧前工作。

2. 紧后工作

在网络图中，相对于某工作而言，紧排在该工作之后的工作称为该工作的紧后工作。在双代号网络图中，该工作与其紧后工作之间也可能存在虚工作。如图 5-3 所示，绑扎钢筋 2 仍然是绑扎钢筋 1 在组织关系上的紧后工作，浇筑混凝土 1 则是绑扎钢筋 1 在工艺关系上的紧后工作。

3. 平行工作

在网络图中，相对于某工作而言，可以与该工作同时进行的工作称为该工作的平行工作。如图 5-3 所示，绑扎钢筋 1 与立模 2 互为平行工作。

八、先行工作和后续工作

1. 先行工作

相对于某工作而言，从网络图的第一个节点（起点节点）开始，顺箭头方向经过一系列箭线与节点到达该工作为止的各条通路上的所有工作，都称为该工作的先行工作。如图 5-3

所示，立模 1、绑扎钢筋 1、浇筑混凝土 1、立模 2、绑扎钢筋 2 都为浇筑混凝土 2 的先行工作。

2. 后续工作

相对于某工作而言，从该工作之后开始，顺箭头方向经过一系列箭线与节点到网络图最后一个节点(终点节点)的各条通路上的所有工作，都称为该工作的后续工作。如图 5-3 所示，立模 1 的后续工作有绑扎钢筋 1、浇筑混凝土 1、立模 2、绑扎钢筋 2、浇筑混凝土 2。

单元二　双代号网络计划

一、双代号网络图的绘制

1. 形式

双代号网络图包含的要素如图 5-4 所示。

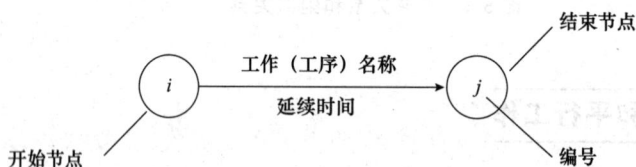

双代号网络图确定关键工作和关键线路的技巧

图 5-4　双代号网络图包含的要素

2. 五个要素

(1)箭线。

作用：一条箭线表示一项工作(施工过程、任务)。

特点：消耗资源(如浇筑混凝土消耗模板、钢筋、混凝土、人工)，消耗时间；有时不消耗资源，只消耗时间。

(2)节点。

用圆圈表示，表示工作的开始、结束或连接关系。

特点：不消耗时间和资源。

(3)编号。

作用：方便查找与计算，用两个节点的编号可代表一项工作。

编号要求：箭头号码大于箭尾号码，即 $j > i$。

编号顺序：先绘图后编号；顺箭头方向；可隔号编。

(4)虚工作。

时间为零的假设工作，用虚箭线表示。

特点：不消耗时间和资源。

作用：确切表达网络图中工作之间相互制约、相互联系的逻辑关系。

(5)线路与关键线路。

关键线路：时间最长的线路(决定工期)。如图 5-5 所示，经过对线路进行分析，可知

该双代号网络图的关键线路为①→③→④→⑥，工期为 14 d。

关键工作：关键线路上的各项工作。

线路：①→②→④→⑥   8 d

     ①→②→③→④→⑥   10 d

     ①→②→③→⑤→⑥   9 d

     ①→③→④→⑥   14 d

     ①→③→⑤—⑥   13 d

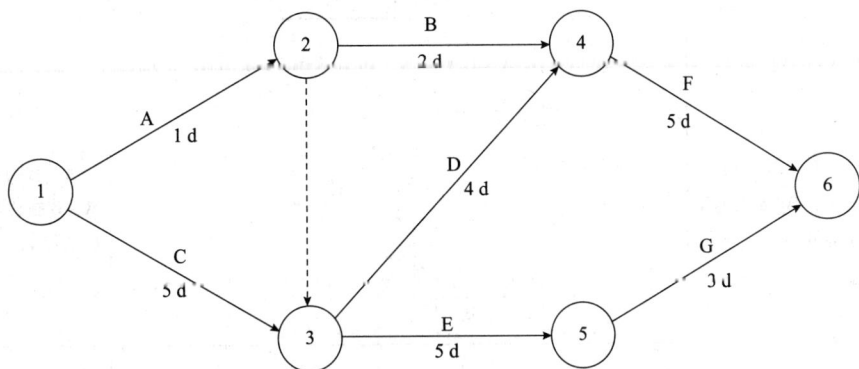

图 5-5   双代号网络图实例

3. 绘制规则

(1)正确反映各工作的先后顺序和相互关系(逻辑关系)。双代号网络图的绘制工作受人员、工作面、施工顺序、施工组织、施工工艺等要求的制约。工作间的具体逻辑关系、表示方法见表 5-1。

表 5-1   工作间的具体逻辑关系、表示方法

序号	工作之间的逻辑关系	网络图中的表示方法	说明
1	A、B 两项工作依次施工		A 制约 B 的开始，B 依赖 A 的结束
2	A、B、C 三项工作同时开始施工		A、B、C 三项工作为平行工作
3	A、B、C 三项工作同时结束		A、B、C 三项工作为平行工作

序号	工作之间的逻辑关系	网络图中的表示方法	说明
4	A、B、C 三项工作，A 结束后，B、C 才能开始	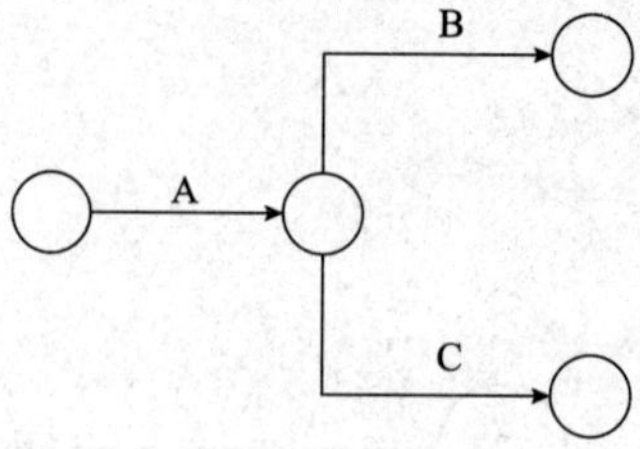	A 制约 B、C 的开始，B、C 依赖 A 的结束，B、C 为平行工作
5	A、B、C 三项工作，A、B 结束后，C 才能开始	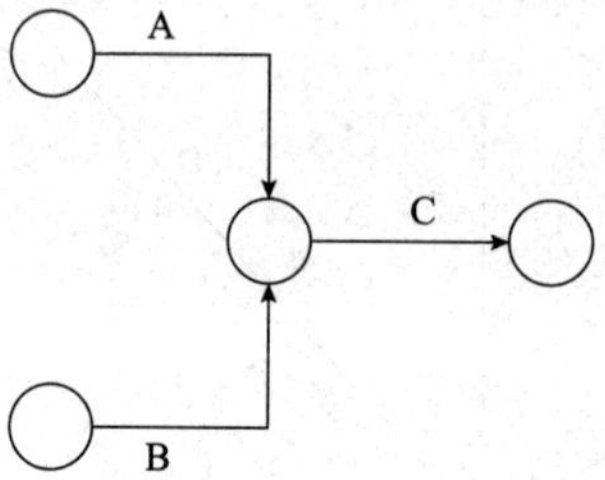	A、B 为平行工作，A、B 制约 C 的开始，C 依赖 A、B 的结束
6	A、B、C、D 四项工作，A、B 结束后，C、D 才能开始	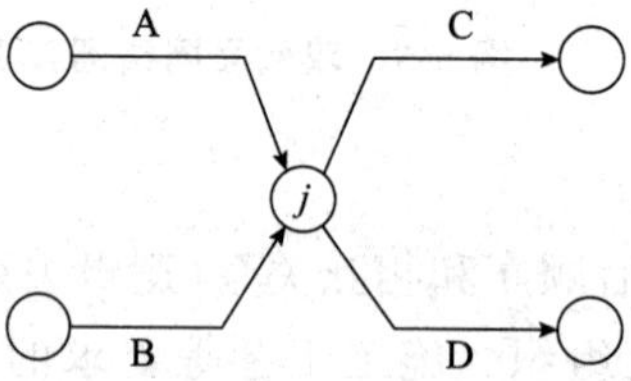	引出节点 j，正确地表达了 A、B、C、D 之间的关系
7	A、B、C、D 四项工作，A 完成后，C 才能开始，A、B 完成后，D 才能开始	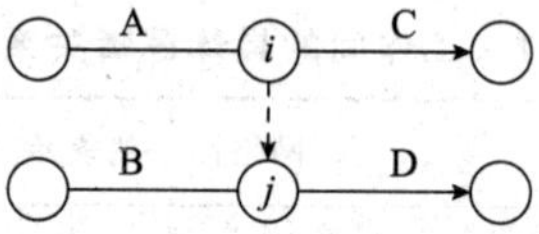	引出虚箭线，正确表达它们之间的逻辑关系
8	A、B、C、D、E 五项工作，A、B、C 完成后，D 才能开始，B、C 完成后，E 才能开始	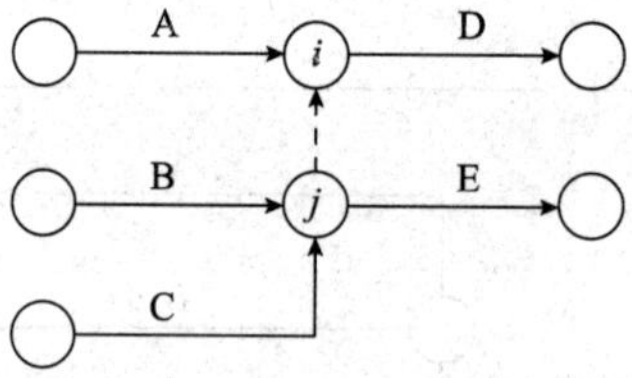	引出虚箭线，正确表达它们之间的逻辑关系
9	A、B、C、D、E 五项工作，A、B 完成后，C 才能开始，B、D 完成后，E 才能开始	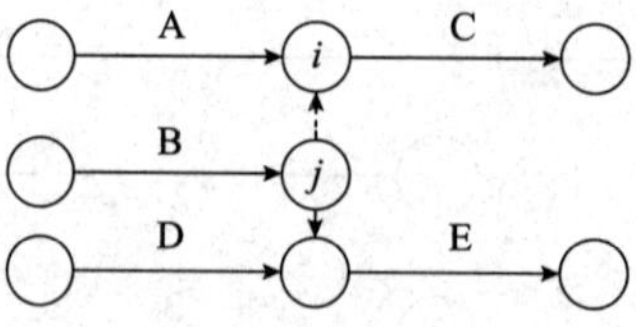	引出虚箭线，正确表达它们之间的逻辑关系

(2)在一个网络图中，只能有一个起点节点，一个终点节点。

起点节点：只有外向箭线，而无内向箭线的节点(图 5-6)。

终点节点：只有内向箭线，而无外向箭线的节点(图 5-7)。

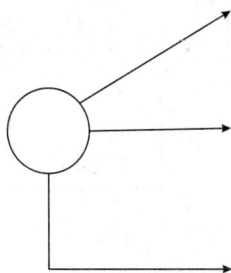

图 5-6 网络图起点节点的表示方法   图 5-7 网络图终点节点的表示方法

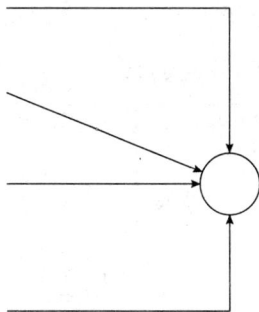

（3）网络图中不允许有闭合回路。图 5-8 表示了双代号网络图出现闭合回路的情况。网络图中不允许有闭合回路。

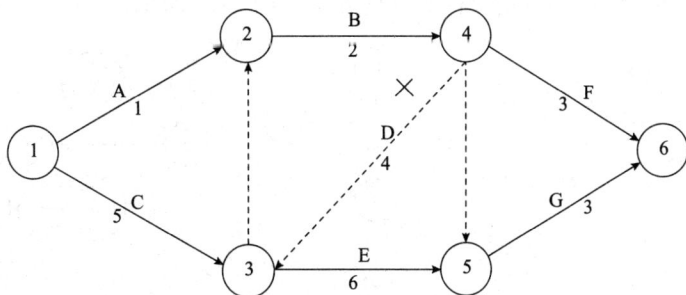

图 5-8 双代号网络图出现闭合回路情况

（4）不允许出现相同编号的工序或工作。双代号网络图工序表示如图 5-9 所示。

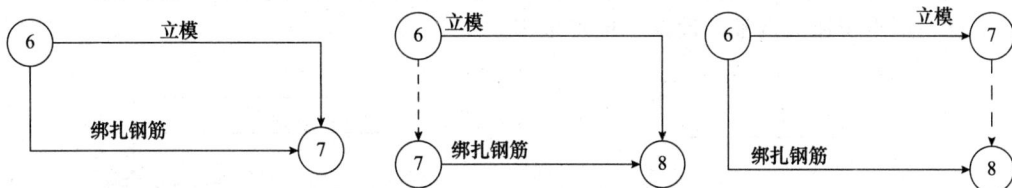

图 5-9 双代号网络图工序表示

（5）不允许有双箭头的箭线和无箭头的箭线。双箭头箭线的错误表示形式如图 5-10 所示。

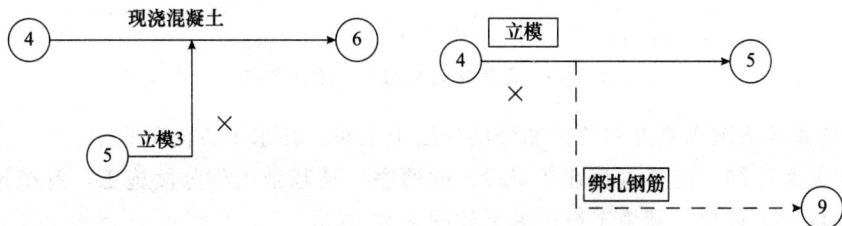

图 5-10 双箭头箭线的错误表示形式

(6)严禁有无箭尾节点或无箭头节点的箭线。无箭尾节点和无箭头节点的两种情况,如图 5-11 所示。

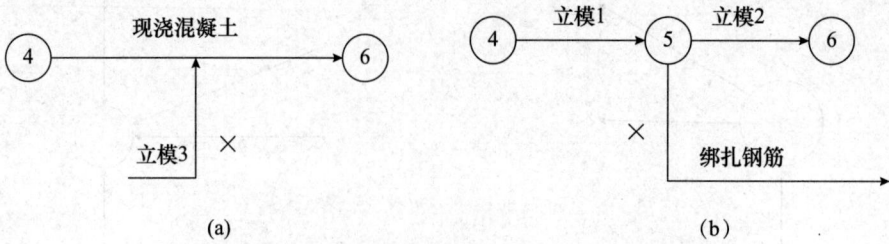

图 5-11 无箭尾节点和无箭头节点的两种情况

(a)无箭尾节点;(b)无箭头节点

4. 绘制要求与方法

(1)尽量采用水平、垂直箭线的网格结构(规整、清晰)。

(2)交叉箭线(尽量不交叉)及换行的处理方法如图 5-12 所示。

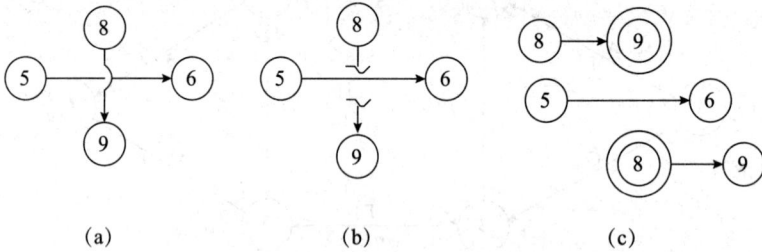

图 5-12 交叉箭线及换行的处理方法

(a)过桥法;(b)断线法;(c)指向法

(3)起点节点有多条外向箭线、终点节点有多条内向箭线时,可采用母线法绘制(图 5-13)。中间节点在不至于造成混乱的前提下也可采用。

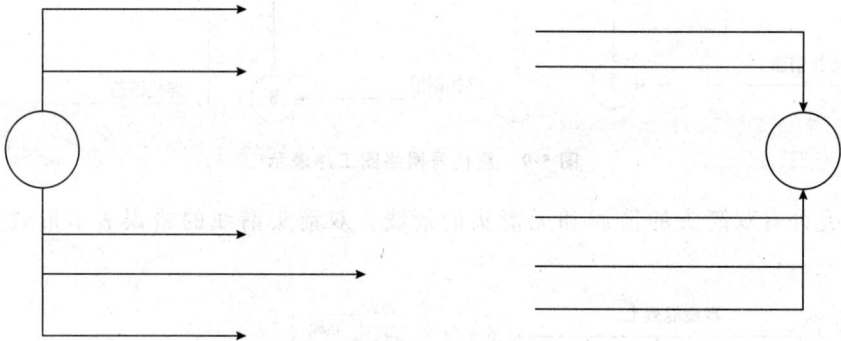

图 5-13 母线法绘制起点、终点节点

(4)尽量使网络图水平方向长。如分层分段施工时,在水平方向可表示:

1)组织关系:同一施工过程在各层段上的顺序。某基础工程分段施工,有挖土、垫层、砌砖基、回填施工过程,其施工组织关系如图 5-14 所示。

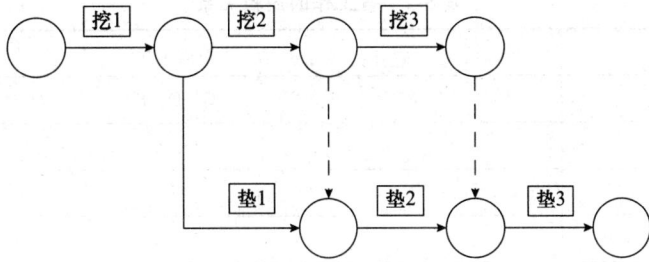

图 5-14　某基础工程施工组织关系

2)工艺关系：在同一层段上各施工过程的顺序。某基础工程施工工艺关系如图 5-15 所示。

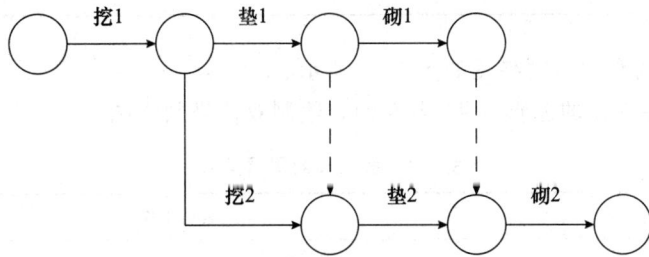

图 5-15　某基础工程施工工艺关系

5. 示例

【例 5-1】某基础工程，施工过程为挖槽 12 d，垫层 3 d，砌墙基 9 d，回填 6 d；采用分段流水施工方法，试绘制双代号网络图。

解：绘制的双代号网络图如图 5-16 所示，工作之间的逻辑关系，一般可使用虚工作来表示节点间的关系。

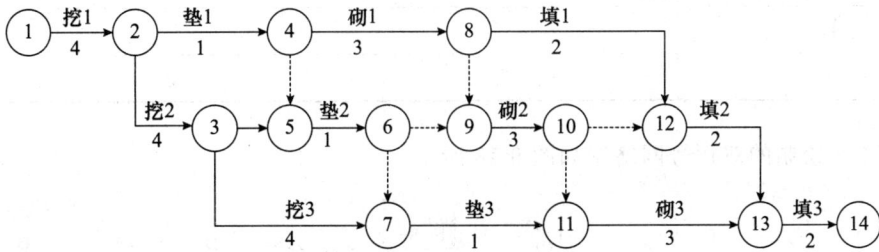

图 5-16　绘制的双代号网络图

6. 网络图的编制步骤

(1)编制工作一览表。列项，计算工程量、劳动量、延续时间，确定施工组织方式(流水施工、依次施工、平行施工)。

(2)绘制网络图。较小项目：直接绘图；较大项目：可按施工阶段或层段分块绘图，再进行拼接。

【例 5-2】根据各工作的逻辑关系(表 5-2)，绘制双代号网络图。

表 5-2　各工作的逻辑关系

工作	紧后工作
A	C、D、E
B	D、E
C	F
D	F、G
E	—
F	—
G	—

由表 5-2 绘制的双代号网络图如图 5-17 所示。

【例 5-3】根据各工作的逻辑关系(表 5-3),绘制双代号网络图。

表 5-3　各工作的逻辑关系

工作	紧后工作
A	D
B	E、G
C	F
D	G
E	H
F	H、I
G	—
H	—
I	—

由表 5-3 绘制的双代号网络图如图 5-18 所示。

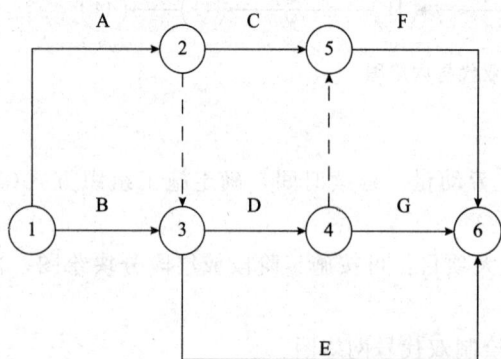

图 5-17　由表 5-2 绘制的双代号网络图

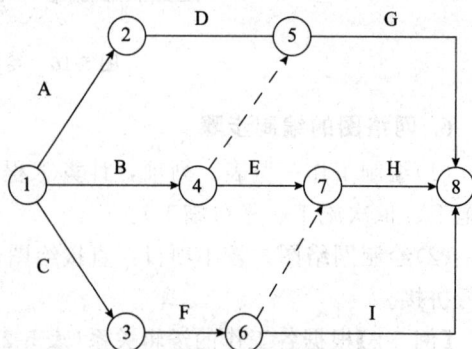

图 5-18　由表 5-3 绘制的双代号网络图

二、双代号网络计划时间参数的计算

1. 概述

(1)计算目的。求出工期；找出关键线路；计算出时差。

(2)计算条件。线路上每个工作的延续时间都是确定的(肯定型)。

(3)计算内容。每项工作(工序)的开始及结束时间(最早、最迟)；每项工作(工序)的时差(总时差、自由时差)。

(4)计算方法。时间参数的计算方法通常有工作计算法、节点计算法、图上计算法和表上计算法四种。

(5)计算手段。手算、电算。

2. 工作计算法

以"工作计算法"为例，进行双代号网络计划时间参数计算的说明。为简化计算，网络计划时间参数中的开始和完成时间都以时间单位的终了时刻为标准。如第三天开始是指第三天终了(下班)时刻开始；实际上是第四天上班时刻才开始；第五天完成是指第五天终了(下班)时刻完成。

(1)最早时间的计算。最早时间的计算方法如图 5-19 所示。

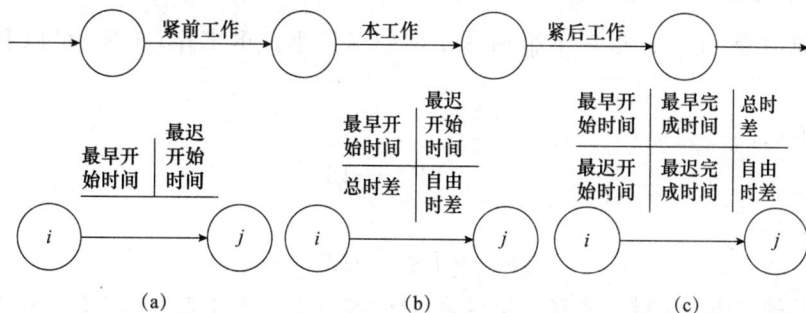

图 5-19 最早时间的计算方法

(a)二时标注法；(b)四时标注法；(c)六时标注法

1)最早开始时间(ES)：是指在其所有紧前工作全部完成后，本工作有可能开始的最早时刻，即

$$ES_{i-j} = \max\{EF_{h-i}\} = \max\{ES_{h-i} + D_{h-i}\} \tag{5-1}$$

以起点节点为开始节点的工作，当未规定最早开始时间时，其最早开始时间为零。

2)最早完成时间(EF)：是指在其所有紧前工作全部完成后，本工作有可能完成的最早时刻，即

本工作最早完成时间＝本工作最早开始时间＋本工作延续时间

$$EF_{i-j} = ES_{i-j} + D_{i-j} \tag{5-2}$$

工作最早开始和最早完成时间的计算应从网络计划的起点节点开始，顺箭线方向依次进行，计算规则为"顺线累加，逢圈取大"。

(2)最迟时间的计算。

1)本工作最迟完成时间（LF）：是指在不影响整个任务按期完成的前提下，本工作必须完成的最迟时刻。

计算工作最迟完成时间参数，有三种情况：

①当工作的终点节点为完成节点时，其最迟完成时间为落实计划的计划工期，即

$$LF_{i-j} = T_p \tag{5-3}$$

②当工作只有一项紧后工作时，该工作的最迟完成时间应为其紧后工作的最迟开始时间，即

$$LF_{i-j} = LS_{j-k} = LF_{j-k} - D_{j-k} \tag{5-4}$$

③当工作有多项紧后工作时，该工作的最迟完成时间应为其多项紧后工作最迟开始时间的最小值，即

$$LF_{i-j} = \min\{LS_{j-k}\} = \min\{LF_{j-k} - D_{j-k}\} \tag{5-5}$$

2)本工作最迟开始时间（LS）：是指在不影响整个任务按期完成的前提下，本工作必须开始的最迟时刻，即

$$最迟开始时间 = 本工作的最迟完成时间 - 本工作延续时间$$
$$LS_{i-j} = LF_{i-j} - D_{i-j} \tag{5-6}$$

工作最迟完成和最迟开始时间的计算应从网络计划的终点节点开始，逆着箭线方向依次进行，计算规则为"逆线累减，逢圈取小"。

(3)时差的计算。

1)工作总时差（TF）：指在不影响总工期的前提下，本工作（工序）可以利用的机动时间。

①计算方法：

$$TF_{i-j} = LF_{i-j} - EF_{i-j} \tag{5-7}$$

或

$$TF_{i-j} = LS_{i-j} - ES_{i-j} \tag{5-8}$$

②计算目的：找出关键工作和关键线路[总时差最小的工作为关键工作；由关键工作组成的线路为关键线路（至少有一条）]；优化网络计划使用。

当网络计划的计划工期等于计算工期（$T_p = T_c$）时，总时差为零的工作就是关键工作。

2)自由时差（FF_{i-j}）：是指一项工作在不影响其紧后工作最早开始时间的前提下，本工作可以利用的机动时间。

①计算方法：有紧后工作的工作，其自由时差等于本工作紧后工作的最早开始时间与本工作的最早完成时间的差的最小值，即

$$FF_{i-j} = \min\{ES_{j-k} - EF_{i-j}\} \tag{5-9}$$

或

$$FF_{i-j} = \min\{ES_{j-k} - ES_{i-j} - T_{i-j}\} \tag{5-10}$$

无紧后工作的工作，即以网络计划终点节点为完成节点的工作，其自由时差等于计划工期与本工作最早完成时间之差，即

$$FF_{i-n} = T_p - EF_{i-n} = T_p - ES_{i-n} - D_{i-n} \tag{5-11}$$

②计算目的：尽量利用其变动工作开始时间或增加持续时间（调整时间和资源），以优

化网络图。

对于同一项工作，自由时差不会超过总时差。当总时差为零时，其自由时差必然为零。网络计划中以终点节点为完成节点的工作，其自由时差与总时差相等。

(4)工期。工期泛指完成一项任务所需时间。在网络计划中，工期一般有以下三种：

1)计算工期：根据网络计划的时间参数计算而得到的工期，用 T_c 表示。其等于以网络计划终点节点为完成节点的工作的最早完成时间的最大值。

2)要求工期：任务委托人所提出的指令性工期，用 T_r 表示。

3)计划工期：根据要求工期和计算工期所确定的作为实施目标的工期，用 T_p 表示，标注在终点节点的右上方。

当已规定要求工期时，计划工期不应超过要求工期，即 $T_p \leqslant T_r$；当未规定要求工期时，可以令计划工期等于计算工期，即 $T_p = T_c$。

【例 5-4】利用工作计算法，计算某工程双代号网络图(图 5-20)各工作的时间参数。

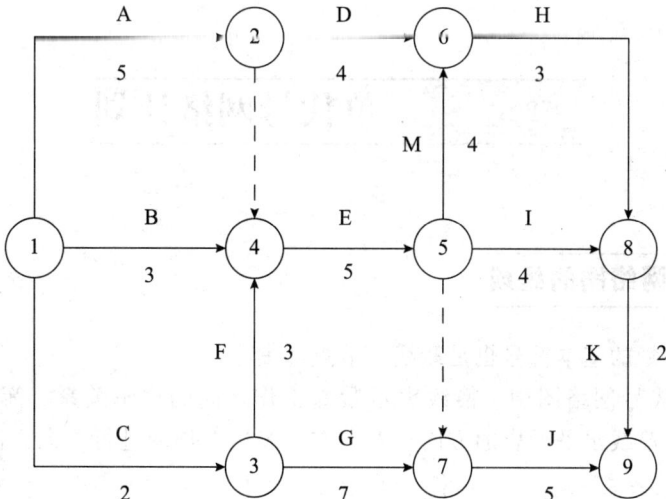

图 5-20 某工程双代号网络图

解：计算工作的最早开始时间和最早完成时间。

该工作的最早开始时间等于其紧前工作的最早完成时间的最大值，即

$$ES_{i-j} = \max\{EF_{h-j}\} = \max\{ES_{h-i} + D_{h-i}\}$$

工作 $h-i$ 为工作 $i-j$ 的紧前工作，起始工作的最早开始时间为

$$ES_{1-2} = ES_{1-4} = ES_{1-3} = 0$$

$$ES_{2-6} = ES_{1-2} + T_{1-2} = 0 + 5 = 5$$

$$ES_{4-5} = \max\{EF_{1-2}, EF_{1-4}, EF_{1-3}\} = \max\{5, 3, 2\} = 5$$

$$ES_{3-7} = EF_{1-3} = 2$$

余同，可分别算出 ES_{i-j}，EF_{i-j}，LS_{i-j}，LF_{i-j}，TF_{i-j}，FF_{i-j}。

计算结果，如图 5-21 所示。

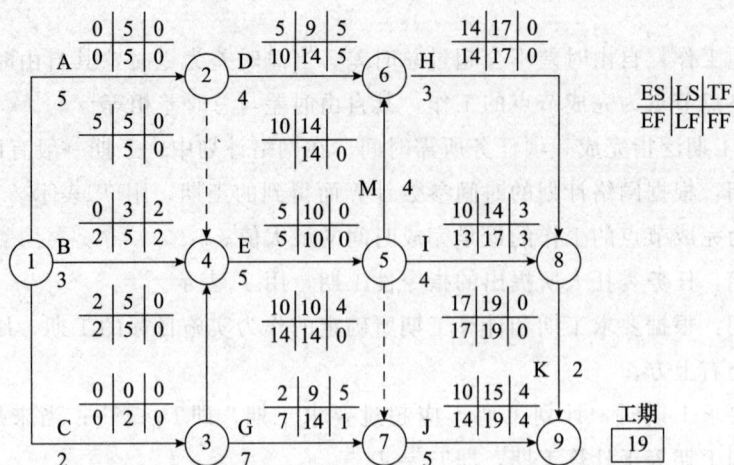

图 5-21　双代号网络计划(六时标注法)

单元三　　单代号网络计划

一、单代号网络图的组成

单代号网络计划的基本符号也是箭线、节点和编号。

(1)箭线。单代号网络图中，箭线表示紧邻工作之间的逻辑关系。箭线应画成水平直线、折线或斜线。箭线水平投影的方向自左向右，表达工作的进行方向。箭线不占用时间，不消耗资源。

(2)节点。单代号网络图中每一个节点表示一项工作，宜用圆圈或矩形表示。节点所表示的工作名称、持续时间和工作代号等应标注在节点内。单代号网络计划构成如图 5-22 所示。

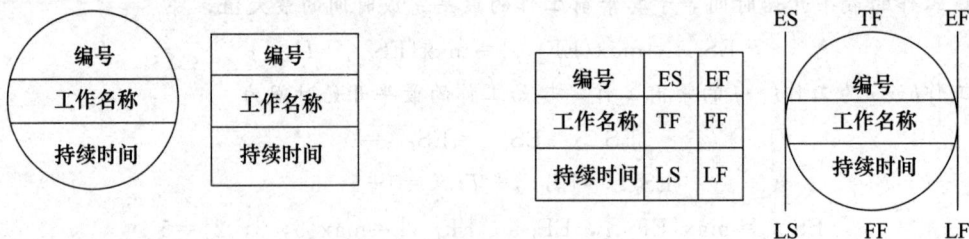

图 5-22　单代号网络计划构成

(3)编号。单代号网络图的编号与双代号网络图一样。

二、单代号网络图的绘制

1. 单代号网络图的绘制规则

(1)必须正确表述已定的逻辑关系：

1)A 完成后进行 B，如图 5-23 所示。

2)B、C 完成后进行 A，如图 5-24 所示。

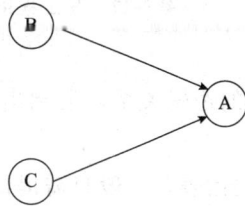

图 5-23　A 完成后进行 B　　　　图 5-24　B、C 完成后进行 A

3)A 完成后进行 C，B 完成后进行 C、D，如图 5-25 所示。

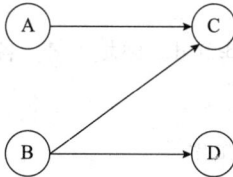

4)A、B、C 均完成后进行 D、E、F，如图 5-26 所示。

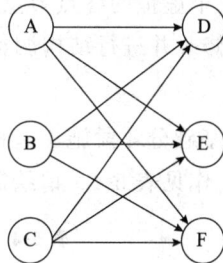

图 5-25　A、B、C、D 之间逻辑关系　　　　图 5-26　A、B、C、D、E、F 之间逻辑关系

(2)严禁出现循环线路。

(3)不允许出现编号相同的工作。

(4)严禁出现双箭头箭线或无箭头的连线。

(5)单代号网络图中只应有一个起点节点和一个终点节点，当网络图中有多个起点节点或多个终点节点时，应在网络图的两端分别设置一个虚拟的起点节点和终点节点。

(6)严禁出现没有箭尾节点的箭线和没有箭头节点的箭线。

(7)绘制网络图时，箭线不宜交叉，当交叉不可避免时，可采用过桥法和指向法绘制。

(8)单代号网络图中不允许出现重复编号的工作，一个编号只能代表一项工作，而且箭头节点编号要大于箭尾节点编号。

例如：某工程只有 A、B 两项工作，它们同时开始同时结束，可分别用双代号和单代号表示，如图 5-27 所示。

2. 单代号网络图的绘制方法

单代号网络图的绘制方法与双代号网络图的绘制方法基本相同，而且由于单代号网络图逻辑关系容易表达，因此绘制方法更为简便，其绘制步骤如下：

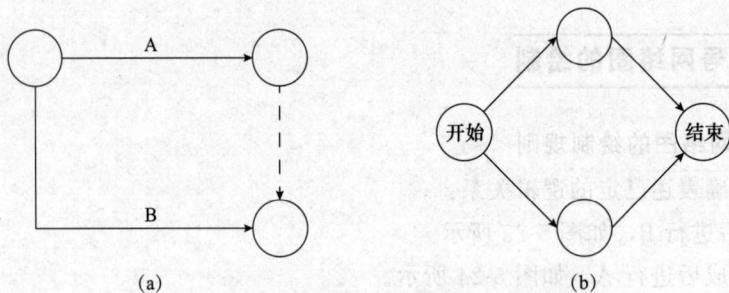

图 5-27 某工程用双代号和单代号表示的具体形式

(a)用双代号表示；(b)用单代号表示

先根据网络图的逻辑关系，绘制出网络图草图，再结合绘图规则进行调整布局，最后形成正式网络图。

(1)提供逻辑关系表，一般只需提供每项工作的紧前工作。

(2)用矩阵图确定紧后工作。

(3)绘制没有紧后工作的工作，当网络图中有多个起点节点时，应在网络图的末端设置一个虚拟的起点节点。

(4)依次绘制其他各项工作一直到终点节点。当网络图中有多个终点节点时，应在网络图的末端设置一个虚拟的终点节点。

(5)检查、修改并进行结构调整，最后绘出正式网络图。

3. 示例

【例 5-5】某基础分 4 段施工，挖土 12 d、垫层 6 d、砌基 9 d、回填 3 d。各节点编号及其紧前、紧后工作见表 5-4。请绘制单代号网络图。

表 5-4　各节点编号及其紧前、紧后工作

节点编号	紧前工作	紧后工作	节点编号	紧前工作	紧后工作
1	—	2、3	7	4、5	10
2	1	4、5	8	5、6	10、11
3	1	5、6	9	6	11
4	2	7	10	7、8	12
5	2、3	7、8	11	8、9	12
6	3	8、9	12	10、11	—

解： 首先设一个起点节点，然后根据所列紧前、紧后工作关系，从左到右进行绘制，最后设一个终点节点，具体如图 5-28 所示。

三、单代号网络计划时间参数的计算

1. 单代号网络计划常用符号

设有线路 $h-i-j$，则单代号网络计划常用符号如下：

D_i——工作 i 的持续时间；

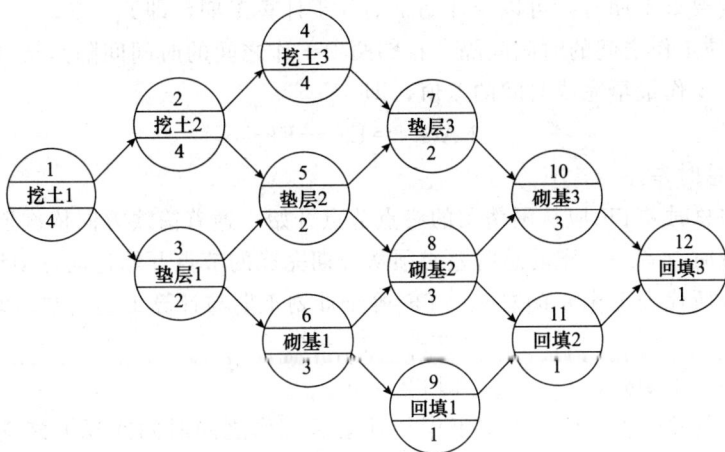

图 5-28 绘制的单代号网络图

D_h——工作 i 的紧前工作 h 的持续时间；

D_j——工作 i 的紧后工作 j 的持续时间；

ES_i——工作 i 的最早开始时间；

EF_i——工作 i 的最早完成时间；

LF_i——在总工期已经确定的情况下，工作 i 的最迟完成时间；

LS_i——在总工期已经确定的情况下，工作 i 的最迟开始时间；

TF_i——工作 i 的总时差；

FF_i——工作 i 的自由时差。

2. 单代号网络计划时间参数计算方法

可按双代号网络图的计算方法计算。

(1)最早时间。工作最早开始和最早完成时间的计算应从网络计划的起点节点开始，顺着箭线方向按编号从小到大的顺序依次进行。

1)工作的最早开始时间 ES_i。工作 i 的最早开始时间 ES_i 应从网络图的起点节点开始，顺着箭线方向依次逐个计算。

起点节点最早开始时间 ES_1，未规定时，取值为零，即开始节点 $ES_1 = 0$。

其他工作最早开始时间 ES_i，等于其紧前工作最早完成时间的最大值，即

$$ES_i = \max\{ES_h + D_h\} = \max\{EF_h\} \tag{5-12}$$

式中 ES_h——工作 i 的紧前工作 h 的最早开始时间；

D_h——工作 i 的紧前工作 h 的持续时间。

2)工作的最早完成时间 EF_i。工作的最早完成时间 EF_i 应等于本工作的最早开始时间与其持续时间之和，即

$$EF_i = ES_i + D_i \tag{5-13}$$

(2)网络计划的计算工期。网络计划的计算工期 T_c 等于其终点节点所代表的工作的最早完成时间。

$$T_c = EF_n$$

(3)网络计划的计划工期。网络计划的计划工期 T_p 的计算有以下两种情况：

1)当已规定要求工期时，计划工期不应超过要求工期，即 $T_p \leqslant T_r$。

2)当未规定要求工期时，可以令计划工期等于计算工期，即$T_p = T_c$。

（4）相邻两项工作之间的时间间隔。相邻两项工作之间的时间间隔是指其紧后工作的最早开始时间与本工作最早完成时间的差值，即

$$\text{LAG}_{i,j} = \text{ES}_j - \text{EF}_i \tag{5-14}$$

（5）工作的总时差。

1）工作i的总时差TF_i应从网络图的终点节点开始，逆着箭线方向依次逐项计算。当部分工作分期完成时，有关工作的总时差必须从分期完成的节点开始逆向逐项计算。

2）终点节点所代表工作n的总时差TF_n等于计划工期与计算工期之差，即

$$\text{TF}_n = T_p - T_c \tag{5-15}$$

当未规定要求工期时，$T_p = T_c$，即$\text{TF}_n = 0$。

3）其他工作的总时差 TF 等于本工作与其紧后工作之间时间间隔加该紧后工作的总时差所得之和的最小值，即

$$\text{TF}_i = \min\{\text{LAG}_{i,j} + \text{TF}_j\} \tag{5-16}$$

式中　TF_j——工作i的紧后工作j的总时差。

当已知各项工作的最迟完成时间LF_i或最迟开始时间LS_i时，工作的总时差TF_i的计算如下：

$$\text{TF}_i = \text{LS}_i - \text{ES}_i \tag{5-17}$$

$$\text{TF}_i = \text{LF}_i - \text{EF}_i \tag{5-18}$$

（6）工作的自由时差。网络计划终点节点所代表的工作自由时差等于计划工期与本工作的最早完成时间之差，即

$$\text{FF}_n = T_p - \text{EF}_n \tag{5-19}$$

其他工作的自由时差 FF 等于本工作与其紧后工作之间时间间隔的最小值，即

$$\text{FF}_i = \min\{\text{LAG}_{i,j}\} \tag{5-20}$$

$$\text{FF}_i = \min\{\text{ES}_j - \text{EF}_i\} \tag{5-21}$$

$$\text{FF}_i = \min\{\text{ES}_j - \text{ES}_i - D_i\} \tag{5-22}$$

（7）最迟完成时间。

1）工作i的最迟完成时间LF_i，应从网络图的终点节点开始，逆着箭线方向依次逐项计算。当部分工作分期完成时，有关工作的最迟完成时间应从分期完成的节点开始逆向逐项计算。

2）终点节点所代表的工作n的最迟完成时间LF_n，应按网络计划的计划工期T_p确定，即

$$\text{LF}_n = T_p \tag{5-23}$$

分期完成这项工作的最迟完成时间，应等于分期完成的时刻。

3）其他工作i的最迟完成时间LF_i应为

$$\text{LF}_i = \min\{\text{LF}_j - D_j\} \tag{5-24}$$

式中　LF_j——工作i的紧后工作j的最迟完成时间；

　　　D_j——工作i的紧后工作j的持续时间。

或工作i的最迟完成时间等于该工作各紧后工作最迟开始时间的最小值，即

$$\text{LF}_i = \min\{\text{LS}_j\} \tag{5-25}$$

(8)最迟开始时间。工作 i 的最迟开始时间 LS_i 等于本工作的最迟完成时间与本工作的持续时间之差,即

$$LS_i = LF_i - D_i \tag{5-26}$$

四、单代号网络计划关键工作和关键线路的确定

1. 关键工作的确定

网络计划中机动时间最少的工作称为关键工作。因此,网络计划中工作总时差最小的工作也就是关键工作。当计划工期等于计算工期时,关键工作总时差为零;当计划工期小于计算工期时,此时工期无法满足计划要求,应研究更多措施以缩短计算工期;当计划工期大于计算工期时,关键工作的总时差为正值,说明计划已留有余地,进度控制处于主动。

2. 关键线路的确定

网络计划中自始至终全由关键工作组成的线路称为关键线路。

在肯定型网络计划中,关键线路是指线路上工作总持续时间最长的线路。关键线路在网络图中宜用粗线、双线或彩色线标注。

单代号网络计划中将相邻两项间隔时间为零的关键工作连接起来而形成的自起点节点到终点节点的通路就是关键线路。

【例5-6】已知条件与例5-5相同,具体如图5-28单代号网络图所示。按照双代号网络图的工作计算法,分别得到 ES_{i-j}、EF_{i-j}、LS_{i-j}、LF_{i-j}、TF_{i-j}、FF_{i-j} 以及工期,其计算结果如图5-29所示。

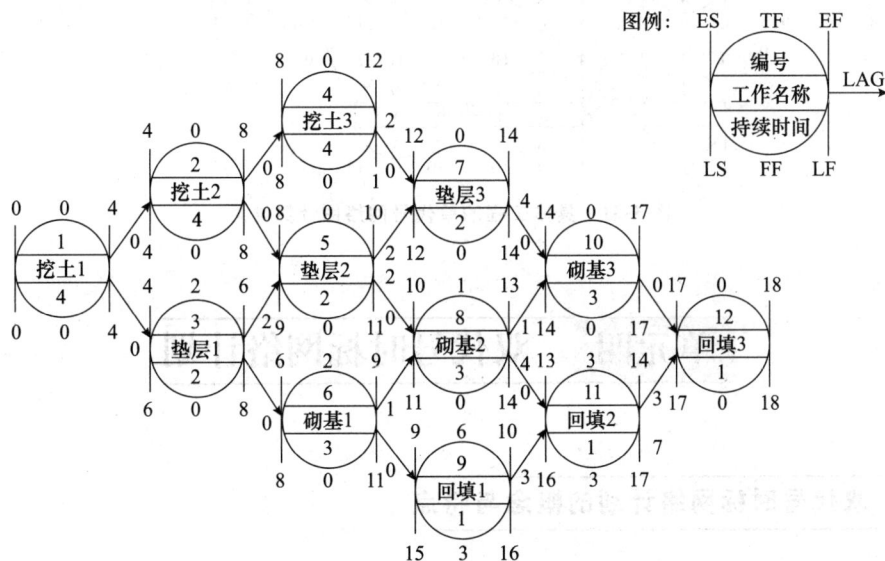

图5-29 单代号网络图计算结果

经计算,工期为18天。

【例5-7】根据具体工程绘制单代号网络图,如图5-30所示。求单代号网络图的计算结果。

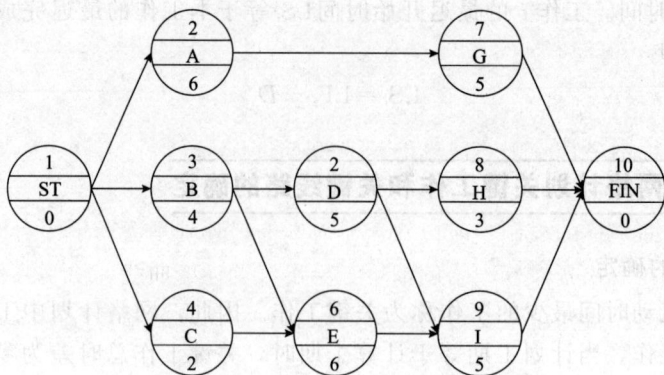

图 5-30 具体工程的单代号网络图

计算结果如图 5-31 所示。

单代号网络图经计算，工期为 15 天。

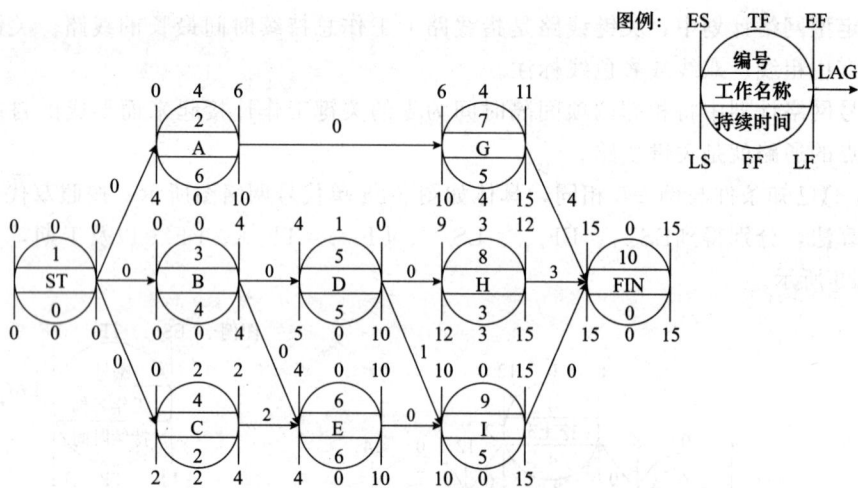

图 5-31 具体工程的单代号网络图计算结果

单元四　双代号时标网络计划

一、双代号时标网络计划的概念与特点

1. 概念

　　双代号时标网络计划是以时间坐标为尺度绘制的网络计划，它具有横道图的直观性，工作之间不仅逻辑关系明确，而且时间关系也一目了然。采用双代号时标网络计划为施工管理进度的调整与控制以及进行资源优化，提供了便利。

　　双代号时标网络计划适用于编制工作项目较少、工艺过程较简单的施工计划。对于大型复杂的工程，可先编制总的施工网络计划，然后根据工程的性质、所需网络计划的详细程度，每隔一段时间对下段时间应施工的工程区段绘制详细的双代号时标网络计划。

2. 特点

双代号时标网络计划具有以下特点：

(1)双代号时标网络计划中，箭线的长短与时间有关。

(2)可直接显示各工作的时间参数和关键线路，不必计算。

(3)由于受时间坐标的限制，所以双代号时标网络计划不会产生闭合回路。

(4)可以直接在双代号时标网络图的下方绘出资源动态曲线，便于分析、平衡调度。

(5)由于箭线的长度和位置受时间坐标的限制，因而调整和修改不太方便。

二、双代号时标网络计划的绘制

1. 双代号时标网络计划的绘制要求

(1)双代号时标网络计划应以实箭线表示工作，以虚箭线表示虚工作，以波形线表示工作的自由时差。

(2)双代号时标网络计划中所有符号在时间坐标上的水平投影位置，都必须与其时间参数相对应。节点中心必须对准相应的时标位置。虚工作必须以垂直方向的虚箭线表示，有自由时差时加波形线表示。

(3)双代号时标网络计划必须以水平时间坐标为尺度表示工作时间。时标的时间单位应根据需要在编制网络计划之前确定，可为时、天、周、月或季。

2. 双代号时标网络计划的绘制方法

双代号时标网络计划一般按工作的最早开始时间绘制，其绘制方法有间接绘制法和直接绘制法。

(1)间接绘制法。间接绘制法是先计算网络计划的时间参数，再根据时间参数在时间坐标上进行绘制的方法。其绘制步骤和方法如下：

1)先绘制双代号网络图，计算时间参数，确定关键工作及关键线路。

2)根据需要确定时间单位并绘制时标横轴。

3)根据工作最早开始时间或节点的最早时间确定各节点的位置。

4)依次在各节点间绘制箭线及时差。绘制时宜先绘制关键工作、关键线路，再绘制非关键工作。当箭线长度不足以达到工作的完成节点时，用波形线补足，箭头画在波形线与节点连接处。

5)用虚箭线连接各有关节点，将有关的工作连接起来。

(2)直接绘制法。直接绘制法是不计算网络计划时间参数，直接在时间坐标上进行绘制的方法。

其绘制步骤和方法可归纳成绘图口诀，即"时间长短坐标限，曲直斜平利相连；箭线到齐画节点，画完节点补波线；零线尽量拉垂直，否则安排有缺陷"。

其解释如下：

1)时间长短坐标限：箭线的长度代表具体的施工时间，受时间坐标的制约。

2)曲直斜平利相连：箭线的表达方式可以是直线、折线、斜线等，但布图应合理、直观清晰。

3）箭线到齐画节点：工作的开始节点必须在该工作的全部紧前工作都画出后，定位在这些紧前工作最晚完成时间刻度上。

4）画完节点补波线：某些工作的箭线长度不足以达到其完成节点时，用波形线补足。

5）零线尽量拉垂直：虚工作持续时间为零，应尽可能让其为垂直线。

6）否则安排有缺陷：若出现虚工作占据时间的情况，其原因是工作面停歇或施工队组工作不连续。

3. 双代号时标网络计划的绘制步骤

双代号时标网络计划宜按最早时间编制。编制前，应先按已确定的时间单位绘出时标计划表。时标可标注在时标计划表的顶部或底部。时标的长度单位必须注明。必要时可在顶部时标之上或底部时标之下加注日历的对应时间。

时标计划表中部的刻度线宜为细线。为使图面清楚，此线可以不画或少画。编制时标网络计划应先绘制无时标网络计划草图，然后按以下两种方法之一进行：

(1)先计算网络计划的时间参数，再根据时间参数按草图在时标计划表上进行绘制。

(2)不计算网络计划的时间参数，直接按草图在时标计划表上绘制。

用先计算后绘制的方法时，应先将所有节点按其最早时间定位在时标计划表上，再用规定线型绘出工作及其自由时差，形成时标网络图。不计算直接按草图绘制时标网络计划，应按下列方法逐步进行：

(1)将起点节点定位在时标计划表的起始刻度线上。

(2)按工作持续时间在时标计划表上绘制起点节点的外向箭线。

(3)除起点节点以外的其他节点，必须在其所有内向箭线绘出以后定位在这些内向箭线最早完成时间的箭线末端。其他内向箭线长度不足以到该节点时，用波形线补足。

(4)用上述方法自左至右依次确定其他节点位置，直至终点节点定位绘完。

三、双代号时标网络计划关键线路与时间参数的确定

1. 关键线路的确定

在时标网络图中，自起点节点至终点节点的所有线路中，未出现波形线的线路，即为关键线路。关键线路应用双线、粗线等加以明确标注。

2. 时间参数的确定

(1)计算工期。双代号时标网络计划的计算工期，应为其终点节点与起点节点所在位置的时标值之差。

(2)工作最早开始时间。工作箭线左端节点中心所对应的时标值即为该工作的最早开始时间。

(3)工作最早完成时间。

1)当工作箭线右端无波形线时，该箭线右端节点中心所对应的时标值为该工作的最早完成时间。

2)当工作箭线右端有波形线时，该箭线无波形线部分的右端所对应的时标值为该工作的最早完成时间。

(4)工作的自由时差。工作的自由时差即为时标网络图中波形线的水平投影长度。

(5)工作的总时差。工作的总时差可逆箭线方向由终止工作向起始工作逐个推算。

1)当只有一项紧后工作时，该工作的总时差等于其紧后工作的总时差与本工作的自由时差之和，即

$$TF_{i-j} = TF_{j-k} + FF_{i-j} \qquad (5-27)$$

2)当有多项紧后工作时，该工作的总时差等于其所有紧后工作总时差的最小值与本工作自由时差之和，即

$$TF_{i-j} = \min\{TF_{j-k}\} + FF_{i-j} \qquad (5-28)$$

(6)工作最迟开始时间和最迟完成时间。工作最迟开始时间和最迟完成时间可分别由工作最早开始时间和最早完成时间推算。

四、计算实例

【例 5-8】将图 5-32 所示双代号网络图绘制成时标网络图。

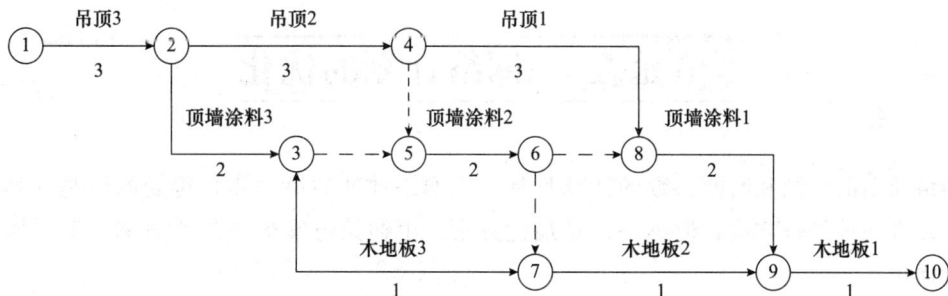

图 5-32 双代号网络图

解：采用间接绘制法，绘制的时标网络图如图 5-33 所示。

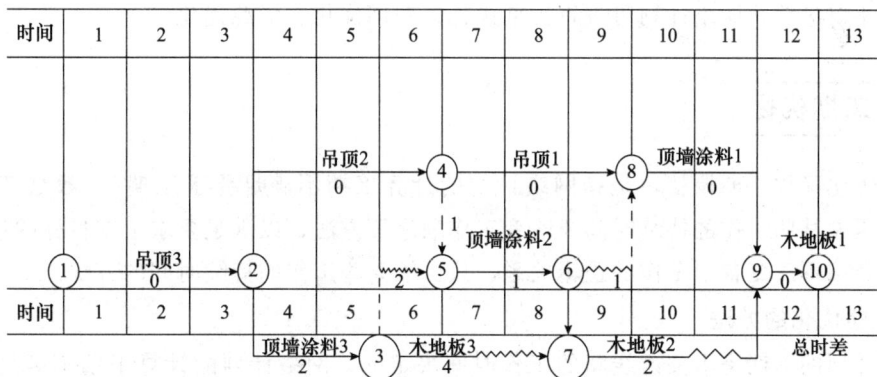

图 5-33 绘制的时标网络图

五、单代号网络图与双代号网络图的比较

(1)单代号网络图绘制方便，不必增加虚工作。在这一点上，单代号网络图弥补了双代号网络图的不足。

（2）单代号网络图具有便于说明、容易被非专业人员所理解和易于修改的优点。这对于推广应用统筹法编制工程进度计划，进行全面科学管理是有益的。

（3）双代号网络图表示工程进度比单代号网络图更形象，特别是在应用带时间坐标的网络图时。

（4）双代号网络图在应用电子计算机进行计算和优化过程中更加简便，这是因为双代号网络图中用两个代号代表一项工作，可直接反映其紧前工作或紧后工作的关系。而单代号网络图就必须按工作逐个列出其紧前工作与紧后工作的关系，这在计算机中需占用更多的存储单元。

由于单代号网络图和双代号网络图有上述各自的优缺点，故两种表示法在不同情况下表现的繁简程度不同。有些情况下，应用单代号网络图较为简单；有些情况下，应用双代号网络图则更为清楚。因此，单代号网络图和双代号网络图是两种互为补充、各具特色的表现方法。

单元五　网络计划的优化

网络计划的绘制和时间参数的计算只是完成网络计划的第一步，得到的只是计划的初始方案，是一种可行方案，但不一定是最优方案。由初始方案形成最优方案，要对网络计划进行优化。

网络计划的优化是指在满足既定的约束条件下，按某一目标，通过对网络计划进行不断改进，以寻求满意方案的过程。

网络计划的优化目标应按计划需要和条件选定，一般有工期目标、费用目标、资源目标。与之相对应地，网络计划可进行工期优化、费用优化、资源优化。

一、工期优化

工期优化又称工期调整，是指网络计划的计算工期不满足要求工期（一般是 $T_c > T_r$）时，通过压缩某些工作的持续时间或改变工作顺序等方法，以满足要求工期目标的过程。

这里介绍不改变各项工作的逻辑关系，只压缩某些工作的持续时间的方法。

1. 工期优化的方法

网络计划的工期是由关键线路的工作时间决定的，网络计划的计算工期不满足要求工期，即关键线路的工作时间大于要求工期。因此，工期优化时是通过优先压缩关键线路中的关键工作的持续时间来达到目的的。若网络计划中不止一条关键线路，进行工期压缩时，必须将各条关键线路的总持续时间压缩相同数值，否则，不能有效压缩工期。当关键线路的持续时间压缩至使非关键线路成为关键线路，网络计划的计算工期仍不能满足要求工期时，按多条关键线路同时压缩持续时间方法继续进行，直至满足 $T_c \leqslant T_r$。

2. 工期优化的步骤

网络计划的工期优化可按下列步骤进行。

(1)确定初始网络计划的关键线路和计算工期。

(2)按要求工期确定初始网络计划的计算工期应压缩的时间，即

$$\Delta T = T_{c} - T_{r} \tag{5-29}$$

式中　　T_{c}——网络计划的计算工期；

　　　　T_{r}——要求工期。

(3)选择应压缩持续时间的关键工作。选择时应考虑以下因素：

1)缩短持续时间对工作的质量和生产安全无影响或影响程度很小；

2)因压缩时间而增加施工强度，有足够的空间和资源；

3)因缩短工作持续时间，所需要的费用最少。

(4)将关键线路上的工作持续时间压缩 ΔT，即能满足要求。如果将关键线路上的工作持续时间压缩至至少一条非关键线路变成关键线路，仍不能满足要求，应同时压缩成为关键线路上的工作的持续时间，也应遵从上述第(3)条要求。

(5)当一条或多条关键线路的时间均压缩至最短时，仍不能满足网络计划的计算工期不大于要求工期，则应通过改变原技术方案或组织方案等方法，重新制订网络计划，最终达到 $T_{c} \leqslant T_{r}$ 的要求。

3. 工期优化方法——标号法

标号法是一种快速寻求网络计划计算工期和关键线路的方法。它是利用节点计算法的基本原理，对网络计划中的每一个节点进行编号，然后利用标号值确定网络计划的计算工期和关键线路。以图 5-34 为例，介绍标号法的计算过程。

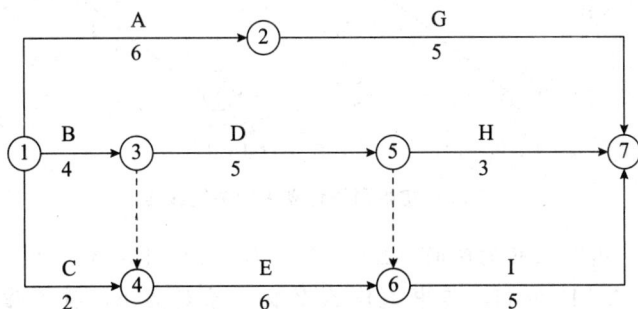

图 5-34　双代号网络图示例

(1)网络计划起点节点的标号值为 0。本例中，节点①的标号值为 0，即 $b_1 = 0$。

(2)其他节点的标号值根据下式按编号从小到大的顺序逐个进行计算。

$$b_j = \max\{b_i + D_{i-j}\} \tag{5-30}$$

(3)计算出节点的标号值后，用其标号值及其源节点对该节点进行双标号。所谓源节点是指用来确定本节点标号值的节点。如源节点有多个，应将所有源节点标出。

(4)网络计划的计算工期就是网络计划终点节点的标号值。图 5-34 的计算工期为 15。

(5)关键线路应从网络计划的终点节点开始，逆着箭线方向按源节点确定。图 5-34 的关键线路为①→③→④→⑥→⑦。

4. 示例

【例 5-9】某工程初始网络计划如图 5-35 所示，图 5-35 中箭线下方括号外数字为工作的正常持续时间，括号内数字为工作的最短持续时间；箭线上方括号内数字为优选系数，该

系数是综合考虑质量、安全和费用增加情况而确定的。选择关键工作压缩其持续时间，应选择优选系数最小的关键工作。如需同时压缩多个关键工作，则其优选系数之和最小者应优先压缩。若要求工期为 15 天，试对其进行工期优化。

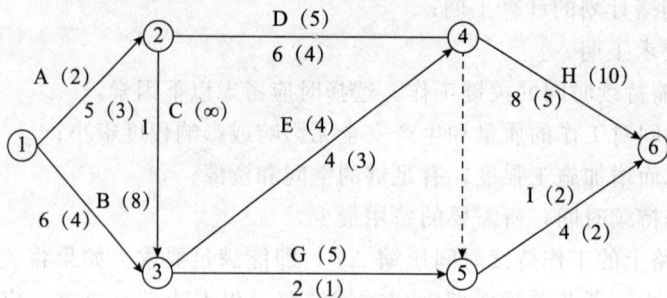

图 5-35 初始网络计划

解： (1)根据各项工作的持续时间，用标号法确定出网络计划的计算工期和关键线路。由图 5-36 可知，计算工期为 19 天，关键线路为 ①→②→④→⑥。

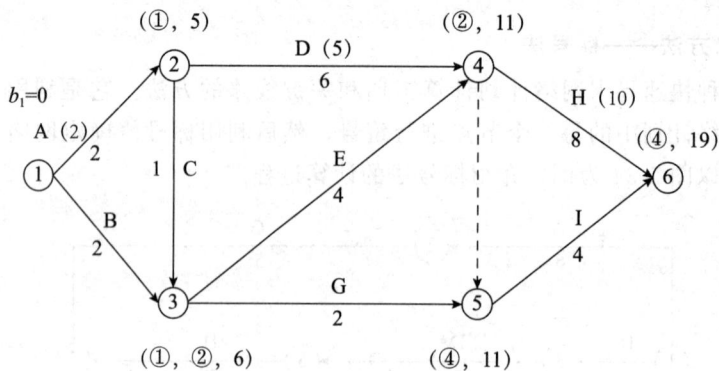

图 5-36 初始网络计划中的关键线路

(2)按要求工期计算应缩短的时间：$\Delta T = T_c - T_r = 19 - 15 = 4$(天)。

(3)关键工作为 A、D 和 H，其中工作 A 的优选系数最小，将工作 A 作为优先压缩对象。

(4)将关键工作 A 的持续时间压缩至最短持续时间 3 天，利用标号法重新确定计算工期和关键线路，如图 5-37(a)所示。此时，A 被压缩成非关键工作，故将其持续时间 3 天延长为 4 天，使其成为关键工作，此时出现两条关键线路，如图 5-37(b)所示。

(5)此时计算工期 18 天，仍大于 15 天的要求，继续压缩，需压缩 3 天。在图 5-37(b)中，有 5 个压缩方案：同时压缩工作 A 和工作 B，组合优选系数为 10；同时压缩工作 A 和工作 E，组合优选系数为 6；同时压缩工作 B 和工作 D，组合优选系数为 13；同时压缩工作 D 和工作 E，组合优选系数为 9；压缩工作 H，组合优选系数为 10。

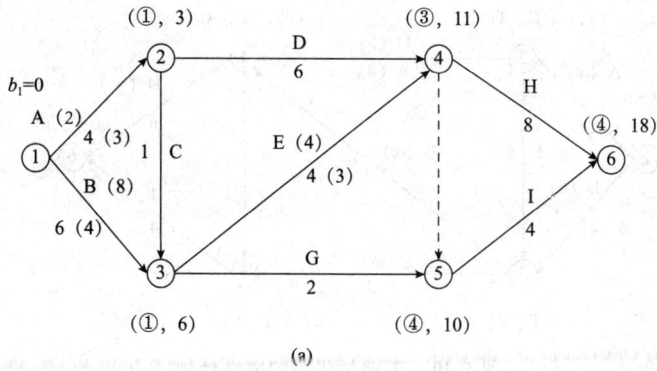

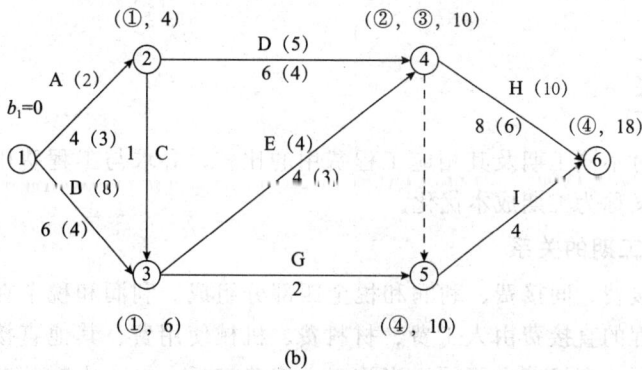

图 5-37 第一次工作量压缩持续时间后的关键线路

选压缩工作 A 和工作 E 方案，各压缩至最短，再用标号法确定计算工期和关键线路，如图 5-38 所示。

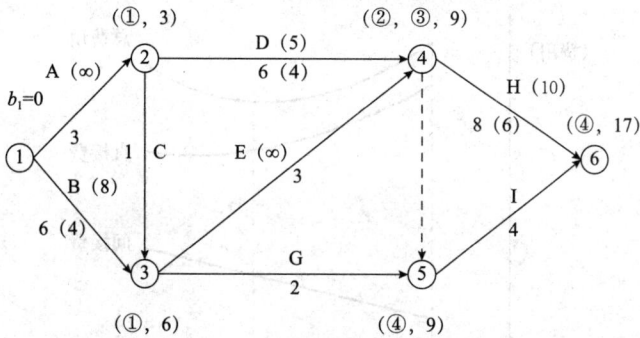

图 5-38 第二次工作量压缩持续时间后的关键线路

(6)由图 5-38 可以看出，关键工作 A 和 E 的持续时间已达到最短不能再压缩；但计算工期为 17 天，仍大于要求工期，需继续压缩，需要压缩 2 天。此时只有 2 个压缩方案：

1)同时压缩工作 B 和工作 D，组合优选系数为 13；

2)压缩工作 H，组合优选系数为 10。

工作 H 优选系数最小，故压缩工作 H。其持续时间缩短 2 天，再用标号法确定计算工期和关键线路，如图 5-39 所示。此时计算工期为 15 天，已等于要求工期，故图 5-39 为优化方案。

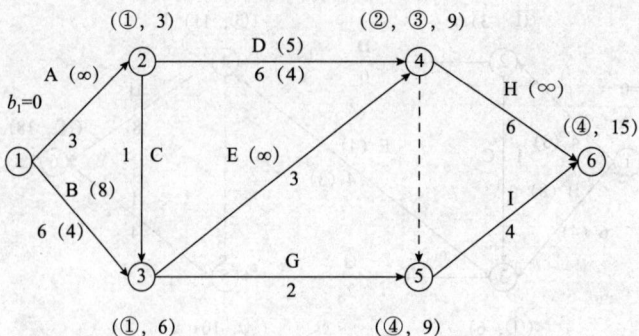

图 5-39　工期优化后的网络计划

二、费用优化

费用优化是通过不同工期及其相应工程费用的比较，寻求与工程费用最低相对应的最优工期。费用优化又称为工期成本优化。

1. 工程费用与工期的关系

工程费用由直接费、间接费、利润和税金四部分组成。利润和税金在正常条件下与工期的关系不大；工程的直接费由人工费、材料费、机械使用费、其他直接费及现场经费等组成。施工方案不同，直接费也不同，当施工方案确定后，在一定时间范围内，工程直接费随着工期的增加而减少，间接费则随着工期的增加而增加。

图 5-40 中，总费用曲线由不同工期的直接费与间接费叠加而成。总费用曲线最低点所对应的工期成为最优工期。"工期—费用优化"就是寻求最低费用时的最优工期。

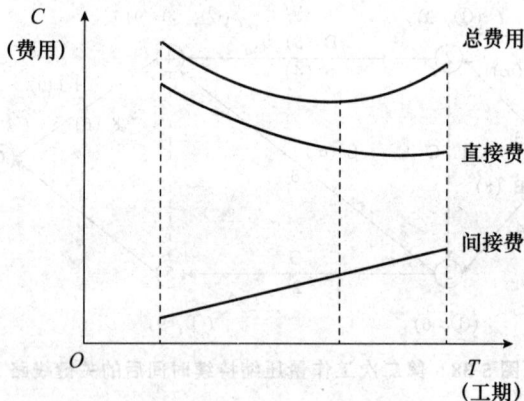

图 5-40　工期—费用关系示意图

图 5-41 所示为时间与直接费的关系示意图，由图可知，直接费在一定范围内和时间成反比。因施工时要缩短时间，需采取加班加点多班制作业，增加许多工人，并且增加机械设备和材料、照明费等，所以直接费也随之增加，然而工期缩短存在一个极限，也就是说无论增加多少直接费，此时工期也不能再缩短。此极限称为临界点，此时的时间称为最短持续时间，此时的费用称为最短时间直接费。反之，若延长时间，则可减少直接费，然而时间延长至某一极限，无论将工期延至多长，也不能再减少直接费。此极限称为正常点，

此时的称为正常持续时间，此时的费用称为最低费用或正常时间直接费。

直接费曲线实际上并不像图中那样圆滑，而是由一系列线段组成的折线，并且越接近最高费用（极限费用），其曲线越陡。为了简化计算，一般将其曲线近似表示为直线。

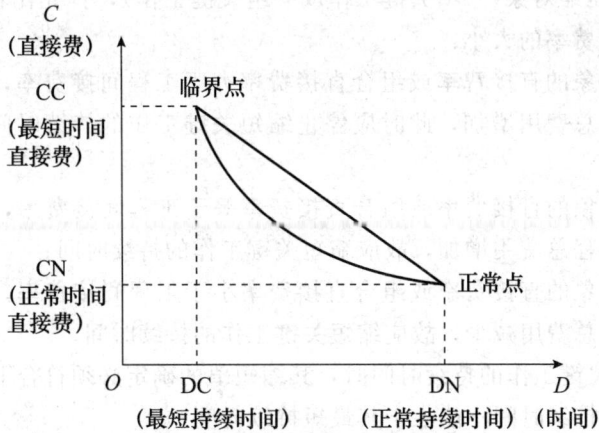

图 5-41　时间与直接费的关系示意图

图 5-41 中直线的斜率称为直接费率，即每缩短单位工作持续时间所需增加的直接费，其值为

$$\Delta C_{i-j} = \frac{\mathrm{CC}_{c-j} - \mathrm{CN}_{i-j}}{\mathrm{DN}_{i-j} - \mathrm{DC}_{i-j}} \tag{5-31}$$

式中　　ΔC_{i-j}——工作 $i-j$ 的直接费率；

CC_{i-j}——工作 $i-j$ 的最短时间直接费；

CN_{i-j}——工作 $i-j$ 的正常时间直接费；

DN_{i-j}——工作 $i-j$ 的正常持续时间；

DC_{i-j}——工作 $i-j$ 的最短持续时间。

根据式(5-31)可推算出在最短持续时间与正常持续时间内任意一个持续时间的费用。网络计划中，关键工作的持续时间决定着计划的工期值，压缩工作持续时间，进行费用优化，正是从压缩直接费率最小的关键工作开始的。

从式(5-31)中还可以看出，工作的直接费率越大，说明将该工作的持续时间缩短一个时间单位，所需增加的直接费就越多；反之，将该工作的持续时间缩短一个时间单位，所需增加的直接费就越少。因此，在压缩关键工作的持续时间以达到缩短工期的目的时，应将直接费率最小的关键工作作为压缩对象。当有多条关键线路出现而需要同时压缩多个关键工作的持续时间时，应将它们的直接费率之和（组合直接费率）最小者作为压缩对象。

2. 费用优化计算步骤

费用优化的基本思路：不断地在网络计划中找出直接费率（或组合直接费率）最小的关键工作，缩短其持续时间，同时考虑间接费随工期缩短而减少的数值，最后求得工程总费用最低时的最优工期安排或按要求工期求得最低费用的计划安排。

按照上述基本思路，费用优化可按以下步骤进行：

（1）按工作的正常持续时间确定计算工期和关键线路。

（2）计算各项工作的直接费率。直接费率的计算按式(5-31)进行。

（3）当只有一条关键线路时，应找出直接费率最小的一项关键工作，作为缩短持续时间的对象；当有多条关键线路时，应找出组合直接费率最小的一组关键工作，作为缩短持续时间的对象。

（4）对于选定的压缩对象（一项关键工作或一组关键工作），首先比较其直接费率或组合直接费率与工程间接费率的大小：

1）如果被压缩对象的直接费率或组合直接费率大于工程间接费率，说明压缩关键工作的持续时间会使工程总费用增加，此时应停止缩短关键工作的持续时间，在此之前的方案即为优化方案；

2）如果被压缩对象的直接费率或组合直接费率等于工程间接费率，说明压缩关键工作的持续时间不会使工程总费用增加，故应缩短关键工作的持续时间；

3）如果被压缩对象的直接费率或组合直接费率小于工程间接费率，说明压缩关键工作的持续时间会使工程总费用减少，故应缩短关键工作的持续时间。

（5）当需要缩短关键工作的持续时间时，其缩短值的确定必须符合下列两个原则：

1）缩短后工作的持续时间不能小于其最短持续时间；

2）缩短持续时间的工作不能变成非关键工作。

（6）计算关键工作持续时间缩短后相应增加的总费用。

（7）重复上述（3）～（6），直至计算工期满足要求工期或被压缩对象的直接费率或组合直接费率大于工程间接费率。

（8）计算优化后的工程总费用。

【例 5-10】已知某工程初始双代号网络计划如图 5-42 所示，图中箭线下方括号外数字为工作的正常持续时间，括号内数字为最短持续时间；箭线上方括号外数字为工作按正常持续时间完成时所需的直接费，括号内数字为工作按最短持续时间完成时所需的直接费。该工程的间接费率为 0.8 万元/天，试对其进行费用优化。

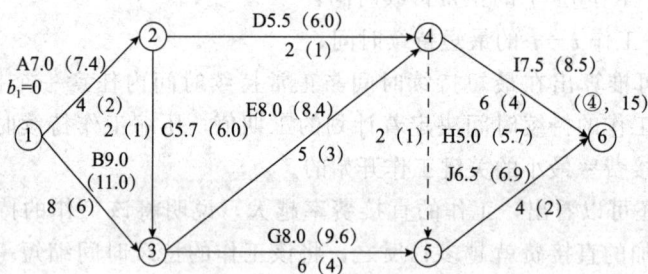

图 5-42　初始双代号网络计划

（费用单位：万元；时间单位：天）

解：该网络计划的费用优化可按以下步骤进行：

（1）根据各项工作的正常持续时间，用标号法确定网络计划的计算工期和关键线路，如图 5-43 所示。计算工期为 19 天，关键线路有两条，即①→③→④→⑥和①→③→④→⑤→⑥。

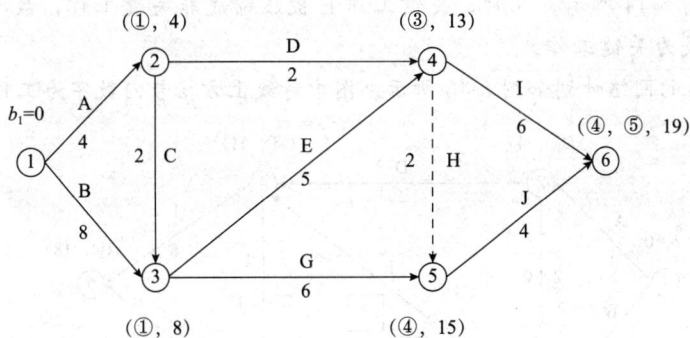

图 5-43 初始网络计划中的关键线路

(2)计算各项工作的直接费率:

$$\Delta C_{1-2} = \frac{CC_{1-2} - CN_{1-2}}{DN_{1-2} - DC_{1-2}} = \frac{7.4 - 7.0}{4 - 2} = 0.2(万元/天)$$

$$\Delta C_{1-3} = \frac{CC_{1-3} - CN_{1-3}}{DN_{1-3} - DC_{1-3}} = \frac{11.0 - 9.0}{8 - 6} = 1.0(万元/天)$$

$$\Delta C_{2-3} = \frac{CC_{2-3} - CN_{2-3}}{DN_{2-3} - DC_{2-3}} = \frac{6.0 - 5.7}{2 - 1} = 0.3(万元/天)$$

$$\Delta C_{3-4} = \frac{CC_{3-4} - CN_{3-4}}{DN_{3-4} - DC_{3-4}} = \frac{8.4 - 8.0}{5 - 3} = 0.2(万元/天)$$

$$\Delta C_{3-5} = \frac{CC_{3-5} - CN_{3-5}}{DN_{3-5} - DC_{3-5}} = \frac{9.6 - 8.0}{6 - 4} = 0.8(万元/天)$$

$$\Delta C_{4-5} = \frac{CC_{4-5} - CN_{4-5}}{DN_{4-5} - DC_{4-5}} = \frac{5.7 - 5.0}{2 - 1} = 0.7(万元/天)$$

$$\Delta C_{4-6} = \frac{CC_{4-6} - CN_{4-6}}{DN_{4-6} - DC_{4-6}} = \frac{8.5 - 7.5}{6 - 4} = 0.5(万元/天)$$

$$\Delta C_{5-6} = \frac{CC_{5-6} - CN_{5-6}}{DN_{5-6} - DC_{5-6}} = \frac{6.9 - 6.5}{4 - 2} = 0.2(万元/天)$$

(3)计算工程总费用:

1)直接费总和: $C_d = 7.0 + 9.0 + 5.7 + 5.5 + 8.0 + 8.0 + 5.0 + 7.5 + 6.5 = 62.2(万元)$;

2)间接费总和: $C_i = 0.8 \times 19 = 15.2(万元)$;

3)工程总费用: $C_t = C_d + C_i = 62.2 + 15.2 = 77.4(万元)$。

(4)通过压缩关键工作的持续时间进行费用优化:

1)第一次压缩。从图 5-43 可知,该网络计划中有两条关键线路,为了同时缩短两条关键线路的总持续时间,有以下 4 个压缩方案:

①压缩工作 B,直接费率为 1.0 万元/天;

②压缩工作 E,直接费率为 0.2 万元/天;

③同时压缩工作 H 和工作 I,组合直接费率为 $0.7 + 0.5 = 1.2(万元/天)$;

④同时压缩工作 I 和工作 J,组合直接费率为 $0.5 + 0.2 = 0.7(万元/天)$。

在上述压缩方案中,由于工作 E 的直接费率最小,故应选择工作 E 作为压缩对象。工作 E 的直接费率为 0.2 万元/天,小于间接费率 0.8 万元/天,说明压缩工作 E 可使工程总费用降低。将工作 E 的持续时间压缩至最短持续时间 3 天,利用标号法重新确定计算工期和关键线路，如图 5-44 所示。此时，关键工作 E 被压缩成非关键工作，故将其持续时间延长为 4 天，使其成为关键工作。

第一次压缩后的网络计划如图 5-45 所示。图中箭线上方括号内数字为工作的直接费率。

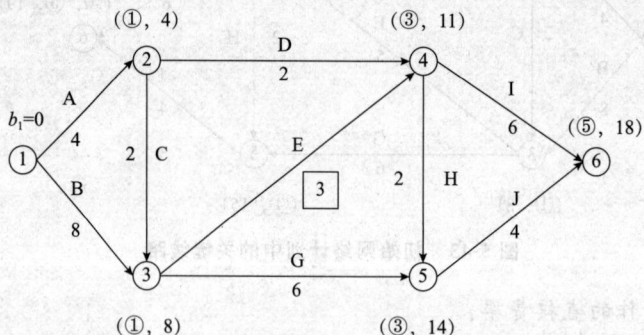

图 5-44　工作 E 压缩至最短持续时间时的关键线路

2) 第二次压缩。从图 5-45 可知，该网络计划中有三条关键线路，即①→③→④→⑥、①→③→④→⑤→⑥和①→③→⑤→⑥。为了同时缩短三条关键线路的总持续时间，有以下 5 个压缩方案：

①压缩工作 B，直接费率为 1.0 万元/天；

②同时压缩工作 E 和工作 G，组合直接费率为 0.2＋0.8＝1.0（万元/天）；

③同时压缩工作 E 和工作 J，组合直接费率为 0.2＋0.2＝0.4（万元/天）；

④同时压缩工作 G、工作 H 和工作 I，组合直接费率为 0.8＋0.7＋0.5＝2.0（万元/天）；

⑤同时压缩工作 I 和工作 J，组合直接费率为 0.5＋0.2＝0.7（万元/天）。

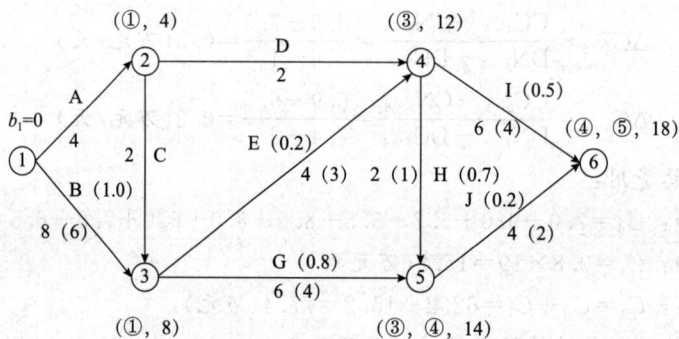

图 5-45　第一次压缩后的网络计划

在上述压缩方案中，由于工作 E 和工作 J 的组合直接费率最小，故应选择工作 E 和工作 J 作为压缩对象。工作 E 和工作 J 的组合直接费率为 0.4 万元/天，小于间接费率 0.8 万元/天，说明同时压缩工作 E 和工作 J 可使工程总费用降低。由于工作 E 的持续时间只能压缩 1 天，工作 J 的持续时间也只能随之压缩 1 天。工作 E 和工作 J 的持续时间同时压缩 1 天后，利用标号法重新确定计算工期和关键线路。此时，关键线路由压缩前的三条变为两条，即①→③→④→⑥和①→③→⑤→⑥，原来的关键工作 H 未经压缩而被动地变成了非关键工作。第二次压缩后的网络计划如图 5-46 所示。此时，关键工作 E 的持续时间已达最短，不能再压缩，故其直接费率变为无穷大。

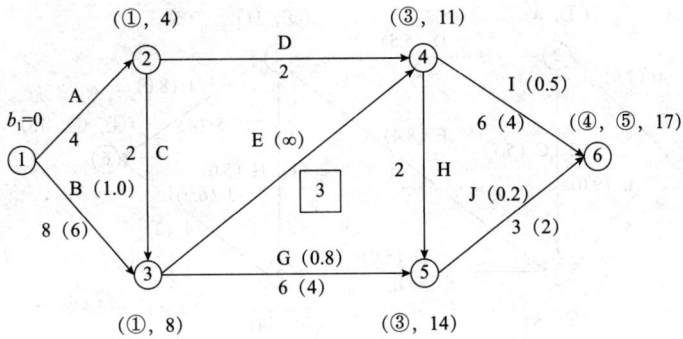

图 5-46　第二次压缩后的网络计划

3）第三次压缩。从图 5-46 可知，由于工作 E 不能再压缩，而为了同时缩短两条关键线路①→③→④→⑥和①→③→⑤→⑥的总持续时间，只有以下 3 个压缩方案：

①压缩工作 B，直接费率为 1.0 万元/天；

②同时压缩工作 G 和工作 I，组合直接费率为 0.8＋0.5＝1.3（万元/天）；

③同时压缩工作 I 和工作 J，组合直接费率为 0.5＋0.2＝0.7（万元/天）。

在上述压缩方案中，由于工作 I 和工作 J 的组合直接费率最小，故应选择工作 I 和工作 J 作为压缩对象。工作 I 和工作 J 的组合直接费率为 0.7 万元/天，小于间接费率 0.8 万元/天，说明同时压缩工作 I 和工作 J 可使工程总费用降低。由于工作 J 的持续时间只能压缩 1 天，故工作 I 的持续时间也只能随之压缩 1 天。工作 I 和工作 J 的持续时间同时压缩 1 天后，利用标号法重新确定计算工期和关键线路。此时，关键线路仍然为两条，即①→③→④→⑥和①→③→⑤→⑥。第三次压缩后的网络计划如图 5-47 所示。此时，关键工作 J 的持续时间也已达最短，不能再压缩，故其直接费率变为无穷大。

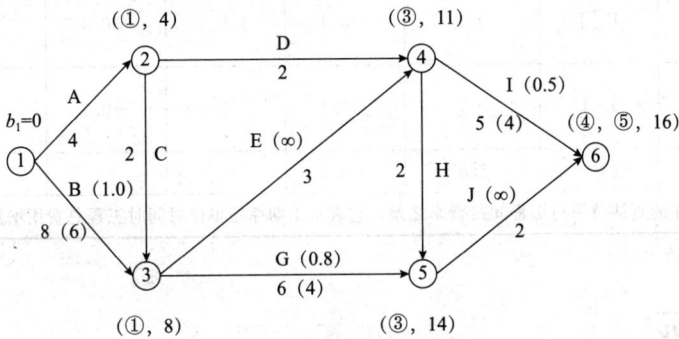

图 5-47　第三次压缩后的网络计划

4）第四次压缩。从图 5-47 可知，由于工作 E 和工作 J 不能再压缩，而为了同时缩短两条关键线路①→③→④→⑥和①→③→⑤→⑥的总持续时间，只有以下 2 个压缩方案：

①压缩工作 B，直接费率为 1.0 万元/天；

②同时压缩工作 G 和工作 I，组合直接费率为 0.8＋0.5＝1.3（万元/天）。

在上述压缩方案中，由于工作 B 的直接费率最小，故应选择工作 B 作为压缩对象。但是，由于工作 B 的直接费率为 1.0 万元/天，大于间接费率 0.8 万元/天，说明压缩工作 B 会使工程总费用增加。因此，不需要压缩工作 B，优化方案已得到，优化后的网络计划如图 5-48 所示。图中箭线上方括号内数字为工作的直接费。

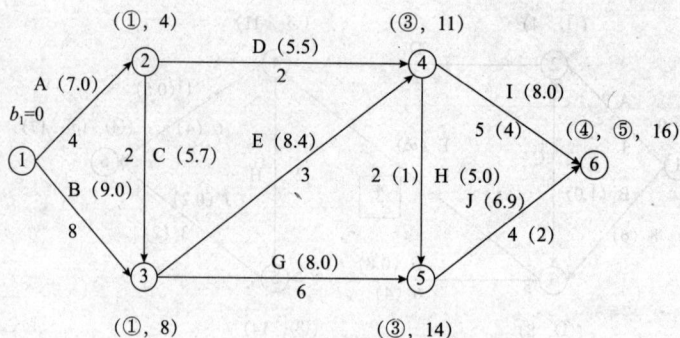

图 5-48 费用优化后的网络计划

（5）计算优化后的工程总费用（表 5-5）：

1）直接费总和：$C_d = 7.0 + 9.0 + 5.7 + 5.5 + 8.4 + 8.0 + 5.0 + 8.0 + 6.9 = 63.5$（万元）；

2）间接费总和：$C_i = 0.8 \times 16 = 12.8$（万元）；

3）工程总费用：$C_t = C_d + C_i = 63.5 + 12.8 = 76.3$（万元）。

表 5-5　优化后的工程总费用

压缩次数	被压缩的工作代号	被压缩的工作名称	直接费率或组合直接费率/（万元·天⁻¹）	费率差/（万元·天⁻¹）	缩短时间/天	费用增加值/万元	总工期/天	总费用/万元
0	—	—	—	—	—	—	19	77.4
1	3—4	E	0.2	−0.6	1	−0.6	18	76.8
2	3—4 5—6	E、J	0.4	−0.4	1	−0.4	17	76.4
3	4—6 5—6	I、J	0.7	−0.1	1	−0.1	16	76.3
4	1—3	B	1.0	+0.2	—	—	—	—

注：费率差是指工作的直接费率与工程间接费率之差，它表示工期缩短单位时间时工程总费用增加的数值。

三、资源优化

工期优化和费用优化都是假设资源供应是充足的，而实际情况经常会受到劳动力、材料、机械等资源供应的限制。一项工程任务的完成，所需资源总量基本是不变的，不可能通过资源优化将其减少，但可以通过资源优化使其趋于均衡。资源优化就是通过改变工作的实施时间，使资源按时间的分布能够符合优化目标。

工期优化和费用优化的中心是关键工作，而资源优化的中心是时差。一般情况下，网络计划的资源优化分为两种，即"资源有限—工期最短"优化和"工期固定—资源均衡"优化。前者是在满足资源限制条件下，通过调整计划安排，使工期延长最少，甚至不延长的过程；后者是保证工期不变的条件下，通过调整计划安排，使资源需用量尽可能均衡的过程。

1. "资源有限—工期最短"优化

(1)进行资源优化时的前提条件。

1)在优化过程中，不改变网络计划中各项工作之间的逻辑关系。

2)在优化过程中，不改变网络计划中各项工作的持续时间。

3)网络计划中各项工作的资源强度(即单位时间所需资源数量)为常数，即资源均衡，而且是合理的。

4)除规定允许中断的工作外，一般不允许中断工作，应保持其连续性。

为了使问题简化，这里假定网络计划中的所有工作需要同一种资源。

(2)资源优化分配的原则。资源优化分配是指根据各工作对网络计划工期的影响程度，将有限的资源进行科学分配，从而实现工期最短。其原则如下：

1)关键工作优先满足，按每日资源需用量大小，从大到小顺序供应资源。

2)非关键工作在满足关键工作的资源需求以后再供应资源。在优化过程中，对于前面时段已开始被供应而又不允许中断的工作，按其开始的先后顺序优先供应资源；其他非关键工作，按总时差由小到大的顺序供应资源，总时差相等时，以叠加量不超过资源供应限额的工作优先供应资源。

3)最后考虑给计划中总时差较大、允许中断的工作供应资源。

4)排队靠后的、无资源可配置的工作推迟开始时间。

(3)优化的步骤。

1)将网络计划绘成时标网络计划，并在图中标出关键线路、自由时差、总时差。

2)计算并画出网络计划的每日资源需用量曲线，标明各时段(每日资源需用量不变且连续的一段时间)的每日资源需用量数值，用虚线标明资源供应量限额。

3)在每日资源需用量图中，找出最先超过日资源供应限额的时段，然后根据资源优化分配的原则，将该时段内的各工作按顺序编号，从第 1 号至第 m 号。

4)分析超过资源限额的时段。如果在该时段内有几项工作平行作业，则采取将一项工作安排在与之平行的另一项工作之后进行的方法，以降低该时段的资源需用量。对于两项平行作业的工作 m 和 n 来说，为了降低相应时段的资源需用量，现将工作 n 安排在工作 m 之后进行，如图 5-49 所示。

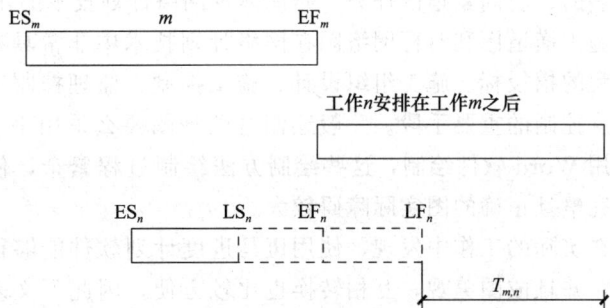

图 5-49 工作 n 安排在工作 m 之后

$$\Delta T_{m,n} = EF_m + D_n - LF_n - (LF_n - D_n) = EF_m - LS_n$$

式中 $\Delta T_{m,n}$——将工作 n 安排在工作 m 之后进行时，网络计划的工期延长值；

     EF_m——工作 m 的最早完成时间；

     D_n——工作 n 的持续时间；

     LF_n——工作 n 的最迟完成时间；

     LS_n——工作 n 的最迟开始时间。

在资源冲突的时段中，对平行作业的工作进行两两排序，即可得出若干个 $\Delta T_{m,n}$，选

择其中最小的 $\Delta T_{m,n}$，将相应的工作 n 安排在工作 m 之后进行，既可降低该时段的资源需用量，又使网络计划的工期延长最短。

5）给出工作推移后的时标网络图（如有关键工作或剩余总时差为零的工作需要推移时，网络图仍需符合逻辑，必要时进行适当的修正），并绘出新的每日资源需用量曲线。

6）在新的每日资源需用量曲线中，从已优化的时段后面找出首先超过日资源供应限额的时段进行优化，即重复第 3)4)5)步骤。如此反复，直至所有的时段均不超过每日资源供应限额。

2.“工期固定—资源均衡”优化

“工期固定—资源均衡”优化是调整计划安排，在保持合同工期不变的条件下，使资源需用量尽可能趋于均衡的过程。

均衡施工是指在整个施工过程中，对资源的需用量不出现短时期的高峰和低谷。资源消耗均衡可以减小现场各种加工场（站）、生活和办公用房等临时设施的规模，有利于节约施工费用。该种优化就是在工期不变的情况下，利用时差对网络计划做一些调整，使每天的资源需用量尽可能地接近于平均。

“工期固定—资源均衡”优化的方法有多种，如方差值最小法、极差值最小法、削高峰法等，这里不再详细介绍。

单元六　利用斑马进度计划软件编制网络计划进度

网络计划技术在工程项目中进行计划管理、进度控制、资源管理的应用中可以发挥极大的作用。在现代化的庞大复杂系统中，想要最合理的组织管理，使系统中各个环节相互配合，协调一致，使任务完成得既快又好又省，就需要运用网络计划技术。越是复杂的、头绪多的、时间紧迫的任务，越能体现网络计划技术的作用。

施工横道图和时标网络图在网络计划技术中非常具有代表性，同时在实际的道路与桥梁工程的招投标、施工组织设计、施工控制、监理控制等一系列工作中被广泛应用，是施工进度控制的重要手段。一般绘制这两种图要么采用手工绘制，要么手工与打印结合，或者采用 Word 软件绘制，这些绘制方法绘制过程繁杂，使作图时动手难，画好更难，绘制一张完整且正确的图实际障碍较大。

在实际的工作中发现，使用斑马进度计划软件能够很方便地绘制施工横道图和时标网络图，并且成图美观，互相转换也比较方便，因此下文来介绍斑马进度计划软件利用模板快速生成进度计划和将 Excel 复制到软件中快速生成计划绘制施工横道图和时标网络图的具体方法。

一、利用模板快速生成进度计划

1. 选用合适的模板

打开斑马进度计划软件，执行“文件”→“打开向导”命令，选择合适模板。

2. 创建计划

选好计划模板后，对计划的信息进行相应的修改（信息包括计划标题、要求开始时间、要求完成时间等），修改完成单击"确定"按钮，如图 5-50 所示。

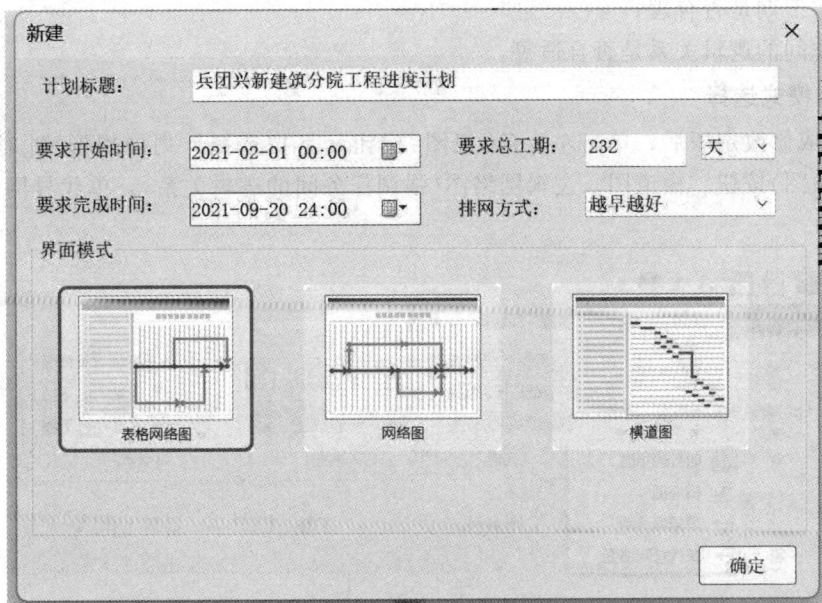

图 5-50　创建计划

3. 修改计划

根据自己的项目特点修改模板计划，使其符合自己项目的情况，如图 5-51 所示。

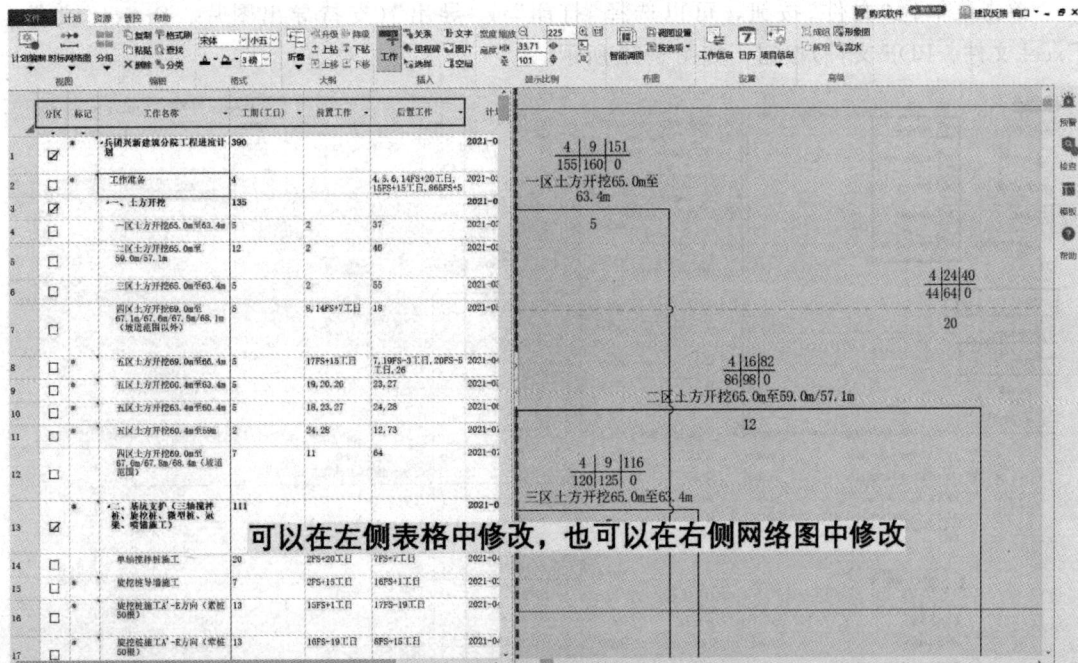

图 5-51　修改计划

可以检查或修改以下信息：

(1)计划总工期是否正确；

（2）工作内容是否一样；

（3）工作工期是否合理；

（4）工作间的逻辑关系是否合适等。

4. 计划模式选择

计划完成修改版后，单击左上角"视图"按钮，下拉选择计划展现形式［时标网络图（双代号网络图）按钮、横道图、逻辑网络图（强调任务间的逻辑关系）、单代号网络图］，如图 5-52 所示。

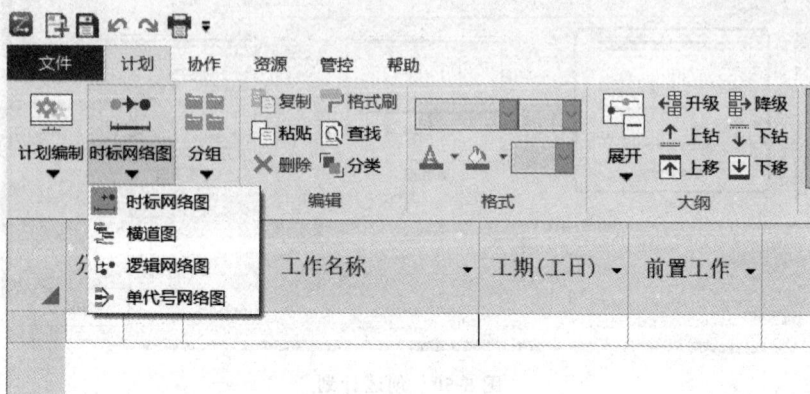

图 5-52　计划模式选择

5. 打印或导出计划

单击菜单栏"文件"按钮，可以选择"打印"或"导出"（支持导出图片、Project 文件、Excel 文件、PDF 文件）按钮，如图 5-53 所示。

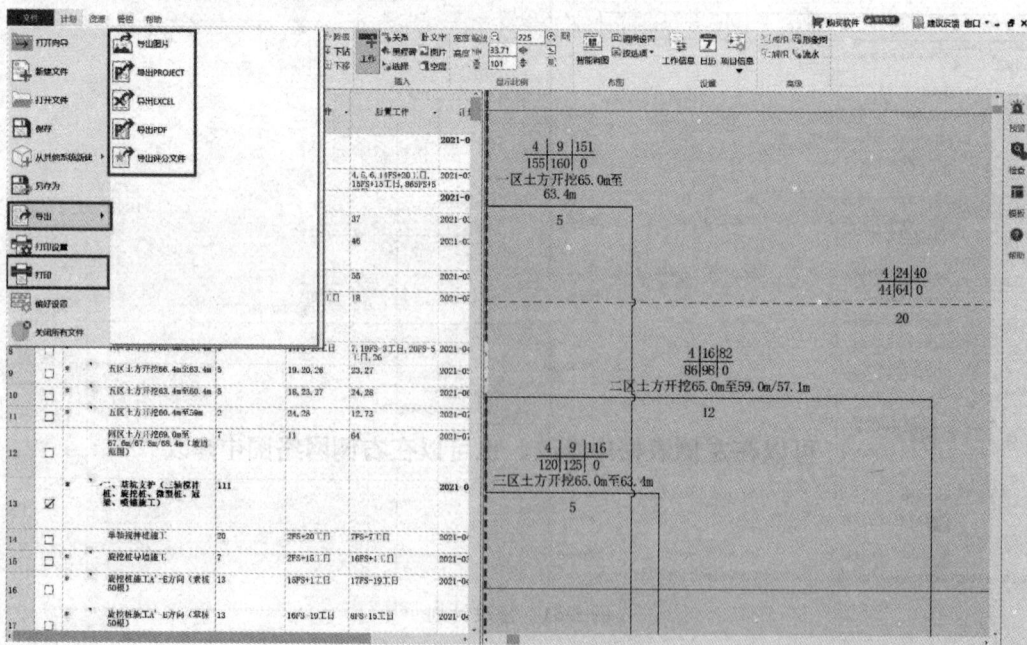

图 5-53　打印或导出计划

二、将 Excel 复制到软件中快速生成计划

1. 新建空白计划

打开斑马进度计划软件，在向导界面单击"新建空白计划"或按 Ctrl＋N 组合键（新建计划），如图 5-54 所示。

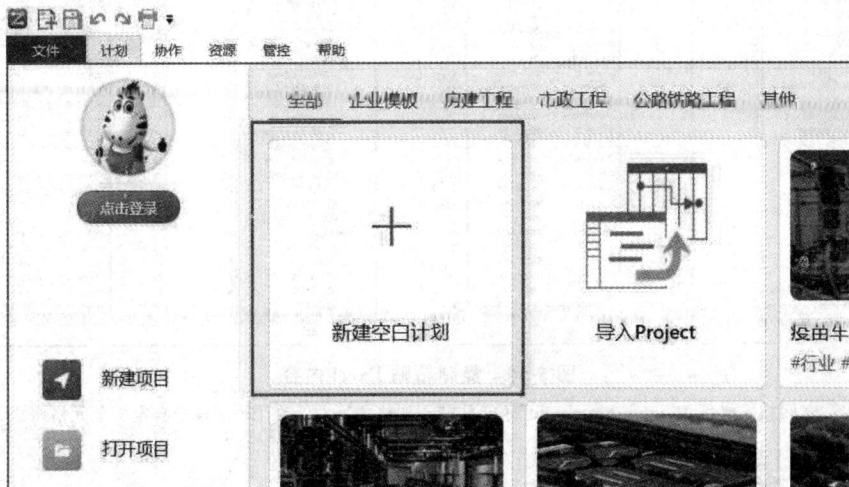

图 5-54 新建空白计划

2. 设置计划基本信息

编辑计划标题、要求开始时间、要求完成时间，单击确定按钮，如图 5-55 所示。

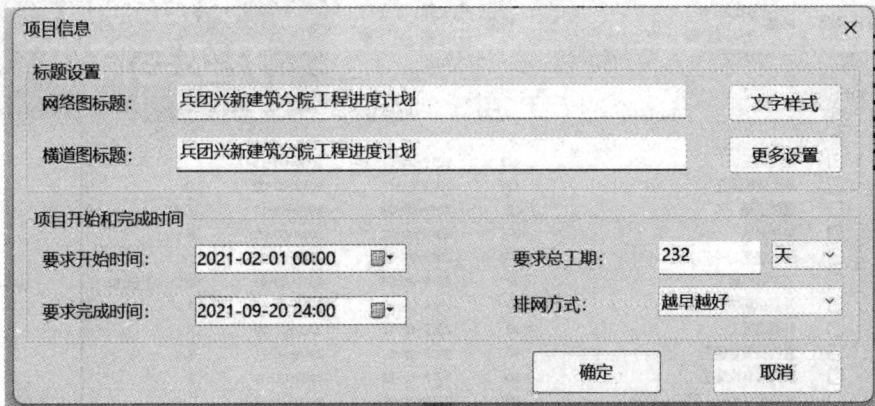

图 5-55 设置计划基本信息

3. 复制粘贴 Excel 内容

按照列，选中 Excel 表中的内容，复制；在斑马进度计划软件中选中对应单元格，粘贴，如图 5-56 所示。

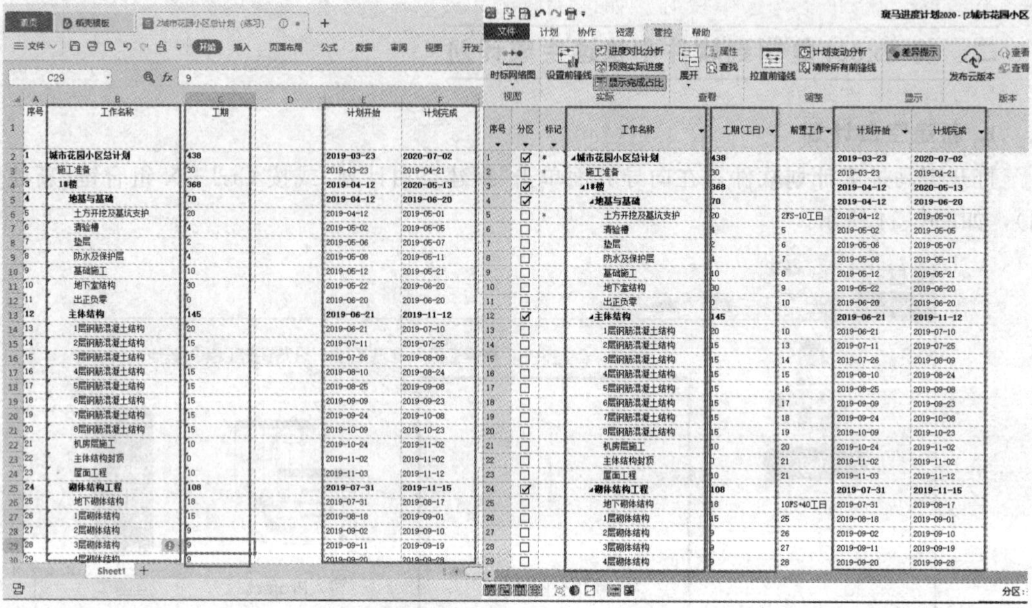

图 5-56　复制粘贴 Excel 内容

注：时间格式必须为"yyyy－mm－dd"才能粘贴。如格式不对，在 Excel 表中自定义单元格格式。

4. 设置父子关系，调整层级结构

粘贴后，通过上方工具栏的"升级""降级"命令对工作进行层级结构设置，如果没有层级结构可忽略此步骤，如图 5-57 所示。

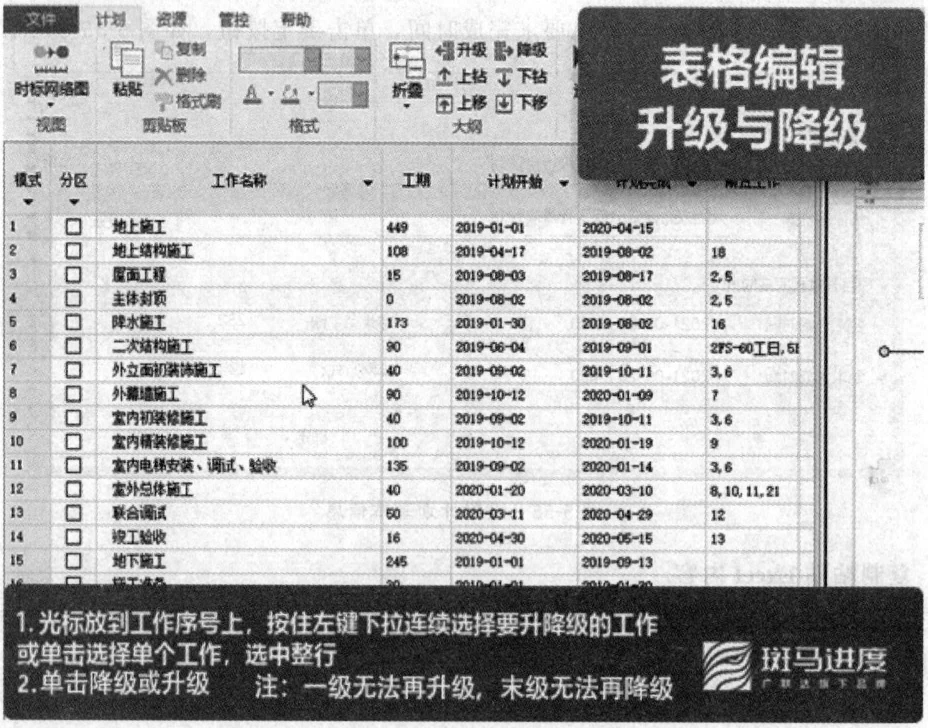

图 5-57　设置父子关系，调整层级结构

"升级"：使一个工作层级提升。如该工作没有父工作将不能再升级。

"降级"：使一个工作变成子工作。如该工作上方没有同层级工作将不能再降级。

5. 检查完善计划内容

检查完善粘贴后的计划内容，如图 5-58 所示。

(1)计划总工期是否正确；

(2)工作内容是否一样；

(3)工作工期是否合理；

(4)工作间的逻辑关系是否合适等。

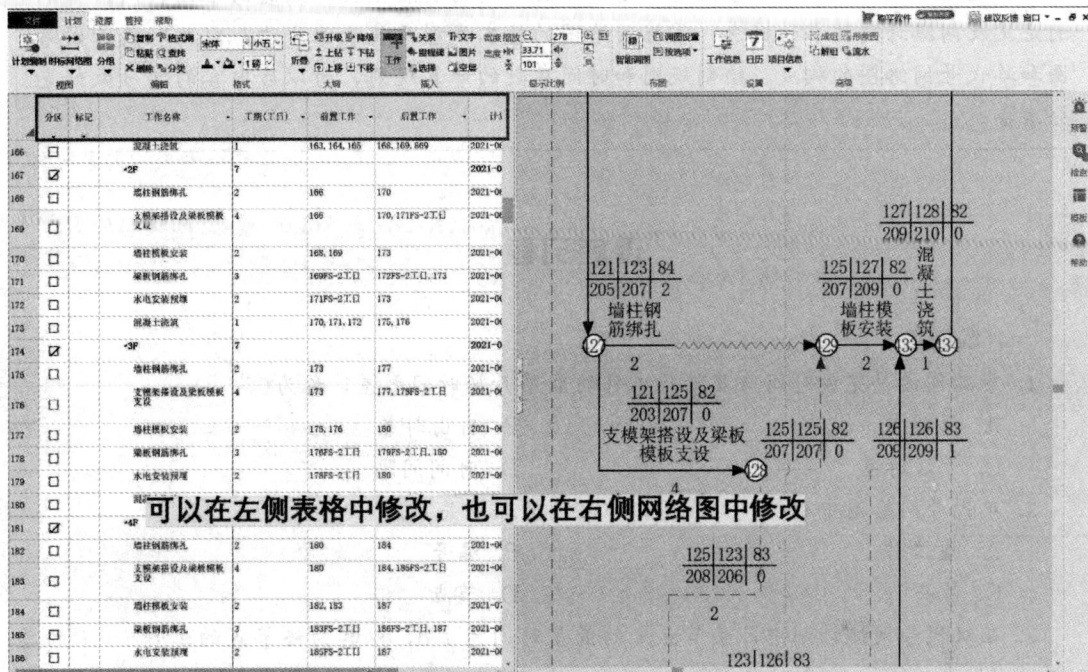

图 5-58　检查完善计划内容

6. 计划模式选择

计划修改完成后，单击左上角"视图"按钮，下拉选择计划展现形式，如图 5-59 所示。

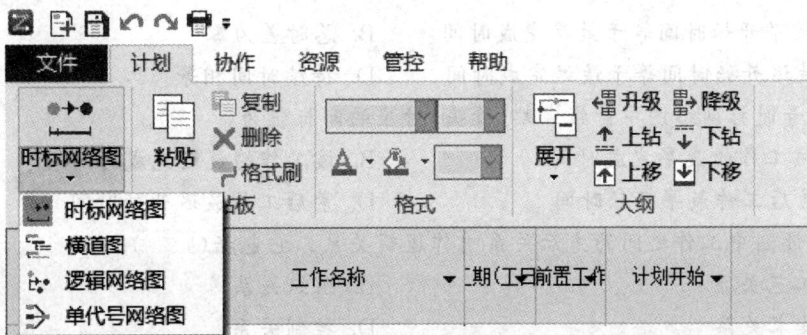

图 5-59　计划模式选择

双代号网络图、单代号网络图、双代号时标网络图等都有各自的优缺点。在不同情况下，其表现的繁简程度不同：有些情况下，应用单代号网络图较为简单；有些情况下，使用双代号网络图更为清楚。因此，它们是互为补充、各具特色的表现方法，目前在工程中均有应用。由于时标网络图综合了横道图与网络图的优点，所以在工程中广泛应用。通过本模块的学习，学生能够了解网络计划的发展概况，熟悉网络图、网络计划的定义及网络计划技术的概念；掌握网络图的基本类型及其表示方法，以及双代号网络图和单代号网络图的构成、绘制规则和时间参数的计算规则，为以后内容的学习做好充分准备。

课后习题

一、选择题

1. 某工作最早完成时间与其紧后工作的最早开始时间之差，称为（　　　）。

　　A. 总时差　　　　　　　　　　　　B. 自由时差

　　C. 干涉时差　　　　　　　　　　　D. 时间间隔

2. 双代号网络图中用（　　　）表示工作之间的联结关系。

　　A. 虚工作　　　　　　　　　　　　B. 编号

　　C. 箭头　　　　　　　　　　　　　D. 节点

3. 在双代号网络计划中，某节点 j 的最早时间为 7 d，以其为终节点的工作 $i-j$ 的总时差为 $TF_{i-j}=8$ d，自由时差 $FF_{i-j}=3$ d，则该节点的最迟开始时间为（　　　）d。

　　A. 10　　　　　　　　　　　　　　B. 11

　　C. 12　　　　　　　　　　　　　　D. 13

4. 如果双代号时标网络图中某条线路自始至终不出现波形线，则该条线路上所有工作（　　　）。

　　A. 最早开始时间等于最早完成时间　　　B. 总时差为零

　　C. 最迟开始时间等于最迟完成时间　　　D. 持续时间相等

5. 双代号时标网络图中箭线末端（箭头）对应的时标值为（　　　）。

　　A. 该工作的最早完成时间　　　　　　B. 该工作的最迟完成时间

　　C. 紧后工作最早开始时间　　　　　　D. 紧后工作最迟开始时间

6. 网络计划中工作之间的先后关系叫作逻辑关系，它包括（　　　）。

　　A. 工艺关系　　　　　　　　　　　B. 组织关系

　　C. 技术关系　　　　　　　　　　　D. 控制关系

7. 某工程双代号时标网络图如下图所示，正确的答案有（　　　）。

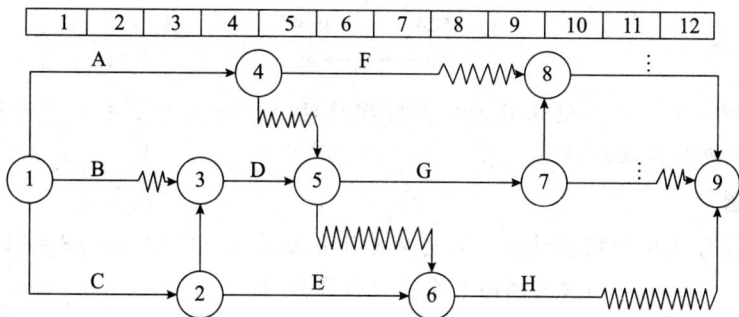

A. 工作 F 最早完成时间为第 7 天   B. 工作 D 总时差为 1 天

C. E 工作的自由时差为 2 天   D. 工作 G 最迟开始时间为第 6 天

8. 已知某单代号网络计划如下图所示，其关键线路为（   ）。

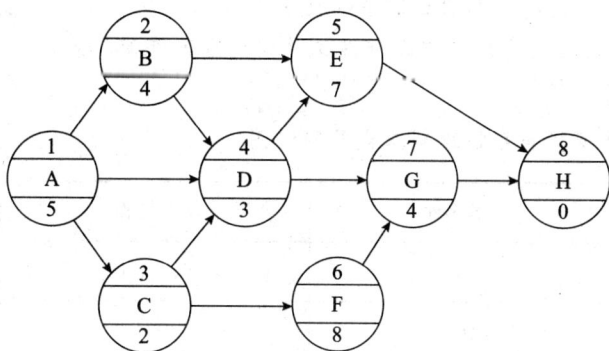

A. 1→2→4→5→8   B. 1→2→5→8

C. 1→3→4→5→8   D. 1→3→4→7→8

9. 某双代号网络计划中工作 K 的时间参数如表中所示，正确的是（   ）组。

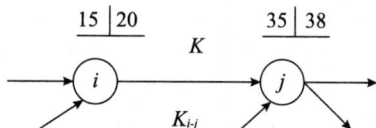

工作	时间参数					
K	ES	EF	LS	LF	TF	FF
A	15	35	18	38	3	3
B	15	35	20	38	5	3
C	15	33	20	38	5	2
D	15	30	23	38	8	5

二、填空题

1. 双代号网络图中的三要素是_____、_____和_____。

2. 虚工作既不消耗_____又不消耗_____。

3. 总时差为零的工作叫作_____，连接这些工作的线路叫作_____。

4. 某双代号网络计划中工作 5—8 的有关时间参数如下图，该工作的持续时间为_____

_____。

$$\underset{⑤}{\overset{15|20}{}} \longrightarrow \underset{⑧}{\overset{35|38}{}}$$

5. 当网络图中某一非关键工作的持续时间拖延 Δ，并且大于该工作的总时差 TF 时，网络计划的总工期将因此拖延_____。

三、简答题

1. 对于非搭接肯定型网络计划，其总时差计算公式为 $TF = LS - ES = LF - EF$ 或 $TF = \min\{LAG + TF\}$。试说明二者之间的关系，并作图解释。

2. 双代号网络图中虚工作的含义是什么？举例说明。

3. 试述关键线路的特点。

4. 说明流水施工和网络计划技术的区别与联系。从一个工程项目来看，网络计划的编制要考虑哪些问题？

5. 说明网络计划中总时差与自由时差的区别与联系。从一条无分支的由多项非关键工作组成的线路段来看，其自由时差在各相应工作间的分配有何特点？

四、分析计算题

1. 根据下列工作逻辑关系，绘制双代号网络图。

工作名称	紧后工作
A	Y、B、U
B	C
C	D、X
U	V
V	W、C
W	X
D	—
Y	Z、C
X	—
Z	—

2. 已知双代号网络计划的资料见下表：

问：(1)确定各项工作的紧后工作。

(2)绘制双代号网络图。

(3)根据双代号时标网络图，绘制单位时间成本曲线和累计成本曲线。

工作	A	B	C	D	E	G	H	I	J	K
紧前工作	—	A	A	A	B	C、D	D	B	E、H、G	G
持续时间/天	3	5	8	4	6	2	5	4	2	7
总成本/万元	15	20	24	16	30	10	5	24	8	21

3. 某工程计划的各项工作持续时间及相应的搭接关系见下表：

问：(1)绘制单代号网络图。

(2)计算计划工期及工作时间参数(ES、EF、LS、LF、LAG、TF、FF)。

工作名称	紧后工作	搭接关系	时距
A	B	STS	2
	C	FTF	3
B	D	FTS	1
C	D	STF	10，6
	E	STS	5
		FTF	4
D	F	STS	2
E	F	STF	6，2
F	……	……	……

(3)按各工作最早开始时间绘制横道图。

4. 某承包商承接了一个旅游开发区的六栋度假别墅的施工任务。根据现有的资源条件，承包商将六栋度假别墅划分为六个施工段，组织搭接施工。每栋别墅的施工过程名称、持续时间、专业施工队组人数及相互关系见下表。

序号	施工工程	持续时间/周	施工队组人数/人	紧后工作
1	基础工程(A)	2	10	B
2	结构安装(B)	4	20	C、E
3	层面防水(C)	1	15	D
4	内部装修(D)	4	20	F
5	外部装修(E)	2	15	F
6	外围总体(F)	1	10	—

问：(1)根据上述条件，绘制单代号网络图，并分别按施工过程连续型和间断型两种情况，计算各个施工过程的时间参数(ES、EF、LS、LF、LAG、FF、TF)及总工期。

(2)如果结构安装(B)、内部装修(D)两项施工过程各采用两支施工队，其他施工过程(A、C、E、F)仍然各采用一支施工队，试分别按施工过程连续型和间断型两种情况，绘制横道图进度计划及相应的劳动力需要量曲线。

5. 请将下面单代号网络图改成双代号网络图，并根据表中所列的工作持续时间进行节点时间参数的计算，然后将所有非关键工作的总时差与自由时差列出一览表。

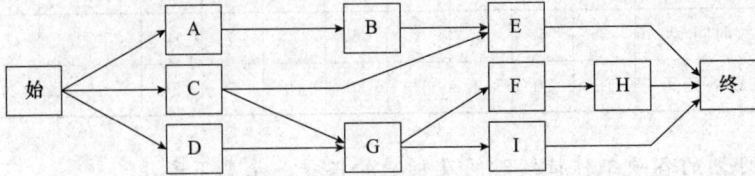

工作代称	A	B	C	D	E	F	G	H	I
持续时间	2	4	12	7	8	3	10	5	6

模块六　单位工程施工组织设计

模块目标

　　了解单位工程施工组织设计的编制原则、依据和程序；了解单位工程施工组织设计内容；掌握施工方案的选择、进度计划的编制步骤和方法、资源需用量计划的编制方法、施工现场平面图的设计方法。

案例导入

　　本工程位于我国某城市市区，是由三个单元组成的一字形住宅。其建筑面积为 29 700 m²，全长为 147.5 m，宽为 12.46 m，檐高为 41.00 m，最高点（电梯井顶）43.58 m。地下室为 2.7 m 高的箱形结构设备层，上部主体结构共 14 层，层高 2.9 m，每单元设两部电梯。

　　本工程采用内浇外挂的大模板的结构形式，现浇钢筋混凝土地下室基础，基础下为无筋混凝土垫层。

　　装修和防水：一般水泥砂浆地面，室内墙面为混合砂浆打底、刮白罩面；天棚为混凝土板下混合砂浆打底刮白罩面；外墙面装修随壁板在预制厂做好；屋面防水为 SBS 改性沥青卷材防水。

　　水暖设施：一般排水设施和热水采暖系统。

　　电源：由电缆从小区变配电站分两路接入楼内配电箱。

　　施工期限：2020 年 5 月 10 日进场，开始施工准备工作，2020 年 12 月 15 日前竣工。

　　自然条件：工程施工期间各月份的平均气温分别为：5 月：20 ℃；6 月：25 ℃；7 月：28 ℃；8 月：28 ℃；9 月：28 ℃；10 月：20 ℃；11 月：15 ℃；12 月：10 ℃。

　　土质为黏质砂土，地下水水位−6.0 m，主导风向偏西。

　　技术经济条件（交通运输）：工地北侧为市区街道，施工中所用的主要材料与构件均可经公路直接运进工地。

　　全部预制构件均在场外加工厂生产。现场所需的水泥、砖、石、砂、石灰等主要材料由公司材料供应部门按需要计划供应。钢门窗由金属结构厂供应。

　　施工中用水、电均可从附近已有的水网、电路中引来。

　　施工期间所需劳动力均能满足需要。由于本工程距施工公司的生活基地不远，故在现场无须设置工人居住临时房屋。

　　请试着编制本工程单位工程施工组织设计。

单元一　　单位工程施工组织设计概述

一、单位工程施工组织设计的作用及任务

1. 单位工程施工组织设计的作用

(1)贯彻施工组织总设计,具体实施施工组织总设计对该单位工程的规划要求。

(2)编制该工程的施工方案,选择施工方法、施工机械,确定施工顺序,提出实现质量、进度、成本和安全目标的具体措施,为施工项目管理提出技术和组织方面的指导性意见。

(3)编制施工进度计划,落实施工顺序、搭接关系,各分部分项工程的施工时间,实现工期目标,为施工单位编制作业计划提供依据。

(4)计算各种物资、机械、劳动力的需要量,安排供应计划,从而保证进度计划的实现。

(5)对单位工程的施工现场进行合理设计和布置,统筹合理利用空间。

(6)具体规划作业条件方面的施工准备工作。

(7)是施工单位有计划地开展施工、检查、控制工程进展情况的重要文件。

(8)是建设单位配合施工、监理单位工作和落实工程款项的基本依据。

2. 单位工程施工组织设计的任务

(1)贯彻施工组织总设计对该工程的规划精神以及施工合同要求。

(2)拟订施工部署、选择确定合理的施工方法和机械,落实建设意图。

(3)编制施工进度计划,确定合理的搭接配合关系,保证工期目标的实现。

(4)确定各种物资、劳动力、机械的需要量计划,为施工准备、调度安排及布置现场提供依据。

(5)合理布置施工场地,充分利用空间,减少运输和暂设费用,保证施工顺利、安全。

(6)制订实现质量、进度、成本和安全目标的具体措施,为施工项目管理提出技术和组织方面的指导性意见。

二、单位工程施工组织设计的编制依据和原则

1. 单位工程施工组织设计的编制依据

(1)主管部门的批示文件及建设单位的要求。如工程的开竣工日期、质量要求,对某些特殊施工技术的要求,采用何种先进的施工技术,对材料及设备的要求等。

(2)经过会审的图纸。该单位工程的全部施工图纸、会审记录和标准图等有关设计资料;对于较复杂的建筑设备工程,还要有设备图纸和设备安装对土建施工的具体要求;设计单位对新结构、新材料、新技术和新工艺的要求。

(3)施工企业年度生产计划对该工程的安排和规定的有关指标。

（4）施工组织总设计。当单位工程为建设项目（群）的一个组成部分时，单位工程的施工组织设计，必须按照施工组织总设计确定的各项指标和要求进行编制，这样才能保证建设项目的完整性。

（5）资源配备情况。如劳动力、技术人员和管理人员的情况，现有的施工机械设备；可提供的专业工人人数、施工机械的台班数；主要建材、半成品、成品的来源；运输条件、运输方式、运距和价格；供应时间、数量和方式等。

（6）建设单位可能提供的条件和水、电供应情况。水源和电源所在位置，供应量和水压、电压供应的连续性，是否需要单独设置变压器。

（7）施工现场条件和勘察资料。施工现场的地形地貌，地上与地下障碍物，工程地质和水文地质情况，施工地区的气象资料；永久性或临时水准点、控制线等；场地可利用的面积和范围；交通运输的道路情况等。

（8）预算文件。

（9）国家或行业有关的规范、标准、规程、法规、图集及地方标准和图集，具体包括《中华人民共和国建筑法》《中华人民共和国招标投标法》《中华人民共和国民法典》、施工图集、标准图集、操作规程，以及国家有关的施工验收规范、工程质量标准、施工手册及各种定额手册等。

（10）有关的参考资料及类似工程施工组织设计实例。

2. 单位工程施工组织设计的编制原则

（1）做好现场工程技术资料的调查工作。

（2）合理安排施工程序。

（3）采用先进的施工技术和进行合理的施工组织。

（4）土建施工与设备安装应密切配合。

（5）施工方案应作技术经济比较。

（6）确保工程质量和施工安全。

（7）特殊时期的施工方案。

（8）节约费用和降低工程成本。

（9）环境保护的原则。

三、单位工程施工组织设计的内容

（1）工程概况。

（2）施工组织策划。

（3）施工方案。

（4）施工进度计划。

（5）施工准备工作计划。

（6）资源需要量计划。

（7）施工平面图。

（8）技术经济指标分析。

四、单位工程施工组织设计的编制程序

单位工程施工组织设计的编制程序如图 6-1 所示。

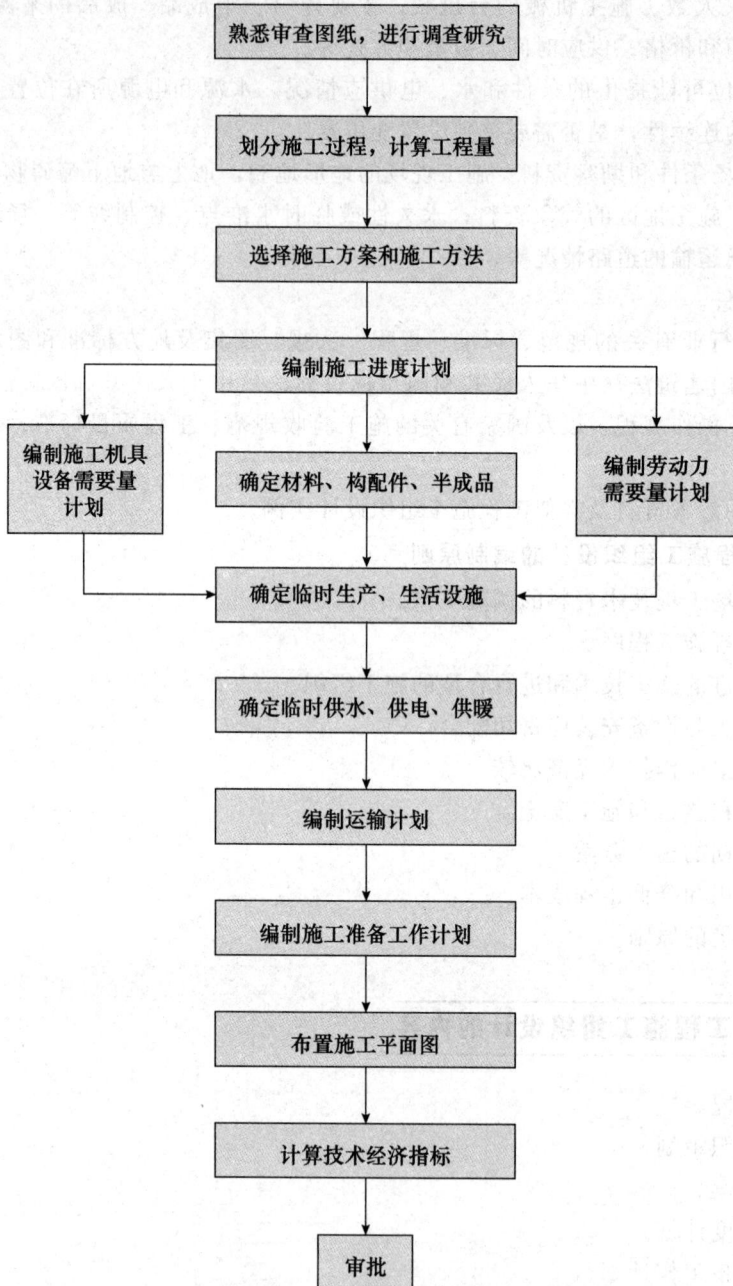

```
┌─────────────────────────┐
│  熟悉审查图纸，进行调查研究  │
└─────────────────────────┘
            │
┌─────────────────────────┐
│   划分施工过程，计算工程量   │
└─────────────────────────┘
            │
┌─────────────────────────┐
│    选择施工方案和施工方法    │
└─────────────────────────┘
            │
┌─────────────────────────┐
│      编制施工进度计划      │
└─────────────────────────┘
   │        │        │
┌────────┐ ┌──────────────┐ ┌────────┐
│编制施工机具│ │确定材料、构配件、│ │ 编制劳动力│
│设备需要量 │ │  半成品     │ │ 需要量计划│
│  计划   │ └──────────────┘ └────────┘
└────────┘        │
            │
┌─────────────────────────┐
│   确定临时生产、生活设施    │
└─────────────────────────┘
            │
┌─────────────────────────┐
│  确定临时供水、供电、供暖   │
└─────────────────────────┘
            │
┌─────────────────────────┐
│       编制运输计划       │
└─────────────────────────┘
            │
┌─────────────────────────┐
│     编制施工准备工作计划    │
└─────────────────────────┘
            │
┌─────────────────────────┐
│      布置施工平面图      │
└─────────────────────────┘
            │
┌─────────────────────────┐
│     计算技术经济指标      │
└─────────────────────────┘
            │
      ┌──────────┐
      │    审批    │
      └──────────┘
```

图 6-1　单位工程施工组织设计的编制程序

单元二　工程概况

工程概况是对拟建工程的特点、建设地区特点、施工环境及施工条件、参建单位基本情况、施工合同目标等所做的简洁明了的文字描述或列表说明。

一、工程概况的编写

(1)编写形式：文字或表格，最好配有简要图纸。

(2)编写目的：

1)编制者心中有数，以便合理选择方案，提出相应措施；

2)审批人了解情况，以判断方案可行性、合理性、经济性、先进性。

(3)编写内容：

1)工程基本情况：工程名称、建设单位；建设地点；工程性质、用途；资金来源及造价；开竣工日期；设计单位、监理单位、施工单位；上级有关文件或要求；施工图纸情况；施工合同签订情况等。

2)设计特点及主要工作量：

①建筑：面积、层数、层高及总高；平面形状及尺寸；功能；室内外主要装修等。

②结构：基础形式及埋深；结构类型；主要构件的材料及类型；抗震设防情况等。

③设备：系统构成、种类、数量。

④主要工作量、工程量(列表)。

二、工程特点

(1)工程建设概况(表6-1)。主要说明拟建工程的建设单位，工程名称、性质、用途和建设目的，资金来源及工程造价，开竣工日期，设计单位、施工单位、监理单位、协作单位名称，施工图纸情况，施工合同是否签订，主管部门有关文件或要求，以及组织施工的指导思想等。

表 6-1　工程建设概况

工程名称		工程地址	
建设单位		勘察单位	
设计单位		监理单位	
建设工期		总投资金额	
质量标准		总建筑面积	
结构形式		资金来源	

(2)建筑及结构特点。

1)建筑设计概况(表6-2)：应依据建设单位提供的建筑设计文件进行描述，包括建筑规模、建筑面积、层数、层高、总高度、平面尺寸、抗震设施、人防、消防要求及建筑平面组合形式、形状，建筑功能、建筑耐火、防水及节能要求等，并应简单描述工程的主要装饰装修做法。

表6-2　建筑设计概况

占地面积			层高	一层		建筑面积	
首层建筑面积				二层		建筑总高度	
层数				三层			
装饰装修	外墙面						
	楼地面	地面					
		楼面					
	内墙面						
	天棚						
	门窗						
	楼梯						
防水							
屋面工程							
保温节能							
绿化环境保护							

2)结构设计概况(表6-3)：应依据建设单位提供的结构设计文件进行描述，包括基础类型、主体结构类型、结构安全等级、抗震设防类别、主要结构构件类型及要求、主要结构使用材料的要求等。

表6-3　结构设计概况

地基基础	桩基	类型：		桩径：	总桩数：
		单桩竖向承载力设计值：		混凝土强度等级：	
		持力层：		试桩：	桩长：
	承台、地梁	地面标高：			
		断面：			
主体结构	主要结构尺寸	柱：			
		梁：			
		板厚：			
		混凝土墙厚：			
	混凝土强度等级				
	钢筋				
	焊条				
	钢筋接头				
	砖墙				

(3)设备安装、智能系统设计特点。主要包括建筑采暖卫生与燃气工程、建筑电气安装工程、通风与空调工程、电梯安装、建筑智能系统工程的设计要求及特点。

(4)工程施工特点。主要介绍拟建工程施工特点和施工中关键问题、难点所在，以便突出重点、抓住关键，使施工顺利进行，提高施工单位的经济效益和管理水平。

三、地段特点

地段特点主要是对建设地点的位置、地形、交通与水文地质条件，不同深度的土壤特性分析及当地气温状况，冬(雨)期的起止时间，常年主导风向、风力等进行描述。

四、施工条件

施工条件主要是对拟建工程的水、电、道路、场地平整等情况和建筑物周围环境、材料、构件、半成品的供应能力和加工能力，施工单位的建筑机械和运输能力、施工技术、管理水平等进行描述(表 6-4)。

表 6-4　施工条件总体安排

工地条件简介		安排说明		
项目	说明	项目		说明
场地面积概量		总工期		
场地地势		基中	地下工期	
场内外道路			主体工期	
场内地表土质			装修工期	
施工用水		单方耗工/(工日·m^{-2})		
施工用电		总工日数		
热源条件		冬期施工安排		
施工用电话号码		总体流水方法		
地下障碍物		垂直运输		
地上障碍物		混凝土构件		
空中障碍物		钢构件		
周围环境		打桩		
防火条件		土方		
现场预制条件		地下水		
可代暂设房屋		吊装方法		
就地取材		内脚手架		
占地要求		外脚手架		
毗邻建筑情况		关键		

五、施工特点分析

施工特点分析主要介绍拟建工程施工特点和施工中关键问题、难点所在，以便突出重点、抓住关键，使施工顺利进行，提高施工单位的经济效益和管理水平。

单元三　施工部署及施工方案

一、确定项目组织机构及岗位职责

主要包括确定组织机构形式、组织管理层次、岗位职责，以及选定管理人员等。某单位工程项目组织机构如图 6-2 所示。

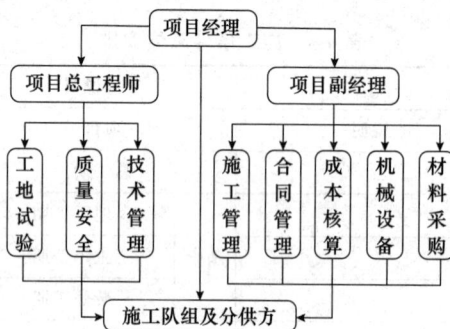

图 6-2　某单位工程项目组织机构

二、确定施工管理目标

主要包括工期、质量、安全、文明施工、消防、环境保护等方面的管理目标。
要求施工管理目标必须满足或高于合同目标。

三、确定施工展开程序

施工展开程序是指各分部工程、各专业工程或各施工阶段的先后施工关系。

1. 一般工程的施工展开程序

一般工程的施工展开程序如图 6-3 所示。

(1)先地下，后地上；

(2)先主体，后围护；

(3)先结构，后装修；

(4)先土建，后设备。

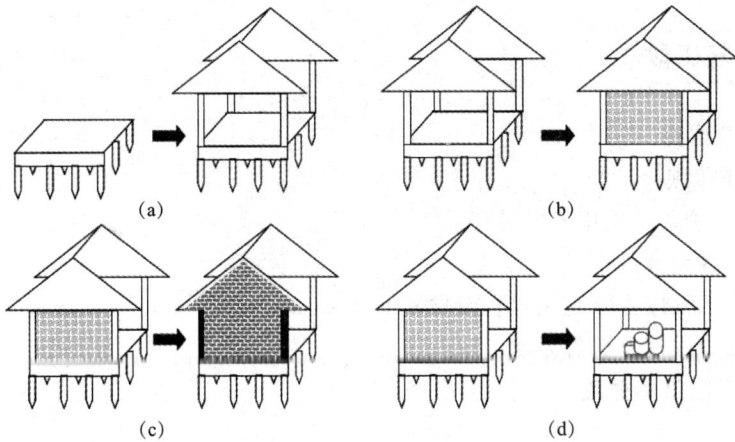

图 6-3 一般工程的施工展开程序

(a)先地下，后地上；(b)先主体，后围护；(c)先结构，后装修；(d)先土建，后设备

2. 工业厂房土建与设备的施工程序

(1)封闭式施工：先土建，后设备。

一般机械厂房：结构完→设备安装。

精密仪器厂房：装修完→设备安装。

(2)敞开式施工(冶金、发电厂等重工业)：先设备，后土建。

(3)设备安装与土建施工同时进行：能互相创造条件。

3. 示例

(1)某高层住宅楼的施工展开程序如图 6-4 所示。

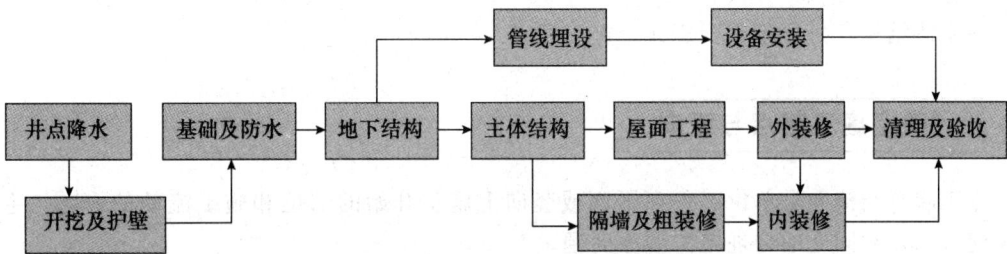

图 6-4 某高层住宅楼的施工展开程序

(2)某合同段高速公路的施工展开程序如图 6-5 所示。

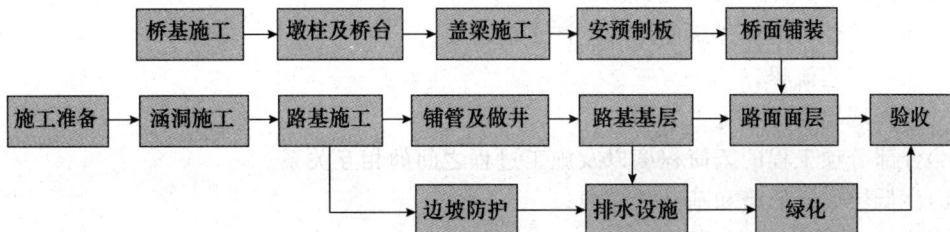

图 6-5 某合同段高速公路的施工展开程序

四、划分施工段

1. 分段注意要点

(1)符合分段原则。

(2)可按施工阶段,采用不同分段:

1)基础工程宜少分段;

2)主体结构工程按主导施工过程分段;

3)装修按层分段或每层再分段。

2. 几种常见建筑的分段

(1)多层砖混住宅。

1)结构:2~3个单元为1段,每层分2~3段以上(面积小者以栋号流水);

2)外装修:按脚手架步数分层,每层分1~2段;

3)内装修:每单元为1段或每层分2~3段。

(2)单层工业厂房。

1)基础:按模板配置量分段;

2)构件预制:分类、分跨,考虑模板量分段;

3)吊装:按吊装方法和机械数量考虑;

4)围护结构:按墙长对称分段,与脚手架、圈梁、雨篷等配合;

5)屋面:分跨或以伸缩缝分段;

6)装修:自上至下或分区进行。

(3)大模板施工高层住宅。

1)基础:不分或少分段;

2)主体结构:每层不宜少于4个施工段。

五、确定施工起点与流向

施工起点与流向是单位工程在平面或竖向上施工开始的部位和施工流动的方向,主要解决建筑物在空间上的合理施工顺序问题。

1. 确定单位工程施工起点与流向一般应考虑的因素

施工起点与流向的确定,影响到一系列施工过程的开展和进程,是组织施工的重要一环,一般应综合考虑以下几个因素。

(1)建设单位对房屋建筑使用和生产上的需要。

(2)生产工艺流程。

(3)工程现场条件和施工方案。

(4)分部分项工程的繁简程度以及施工过程之间的相互关系。

(5)高低层或高低跨和基础的深浅。

(6)施工组织的分层分段。

(7)分部分项工程的特点及其相互关系。

(8)保证工期和质量。

2. 施工流向

每一建筑的施工可以有多种施工起点与流向，以多层或高层建筑的装修为例，其施工起点与流向可有多种：室外装修工程自上而下、自中而下再自上而中的流水施工方案；室内装修工程自上而下、自下而上以及自中而下再自上而中的流水施工方案；而室内装修工程的施工流向又可分为水平和竖直两种情况，如图 6-6～图 6-8 所示。各种施工起点与流向方案有不同的特点，如何确定，要根据工程的具体特点、工期要求及招标文件具体要求来定。

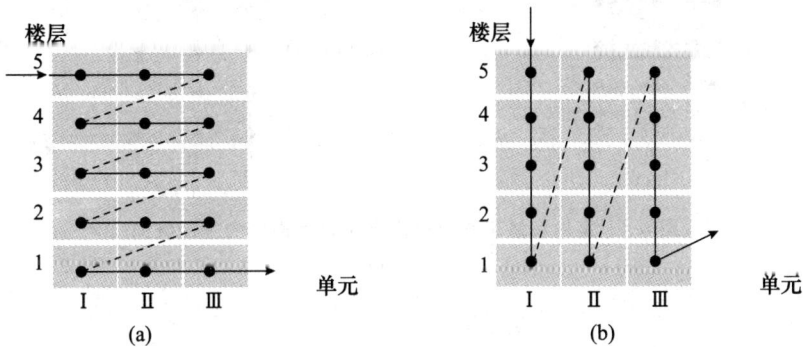

图 6-6　室内装修工程自上而下的施工流向
（a)水平向下；（b)垂直向下

室内装修工程自上而下、自下而上的施工流向具有以下优缺点：

优点：可以和主体砌墙工程进行交叉施工，工期短。

缺点：工序之间交叉多，施工组织复杂，工程的质量及生产的安全不易保证。例如：当采用预制楼板时，由于板缝浇灌不严密，以及靠墙边处易漏水，严重影响装修工程的质量。使用这种施工流向，应在相邻两层中加强施工组织与质量管理。

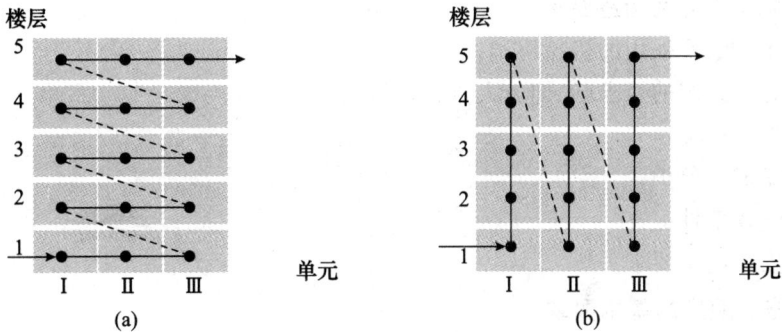

图 6-7　室内装修工程自下而上的施工流向
（a)水平向上；（b)垂直向上

室内装修工程自中而下再自上而中的施工流向综合了上述两种施工流向的优缺点，适用于高层、超高层建筑的室内装修工程。

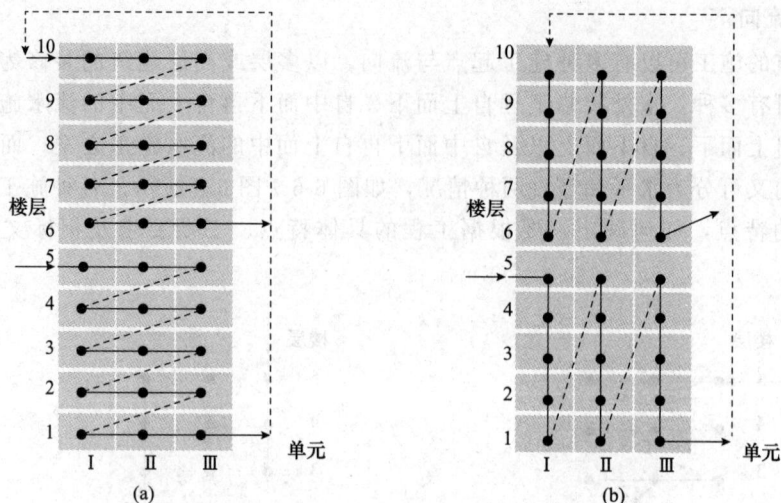

图 6-8　室内装修工程自中而下再自上而中的施工流向

(a)水平向下；(b)垂直向下

六、确定施工顺序

施工顺序是指各分项工程或施工过程之间施工的先后次序。科学的施工顺序是按照施工客观规律和工艺顺序组织施工，解决工作之间在时间与空间上最大限度的衔接问题，在保证质量与安全施工的前提下，以期做到充分利用工作面，争取时间，实现缩短工期、取得较好的经济效益的目的。

1. 确定施工顺序的原则

(1)符合施工工艺及构造要求；

(2)与施工方法及采用的机械协调；

(3)考虑施工组织的要求(工期、人员、机械)；

(4)保证施工质量；

(5)有利于成品保护；

(6)考虑气候条件；

(7)符合安全施工要求。

2. 确定施工顺序的基本要求

(1)必须符合施工工艺的要求；

(2)必须与施工方法协调一致；

(3)必须考虑施工组织的要求；

(4)必须考虑施工质量的要求；

(5)必须考虑当地的气候条件；

(6)必须考虑安全施工的要求。

3. 多层混合结构居住房屋的施工顺序

通常划分为基础工程、主体结构工程，以及屋面、装修工程和水、暖、电、卫工程三个阶段(图6-9)。

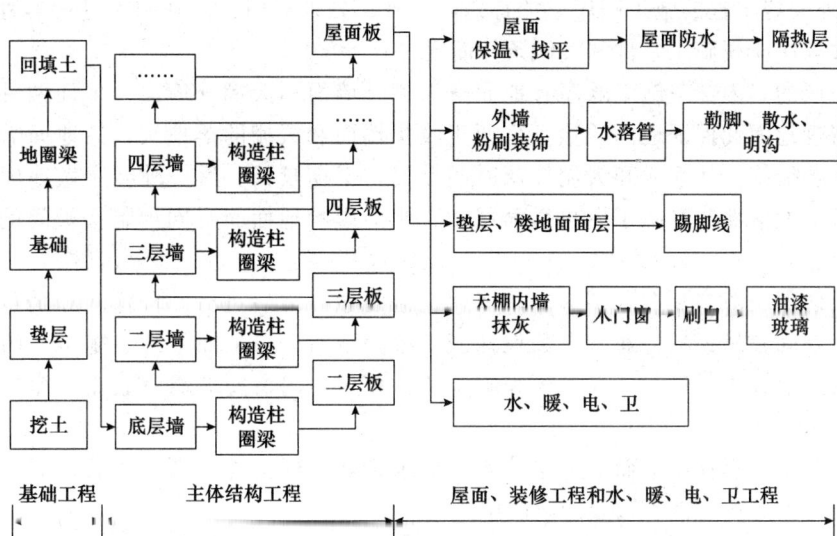

图6-9 多层混合结构居住房屋的施工顺序

(1)基础工程阶段施工顺序(室内地坪±0.000或防潮层以下)。挖土→垫层→基础→地圈梁→回填土或挖土→垫层→基础→砌墙基础→铺防潮层→地圈梁→回填土。

注意:

1)挖土和垫层:时间间隔不宜过长,以防积水浸泡或曝晒地基,影响其承载能力;

2)流水施工;

3)垫层施工后一定要留有技术间歇时间;

4)各种管沟的挖土和管道铺设等工程应尽可能与基础施工配合,平行搭接施工;

5)回填土。

(2)主体结构工程阶段施工内容和顺序。

1)主体结构施工内容:垂直运输机械的安装,脚手架的搭设,砌筑墙体,现浇柱、梁、板,雨篷,阳台,楼梯等。

2)主体结构施工顺序:

①楼板为现浇时:立构造柱筋→砌墙→支构造柱模→浇构造柱混凝土→梁板梯模→梁板梯筋→梁板梯混凝土。

②楼板为预制时:砌墙和安楼板是主导施工过程,应尽量使墙体砌筑流水施工。立构造柱筋→砌墙→支构造柱模→浇构造柱混凝土→吊装楼板→灌缝。

(3)屋面、装修工程施工顺序。

1)屋面工程施工顺序。

①柔性防水屋面:找平层→隔气层→保温层→找平层→冷底子油结合层→防水层→隔热层。

②刚性防水屋面:现浇钢筋混凝土防水层应在主体结构完成或部分完成后尽快开始分段施工,为室内装修创造条件。一般情况下,屋面工程可以和装修工程搭接或平行施工。

2)装修工程施工顺序。

①装修工程可分为室外装修(外墙抹灰、勒脚、散水、台阶、明沟、水落管等)和室内

装修(天棚、墙面、地面、楼梯抹灰，门窗扇安装、油漆，门窗安玻璃，油墙裙，做踢脚线等)。室内外装修工程的施工顺序通常有先内后外、先外后内、内外同时进行三种顺序，具体确定哪种顺序应视施工条件和气候条件而定。

②同一层的室内抹灰施工顺序有地面→天棚→墙面和天棚→墙面→地面两种。前一种顺序便于清理地面和保证地面质量，且便于收集墙面和天棚的落地灰，但地面需要养护时间及采取保护措施，使墙面和天棚抹灰时间推迟，工期较长。后一种顺序做地面前需清除天棚和墙面上的落地灰和碴子后再做面层，否则会影响地面面层同预制楼板间的黏结，引起地面起鼓。

③底层地面一般多是在各层天棚、墙面、楼面做好之后进行。楼梯间和踏步抹面，由于其在施工期间较易损坏，通常在其他抹灰工程完成后，自上而下统一施工。门窗扇安装一般在抹灰之前或之后进行，视气候和施工条件而定。门窗安玻璃一般在门窗扇油漆之后进行。

④室外装修工程在由上而下每层装修、落水管等分项工程全部完成后，即开始拆除该层的脚手架，然后进行散水坡及台阶的施工。

⑤室内外装修各施工层与施工段之间的施工顺序则由施工起点与流向定出。

(4)水、暖、电、卫工程的施工顺序。水、暖、电、卫工程不同于土建工程，可分成几个明显的施工阶段，它一般与土建工程中有关分部分项工程之间进行交叉施工，紧密配合。

1)在基础工程施工时，先做好相应的上下水管沟和暖气管沟的垫层、管沟墙，然后回填土。

2)在主体结构工程施工时，应在砌砖墙或现浇钢筋混凝土楼板同时，预留上下水管和暖气管的孔洞、电线孔槽或预埋木砖和其他预埋件。

3)在装修工程施工前，安设相应的各管道和电气照明用的附墙暗管、接线盒等。水、暖、电、卫安装一般在楼地面和墙面抹灰前或后穿插施工。若电线采用明线，则应在室内粉刷后进行。

4)室外管网工程的施工可以安排在土建工程前或与其同时施工。

4. 多层全现浇钢筋混凝土结构房屋的施工顺序

多层全现浇钢筋混凝土结构房屋的施工顺序如图6-10所示。

(1)±0.000以下工程的施工顺序。

1)有地下室基础：桩基→围护结构→土方开挖→垫层→地下室底板→地下室墙、柱(防水处理)→地下室顶板→回填土。

2)无地下室基础(一般不划分施工段，考虑依次施工)：桩基→土方开挖→垫层→基础(扎筋、支模、浇混凝土、养护、拆模)→回填土。

注意：加强混凝土养护，及时拆模，提早回填土，为上部结构施工创造条件。

(2)主体结构工程的施工顺序。

1)柱、梁、板交替进行(采用钢模板)：柱钢筋→柱模板→柱混凝土→梁、板模板→梁、板钢筋→梁、板混凝土。

2)柱、梁、板同时进行(采用木胶合板模板)：柱钢筋→柱、梁、板模板→柱混凝土→梁、板钢筋→梁、板混凝土。

柱、梁、板的支模、绑钢筋、浇混凝土工程量大，劳动力和材料消耗多，对工程质量和工期起决定作用，因而需把多层框架分成若干个施工段，组织平面上和竖向上的流水施工。

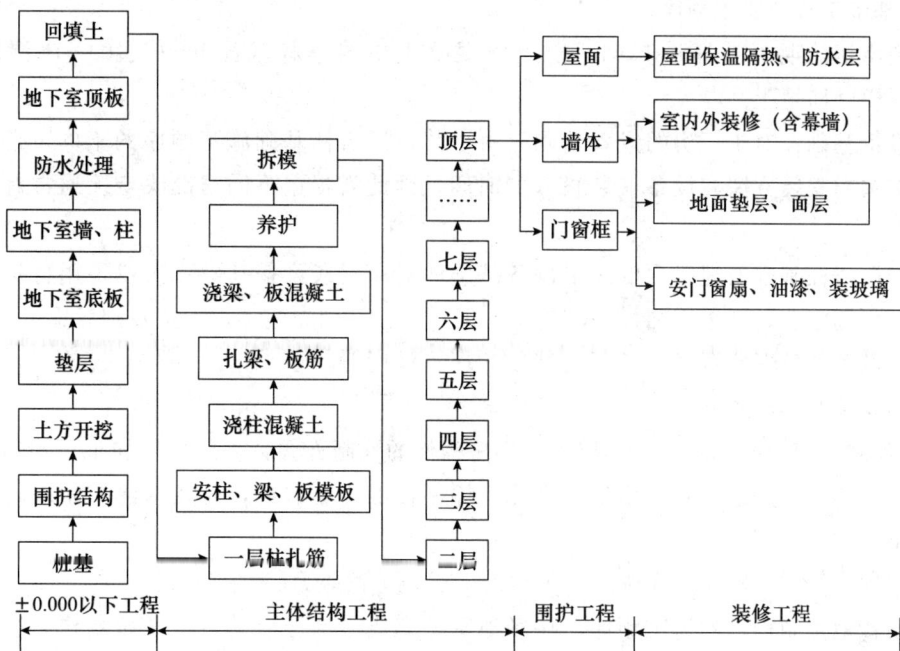

图 6-10 多层全现浇钢筋混凝土结构房屋的施工顺序

(3)围护工程的施工顺序。围护工程包括墙体工程、安装门窗框和屋面工程。

1)墙体工程包括脚手架的搭、拆和墙体砌筑等分项工程；

2)墙体砌筑与门窗框安装施工采用流水施工方式来组织施工，工程量大、资源供应有保障、工期要求紧时可考虑平行和搭接施工方式；

3)屋面工程、墙体工程应密切配合，屋面工程的施工顺序与混合结构居住房屋屋面工程的施工顺序相同。

(4)装修工程的施工顺序。其顺序与多层混合结构居住房屋的施工顺序基本相同。

5. 装配式单层工业厂房的施工顺序

装配式单层工业厂房的施工顺序如图 6-11 所示。

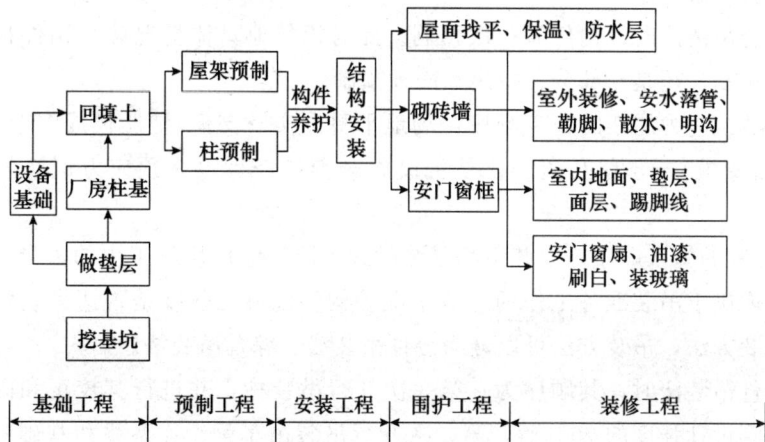

图 6-11 装配式单层工业厂房的施工顺序

(1)基础工程的施工顺序。

1)现浇钢筋混凝土杯形基础：挖土→混凝土垫层→杯基扎筋→支模→浇混凝土→养护→拆模→回填土。

2)设备基础：对于厂房的设备基础，由于其与厂房柱基础施工顺序的不同，常常会影响主体结构的安装方法和设备安装投入的时间，因此需根据不同情况决定。通常有以下两种方案：

①当厂房柱基础的埋置深度大于设备基础埋置深度或设备基础不大或采用特殊施工方法或冬(雨)期施工，则采用"封闭式"施工，即厂房柱基础先施工，设备基础后施工。

②当设备基础埋置深度大于厂房基础的埋置深度时，通常采用"敞开式"施工，即厂房柱基础和设备基础同时施工。

(2)预制工程的施工顺序。单层工业厂房构件的预制方式，一般采用加工厂预制和现场预制相结合的方法。通常对于质量较大或运输不便的大型构件，可在拟建车间现场就地预制。中小型构件可在加工厂预制。

预制构件的施工顺序：先施工非预应力，后施工预应力(先张/后张)。

现场就地预制构件的施工顺序：在场地平整完成一部分后就可以开始制作，注意根据构件的安装方法、起重机性能及构件的制作方法确定构件在平面上的布置、制作的流向和先后次序。

在具体确定预制方案时，应结合构件技术特征、当地加工厂的生产能力、工期要求，以及现场施工、运输条件等因素进行技术经济分析之后确定。一般来说，预制构件的施工顺序与结构吊装方案有关。

当采用分件吊装法时，预制构件的施工有以下三种方案：

1)当场地狭小而工期又允许时，构件预制可分别进行。首先预制柱和吊车梁，待柱和梁安装完毕再进行屋架预制。

2)当场地宽敞时，柱、梁预制完后即进行屋架预制。

3)当场地狭小而工期又紧时，可将柱和梁等预制构件在拟建车间内就地预制，同时在拟建车间外进行屋架预制。

当采用综合吊装法时，构件需一次预制。此时视场地具体情况确定构件是全部在拟建车间内部就地预制，还是一部分在拟建车间外预制。

现场后张法预应力屋架的施工顺序：场地平整夯实→支模(地胎模成多节脱模)→扎筋(有时先扎筋后支模)→预留孔道→浇筑混凝土→养护→拆模→预应力钢筋张拉→锚固→灌浆。

(3)安装工程的施工顺序。安装工程是装配式单层工业厂房施工中的主导工程，构件开始吊装的日期取决于吊装准备工作的完成情况和构件混凝土强度是否达吊装强度，吊装的顺序取决于吊装方法，吊装方法可以分为分件吊装法、综合吊装法。

1)采用分件吊装法时，其顺序为：第一次开行吊装柱，并进行其校正和固定，待接头混凝土强度达到设计强度的70%后，第二次开行吊装吊车梁、连系梁和基础梁，第三次开行吊装屋盖构件。

2)采用综合吊装法时，其顺序为：先吊装第一节间四根柱，迅速校正和临时固定，再安装吊车梁及屋盖等构件，如此依次逐个节间安装，直至整个厂房安装完毕。

抗风柱的吊装可采用两种顺序：一是在吊装柱的同时先安装同跨一端抗风柱，另一端则在屋盖吊装完毕后进行；二是全部抗风柱的吊装均等屋盖吊装完毕后进行。

（4）围护工程的施工顺序。围护工程与现浇钢筋混凝土结构房屋基本相同，围护工程阶段的施工包括内外墙体砌筑、搭脚手架、安装门窗框和屋面工程等。在厂房结构安装工程结束后，或安装完一部分区段后即可开始内外墙砌筑工程的分段施工。此时，不同的分项工程之间可组织立体交叉平行流水施工，砌筑一完成，即开始屋面施工。

（5）装修工程的施工顺序。装修工程的施工分为室内装修（地面的整平、垫层、面层、门窗扇安装、玻璃安装、油漆、刷白等）和室外装修（勾缝、抹灰、勒脚、散水坡等）。

一般单层厂房的装修工程不占用总工期，常与其他施工过程穿插进行。

（6）设备安装。水、暖、电、卫安装工程与混合结构居住房屋的施工顺序基本相同，但应注意空调设备安装的安排。生产设备的安装，一般由专业公司承担，由于专业性强、技术要求高，应遵照有关专业顺序进行。

上面所述的施工过程和顺序，仅适用于一般情况。建筑施工是一个复杂的过程，对每一个单位工程，必须根据其施工特点和具体情况，合理地确定施工顺序，最大限度地利用空间，争取时间，为此应组织立体交叉平行流水施工，以期达到时间和空间的充分作用。

七、选择施工方法和施工机械

选择施工方法和施工机械是施工方案中的关键问题，它直接影响施工进度、施工质量和安全以及工程成本。编制施工组织设计时，必须根据工程的建筑结构、抗震要求、工程量的大小、工期长短、资源供应情况、施工现场的条件和周围环境，制订可行方案，并且进行技术经济比较，确定最优方案。

1. 选择施工方法

选择施工方法时，应着重考虑影响整个单位工程施工的分部分项工程，如工程量大且在单位工程中占重要地位的分部分项工程，施工技术复杂或采用新技术、新工艺及对工程质量起关键作用的分部分项工程和不熟悉的特殊结构工程，或由专业施工单位施工的特殊专业工程；而对于按照常规做法和工人熟悉的分部分项工程，则不必详细拟订，只要提出应注意的特殊问题即可。

通常，施工方法选择的内容如下：

（1）土方工程。

1）计算土方工程量，确定土方开挖或爆破方法，选择土方施工机械。

2）确定放坡坡度系数或土壁支撑形式和打设方法。

3）选择排除地面、地下水的方法，确定排水沟、集水井或井点布置。

4）确定土方平衡调配方案。

（2）基础工程。

1）浅基础中垫层、混凝土基础和钢筋混凝土基础施工的技术要求，以及地下室施工的技术要求。

2)桩基础施工的施工方法以及施工机械选择。

(3)砌筑工程。

1)墙体的组砌方法和质量要求。

2)弹线和皮数杆的控制要求。

3)脚手架搭设方法及安全网的挂设方法。

4)选择垂直和水平运输机械。

(4)钢筋混凝土工程。

1)模板工程：类型、支承方法。

2)钢筋工程：加工范围、加工方法、安装方法。

3)混凝土工程：搅拌运输方法、配合比控制、浇筑顺序、振捣方法、施工缝位置、养护方法。

4)确定预应力混凝土的施工方法、控制应力和张拉设备。

(5)安装工程。

1)构件尺寸、自重、安装高度。

2)吊装方法、机械型号、开行路线。

3)吊装顺序，运输、装卸、堆放方法。

4)吊装对道路的要求。

(6)屋面工程。

1)屋面工程各分项工程施工的操作要求。

2)屋面材料的运输方式。

(7)装修工程。

1)施工工艺的确定。

2)施工工艺流程安排。

3)装修材料的场内运输，减少临时搬运的措施。

(8)垂直及水平运输。

1)标准层垂直运输量计算。

2)垂直运输方式的选择及其型号、数量、布置、服务范围、穿插班次。

3)水平运输方式的选择及设备的型号、数量。

4)地面及楼面水平运输设备的行驶路线。

(9)特殊项目。

1)"四新"项目应单独编制施工方案。

2)大型分包项目应由分包单位提出施工方法与技术要求。

2. 选择施工机械

施工机械的选择是施工方法选择的中心环节，选择内容包括机械的类型、型号和数量。选择施工机械时，应着重考虑以下几方面：

(1)选择施工机械时，应首先根据工程特点选择适宜的主导工程的施工机械。如在选择装配式单层工业厂房结构安装用的起重机类型时，当工程量较大而集中时，可以采用生产率较高的塔式起重机；但当工程量较小或工程量虽大却相当分散时，则采用自行无轨式起重机较经济。

（2）各种辅助机械或运输工具应与主导机械的生产能力协调配套，以充分发挥主导机械的效率。

（3）在同一工地上，应力求建筑机械的种类和型号尽可能少一些，以利于机械管理。为此，工程量大且分散时，宜采用多用途机械施工，如挖土机械既可用于挖土，又能用于装卸、起重和打桩。

（4）机械选择应考虑充分发挥施工单位现有机械的能力。若本单位的机械能力不能满足工程需要，则应购置或租赁所需新型机械或多用途机械。

八、施工方案的技术经济评价

（1）定性技术经济评价。施工方案的定性技术经济评价是结合施工实际经验，对若干施工方案的优缺点进行分析比较。如技术上是否可行、施工复杂程度和安全可靠性如何、劳动力和机械设备能否满足需要、是否能充分发挥现有机械的作用、保证质量的措施是否完善可靠、对冬期施工带来多大困难等。

（2）定量技术经济评价。施工方案的定量技术经济评价是通过计算各方案的几个主要技术经济指标，进行综合比较分析选择技术指标较佳的方案。

定量技术经济的指标通常有以下几种：

1）工期指标。当要求工程尽快完成以便尽早投入生产或使用时，选择施工方案就要在确保工程质量、安全和成本较低的条件下，优先考虑缩短工期。

2）劳动量指标。它能反映施工机械化程度和劳动生产率水平。通常，方案中劳动消耗越小，机械化程度和劳动生产率越高。劳动量指标以工日数计算。

3）主要材料消耗指标。它能反映若干施工方案的主要材料节约的情况。

4）成本指标。反映施工方案的成本高低，一般需计算方案所用直接费和间接费。成本指标 C 可由下式计算：

$$C＝直接费×（1＋综合费费率）$$
$$直接费＝定额直接费×（1＋其他直接费费率）$$

式中，C 为完成某项工程所需的总成本；综合费费率应考虑间接费、技术装备费或某些其他费用。

5）投资额指标。当选定的施工方案需要增加新的投资时，则需设增加投资额的指标，进行比较。

单元四　　单位工程施工进度计划

单位工程施工进度计划是在既定施工方案的基础上，根据规定工期和各种资源供应条件，按照施工过程的合理施工顺序及组织施工的原则，用横道图或网络图，对一个工程从开始施工到工程全部竣工（包括土建施工、结构吊装、设备吊装等不同施工内容），确定其全部施工进程在时间上和空间上的安排和相互之间的配合关系。

一、施工进度计划的作用和分类

1. 施工进度计划的作用

(1)控制施工项目的施工进度,保证在规定的工期内保质、保量地完成工程任务。

(2)确定各施工过程的施工顺序、持续时间及相互衔接、穿插、平行搭接和合理配合、制约关系。

(3)施工进度计划是编制其他计划的依据:

1)季度、月、旬生产作业计划;

2)各项资源需要量计划;

3)施工准备工作计划。

(4)对施工项目的施工起指导作用。

2. 施工进度计划的分类

(1)控制性施工进度计划。

1)按分部工程划分施工项目,控制各分部工程的施工时间、互相配合与搭接关系。

2)适用于大型、复杂、工期长,资源供应不落实,结构可能变化等工程。

3)各分部工程的施工条件基本落实后,在施工前还应编制指导性施工进度计划。

(2)指导性施工进度计划(实施性施工进度计划)。

1)按分项工程或施工过程划分施工项目,具体确定各主要施工过程的施工时间、互相配合与搭接关系。

2)适用于施工任务具体而明确、施工条件基本落实、资源供应正常、工期不太长的工程。

二、施工进度计划的编制依据和程序

1. 施工进度计划的编制依据

(1)施工图纸及技术资料;

(2)施工组织总设计对本工程的有关规定;

(3)施工工期要求;

(4)施工条件,劳动力、材料、构件及机械的供应条件,分包单位情况;

(5)主要分部分项工程的施工方案;

(6)施工定额;

(7)其他有关要求和资料。

2. 施工进度计划的编制程序

施工进度计划的编制程序如图 6-12 所示。

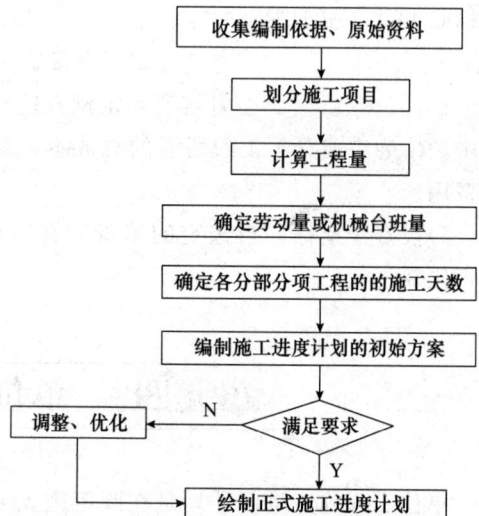

图 6-12　施工进度计划的编制程序

三、施工进度计划的表示方法

施工进度计划一般用图表来表示，通常有横道图和网络图两种形式。

(1)横道图形象直观地表示各工序的工程量，劳动量，施工队组的工种、人数，施工的持续时间、起止时间。

(2)网络图表示各工序间的相互制约、依赖的逻辑关系和关键线路等。

四、施工进度计划的编制

1. 划分施工过程

编制施工进度计划时，首先应按照施工图纸和施工顺序将拟建单位工程的各个施工过程列出，并结合施工方法、施工条件、劳动组织等因素，加以适当调整，使其成为编制施工进度计划所需的施工过程。

通常施工进度计划表中只列出直接在建筑物(或构筑物)上进行施工的砌筑安装类施工过程，而不列出构件制作和运输过程。

在确定施工过程时，应注意以下几个问题：

(1)施工过程划分的粗细程度，主要根据单位工程施工进度计划的客观作用。对控制性施工进度计划，项目划分得粗一些，通常只列出分部工程名称。如混合结构居住房屋的控制性施工进度计划，只列出基础工程、主体结构工程、屋面工程和装修工程四个施工过程。

(2)施工过程的划分要结合所选择的施工方案。如结构安装工程，若采用分件吊装法，则施工过程的名称、数量和内容及其安装顺序应按照构件来确定；若采用综合吊装法，则施工过程应按施工单元(节间、区段)来确定。

(3)注意适当简化施工进度计划内容，避免工程项目划分过细、重点不突出。

(4)水、暖、电、卫工程和设备安装工程通常由专业机构负责施工。因此，在施工进度计划中，只要反映这些工程与土建工程如何配合即可，不必细分。

(5)所有施工过程应大致按施工顺序先后排列，所采用的施工项目名称可参考现行定额上的项目名称。

总之，划分施工过程要粗细得当。最后，根据所划分的施工过程列出分部分项工程一览表，如表6-5所示。

表6-5　分部分项工程一览表

序号	分部分项工程名称	序号	分部分项工程名称
一	地下室工程	4	回填土
1	挖土	二	大模板主体结构工程
2	混凝土垫层	5	壁板吊装
3	地下室顶板	……	……

2. 计算工程量

计算工程量时，一般可以直接采用施工图预算的数据，但应注意有些项目的工程量应按实际情况做适当调整。如计算柱基土方工程量时，应根据土壤的级别和采用的施工方法（单独基坑开挖、基槽开挖还是大开挖，放边坡还是加支撑）等实际情况进行计算。

工程量计算时应注意以下几个问题：

(1)各分部分项工程的工程量计算单位应与现行定额手册中所规定的单位一致，以避免计算劳动力、材料和机械数量时进行换算，产生错误。

(2)结合选定的施工方法和安全技术要求计算工程量。

(3)结合施工组织要求，按分区、分项、分段、分层计算工程量。

(4)直接采用预算文件中的工程量时，应按施工过程的划分情况将预算文件中有关项目的工程量汇总。

3. 套用施工定额

时间定额(H_i)：某种专业、技术等级的工人小组或个人在合理技术组织条件下，完成单位合格的建筑产品所必需的工作时间。单位：工日/m^3、工日/m^2、工日/t 等。

$$H_i = \frac{1}{S_i}$$

产量定额(S_i)：在合理技术组织条件下，某种专业、技术等级的工人小组或个人，在单位时间内所应完成合格的建筑产品的数量。单位：m^3/工日、m^2/工日、t/工日等。

综合定额：当某分项工程由几个部分工程组成或施工进度计划中所列项目与施工定额中的项目内容不一致时，可采用综合产量定额或综合时间定额计算。

综合产量定额：

$$S = \frac{\sum_{i=1}^{n} Q_i}{\sum_{i=1}^{n} P_i}$$

综合时间定额：

$$H = \frac{1}{S}$$

式中，

$$\sum_{i=1}^{n} Q_i = Q_1 + Q_2 + Q_3 + \cdots + Q_n$$

$$\sum_{i=1}^{n} P_i = P_1 + P_2 + P_3 + \cdots + P_n = \frac{Q_1}{S_1} + \frac{Q_2}{S_2} + \frac{Q_3}{S_3} + \cdots + \frac{Q_n}{S_n}$$

【例 6-1】某工程外墙装饰有外墙涂料、真石漆、贴面砖三种做法，其工程量分别为850.5 m^2、500.3 m^2、320.3 m^2，采用的产量定额分别为 7.56 m^2/工日、4.35 m^2/工日、4.05 m^2/工日。计算它们的综合产量定额。

解：综合产量定额：

$$S = \frac{\sum_{i=1}^{n} Q_i}{\sum_{i=1}^{n} P_i} = \frac{850.5 + 500.3 + 320.3}{\dfrac{850.5}{7.56} + \dfrac{500.3}{4.35} + \dfrac{320.3}{4.05}} = 5.45 (m^2 / 工日)$$

4. 确定劳动量和机械台班量

劳动量和机械台班量应当根据各分部分项工程的工程量、施工方法和现行的施工定额，并结合当时当地的具体情况加以确定。

(1)根据各分部分项工程的工程量、施工方法和现行的施工定额，结合施工单位的实际情况，即可计算各分部分项工程的劳动量。

$$P_i = \frac{Q_i}{S_i} = Q_i \cdot H_i$$

式中　　P_i——施工过程所需劳动量(工日)、机械台班量；

　　　　Q_i——施工过程工程量(m^3、m^2、m、t)；

　　　　S_i——施工过程的产量定额(m^3/工日、m^2/工日、t/工日)；

　　　　H_i——施工过程的时间定额(工日/m^3、工日/m^2、工日/t)。

(2)某一施工过程由两个或两个以上不同分项工程合并组成时，其总劳动量或总机械台班量按下式计算：

$$P_总 = \sum_{i=1}^{n} P_i = P_1 + P_2 + P_3 + \cdots + P_n$$

【例 6-2】某基础工程土方开挖，采用人工挖土，工程量为 600 m^3，产量定额为 4 m^3/工日。计算完成该基础工程开挖所需的劳动量。

解：

$$P = \frac{Q}{S} = \frac{600}{4} = 150(工日)$$

【例 6-3】某基础工程土方开挖，采用 W-100 型反铲挖土机开挖，工程量为 2 200 m^3，经计算的机械台班产量为 120 m^3/台班。计算完成该基础工程开挖所需的机械台班量。

解：

$$P = \frac{Q}{S} = \frac{2\,200}{120} = 18.33(台班)$$

取 18.5 台班。

【例 6-4】某钢筋混凝土杯形基础施工，其支设模板、绑扎钢筋、浇筑混凝土三个施工过程的工程量分别为 600 m^2、5 t、250 m^3，查劳动定额得其时间定额分别为 0.253 工日/m^2、5.28 工日/t、0.833 工日/m^3，计算完成该钢筋混凝土基础施工所需的劳动量。

解：

$$P_模 = 600 \times 0.253 = 151.8(工日)$$
$$P_筋 = 5 \times 5.28 = 26.4(工日)$$
$$P_{混凝土} = 250 \times 0.833 = 208.3(工日)$$
$$P_{杯基} = P_模 + P_筋 + P_{混凝土}$$
$$= 151.8 + 26.4 + 208.3 = 386.5(工日)$$

(3)施工进度计划所列项目与施工定额所列项目的工作内容不一致的情况：对于有些采用新技术或特殊的施工方法的定额，在定额手册中未列入的定额可参考类似项目或实测确定。

【例 6-5】某工程外墙装饰有外墙涂料、真石漆、贴面砖三种做法，其工程量分别为

$850.5~m^2$、$500.3~m^2$、$320.3~m^2$，采用的产量定额分别为 $7.56~m^2/$工日、$4.35~m^2/$工日、$4.05~m^2/$工日。计算它们的综合产量定额，并求外墙面装饰所需劳动量。

解：综合产量定额：

$$S = \frac{\sum_{i=1}^{n} Q_i}{\sum_{i=1}^{n} P_i} = \frac{850.5 + 500.3 + 320.3}{\dfrac{850.5}{7.56} + \dfrac{500.3}{4.35} + \dfrac{320.3}{4.05}} = 5.45 (m^2/工日)$$

计算所需劳动量：

$$P_{外墙装饰} = \frac{\sum_{i=1}^{n} Q_i}{S} = \frac{850.5 + 500.3 + 320.3}{5.45} = 306.6 (工日)$$

对于"其他工程"项目所需劳动量，可根据其内容和数量，并结合工地具体情况，以占总劳动量的百分比(一般为 10%～20%)计算。

水、暖、电、卫、设备安装工程项目，一般不计算劳动量和机械台班量，仅安排与一般土建工程配合的进度。

5. 确定各分部分项工程的施工天数

计算各分部分项工程施工天数的方法有以下两种：

(1)根据施工项目经理部计划配备在该分部分项工程上的施工机械数量和各专业工人人数确定。其计算公式如下：

$$t = \frac{P}{RN}$$

式中　　t——完成某分部分项工程的施工天数；

　　　　P——某分部分项工程所需的机械台班量或劳动量；

　　　　R——每班安排在某分部分项工程上施工机械台数或劳动人数；

　　　　N——每天工作班次。

(2)根据工期要求倒排进度。根据规定总工期和施工经验，确定各分部分项工程的施工时间，再按各分部分项工程需要的劳动量或机械台班量，确定每一分部分项工程每个工作班所需的工人数或机械台数，此时可将上式变化为

$$R = \frac{P}{tN}$$

6. 编制施工进度计划的初始方案

编制施工进度计划时，必须考虑各分部分项工程的合理施工顺序，尽可能组织流水施工，力求主要工种的工作队连续施工。方法如下：

(1)划分主要施工阶段(分部分项工程)，组织流水施工。配合主要施工阶段，安排其他施工联合体(分部分项工程)的施工进度。

(2)按照工艺的合理性和工序间尽量穿插、搭接或平行作业方法，将各施工阶段(分部分项工程)的流水施工图表最大限度地搭接起来，即得单位工程施工进度计划的初始方案。

7. 施工进度计划的检查与调整

为了使初始方案满足规定的目标，一般进行以下检查与调整：

(1)各施工过程的施工顺序、平行搭接和技术间歇是否合理。

(2)工期方面：初始方案的总工期是否满足连续、均衡施工。

(3)劳动力方面：主要工种工人是否满足连续、均衡施工。

(4)物资方面：主要机械、设备、材料等的利用是否均衡，施工机械是否充分利用。

经过检查，对不符合要求的部分，可采用增加或缩短某些分部分项工程的施工时间；在施工顺序允许的情况下，将某些分部分项工程的施工时间向前或向后移动；必要时，改变施工方法或施工组织等方法进行调整。

单元五　施工准备工作及各项资源需要量计划

施工准备工作是完成施工任务的重要保证。全场性施工准备工作应根据已拟订的工程开展程序和主要项目的施工方案来编制，其主要内容为：安排好场地平整方案、全场性排水及防洪、场内外运输、水电来源及引入方案；安排好生产和生活基地建设；安排好建筑材料、构件等的货源、运输方式、储存地点及方式；安排好现场区域内的测量工作、永久性标志的设置；安排好新技术、新工艺、新材料、新结构的试制试验计划；安排好各项季节性施工的准备工作；安排好施工人员的培训工作等。

单位工程施工进度计划编制完成后，可以着手编制各项资源需要量计划，这是确定施工现场的临时设施，按计划供应材料、配备劳动力、调动施工机械，以保证施工按计划顺利进行的主要依据。

一、施工准备工作计划

为了保证施工进度计划的实施，根据已确定的施工方案、施工方法及进度计划的要求，编制施工准备工作计划(表 6-6)，其主要内容包括技术准备、现场准备、资源准备及其他准备工作等。

表 6-6　施工准备工作计划表

序号	施工准备工作项目	工程量		简要内容	负责单位或负责人	起止日期		备注
		单位	数量			日/月	日/月	

二、各项资源需要量计划

资源需要量计划指的是施工所需要的劳动力、主要材料、构件、半成品及施工机械计划。各项资源需要量计划应在单位工程施工进度计划编制好后，按施工进度计划、施工图纸及工程量等资料进行编制。

编制这些计划，不仅可以保证施工进度的顺利实施，也为做好各种资源的供应、调配、落实提供了依据。

1. 劳动力需要量计划

劳动力需要量计划主要是作为安排劳动力、调配和衡量劳动力耗用指标、安排生活福利设施的依据，其编制方法是将施工进度计划表内所列各施工过程每天（或旬、月）所需工人人数按工种汇总而得。其表格形式见表 6-7。

表 6-7 劳动力需要量计划表

序号	工种名称	劳动量/工日	×月					×月				
			1	2	3	4	……	1	2	3	4	……

2. 主要材料需要量计划

主要材料需要量计划是备料、供料和确定仓库、堆场面积及组织运输的依据，其编制方法是将施工进度计划表中各施工过程的工程量，按材料品种、规格、数量、使用时间计算汇总而得。其表格形式见表 6-8。

表 6-8 主要材料需要量计划表

序号	材料名称	规格	需要量		供应时间	备注
			单位	数量		

当某分部分项工程是由多种材料组成时，应按各种材料分类计算，如混凝土工程应换算成水泥、砂、石、外加剂和水的数量列入表格。

3. 构件和半成品需要量计划

建筑结构构件、配件和其他加工半成品的需要量计划主要用于落实加工订货单位，并按照所需规格、数量、时间，组织加工、运输和确定仓库或堆场，可根据施工图纸和施工进度计划编制。其表格形式见表 6-9。

表 6-9 构件和半成品需要量计划表

序号	构件名称	规格	图号	需要量		使用部位	加工单位	供应日期	备注
				单位	数量				

4. 施工机械需要量计划

施工机械需要量计划主要用于确定施工机具类型、数量、进场时间，可据此落实施工机具来源，组织进场。其编制方法为：将单位工程施工进度表中的每一个施工过程，每天所需的机械类型、数量和施工日期进行汇总，即得施工机械需要量计划。其表格形式见表 6-10。

表 6-10 施工机械需要量计划表

序号	机械名称	规格型号	需要量		货源	使用起止日期	备注
			单位	数量			

单元六　单位工程施工平面图设计

单位工程施工平面图是对一个施工项目的施工现场的平面规划和空间布置图。它是根据工程规模、特点和施工现场的条件，按照一定的设计原则，来正确地解决施工期间所需的各种暂设工程和其他业务设施等同永久性工程和拟建工程之间的合理位置关系。单位工程施工平面图的绘制比例一般为 1∶500～1∶200。

一、单位工程施工平面图的设计内容

(1)已建和拟建的地上地下的一切建筑物、构筑物及其他设施的位置和尺寸。

(2)测量放线标桩位置、地形等高线和土方取弃场地。

(3)自行式起重机开行路线、轨道式起重机的轨道布置和固定式垂直运输设备位置。

(4)各种搅拌站、加工厂以及材料构件机具的仓库堆场。

(5)生产生活用临时设施的布置(名称、面积、位置)。

(6)一切安全及消防设施的位置。

(7)场内道路的布置和引入的铁路、公路和航道位置。

(8)临时给排水管线、供电线路、蒸气及压缩空气管道等布置。

二、单位工程施工平面图的设计依据

1. 设计和施工组织设计时所依据的有关拟建工程的当地原始资料

(1)自然条件调查资料。气象、地形、水文及工程地质资料。主要用于布置地表水和地下水的排水沟,确定易燃、易爆及有碍人体健康的设施的布置,安排冬(雨)期施工期间所需设备的地点。

(2)技术经济调查资料。交通运输、水源、电源、物资资源,生产和生活基地情况。它对布置水、电管线和道路等具有重要作用。

2. 设计资料

(1)建筑总平面图。图上包括一切地上、地下拟建和已建的房屋和构筑物,它是确定临时房屋和其他设施位置,以及修建工地运输道路和解决排水等所需的资料。

(2)一切已有和拟建的地下、地上管道位置。

(3)区域的竖向设计和土方平衡图。它们在布置水、电管线和安排土方的挖填、取土或弃土地点时非常有用。

(4)施工项目的有关施工图设计资料。

3. 施工资料

(1)单位工程施工进度计划。从中可了解各个施工阶段的情况,以便分阶段布置施工现场。

(2)施工方案。据此可确定垂直运输机械和其他施工机具的位置、数量和规划场地。

(3)各种材料、构件、半成品等需要量计划,以便确定仓库和堆场的面积、形式和位置。

三、单位工程施工平面图的设计原则

(1)在保证施工顺利进行的前提下,现场布置尽量紧凑,节约用地。

(2)合理布置施工现场的运输道路及各种材料堆场、加工厂、仓库位置和各种机具的位置,尽量使运距最短,从而减少或避免二次搬运。

(3)力争减少临时设施的数量,降低临时设施费用。

(4)临时设施的布置,尽量便利工人的生产和生活,使工人到施工区距离最近,往返时间最少。

(5)应符合劳动保护、安全生产、消防、环保、市容等要求。

四、单位工程施工平面图的设计步骤与方法

1. 单位工程施工平面图的设计步骤

单位工程施工平面图设计的一般步骤如图 6-13 所示。

2. 确定垂直运输机械的位置

起重机位置的确定直接影响施工设备、临时加工场地以及各种材料、构件的仓库和堆场的位置的布置，也影响场地道路及水电管网的布置。它是施工现场全局的中心环节，必须首先确定。由于不同的起重机性能及使用要求不同，平面布置的位置也不相同。

塔式起重机可分为固定式、轨道式、附着式和内爬式四种。

(1)固定式塔式起重机的布置方案如图 6-14 所示。固定式和附着式塔式

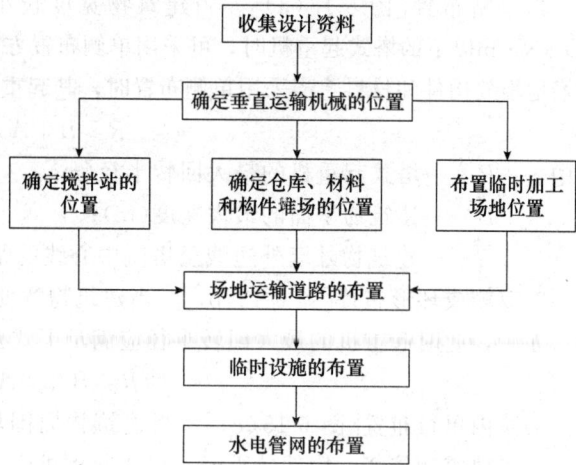

图 6-13　单位工程施工平面图设计的一般步骤

起重机无须铺设轨道，宜将其布置在需吊装材料和构件堆场　侧，从而将其布置在起重机的服务半径之内。内爬式起重机布置在建筑物的中间，通常设置在电梯井内。

在确定塔式起重机服务范围时，最好将建筑物平面尺寸包括在塔式起重机服务范围内，以保证各种构件与材料直接运到建筑物的设计部位上，尽可能不出现死角，如果实在无法避免，则要求死角越小越好，同时在死角上应不出现吊装最重、最高的预制构件。

注意：

1)当建筑物各部位的高度相同时，布置在施工段分界处；当各部位高度不同时，布置在分界处较高一侧。

2)以布置在窗口处为宜。

3)固定式塔式起重机一般布置在建筑物中心或建筑物长边的中间。

4)控制台的位置不能离起重机过近，以便操作人员看到整个升降过程。

(2)轨道式起重机的布置。轨道式起重机可沿轨道两侧全幅作业范围进行吊装，是一种集起重、垂直提升、水平输送三种功能为一体的机械设备。通常轨道布置方式有以下四种方案，如图 6-15 所示。

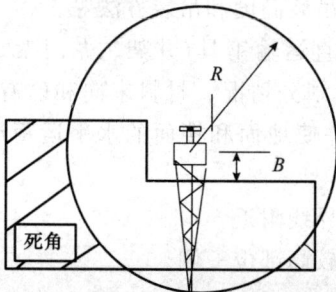

图 6-14　固定式塔式起重机的布置方案

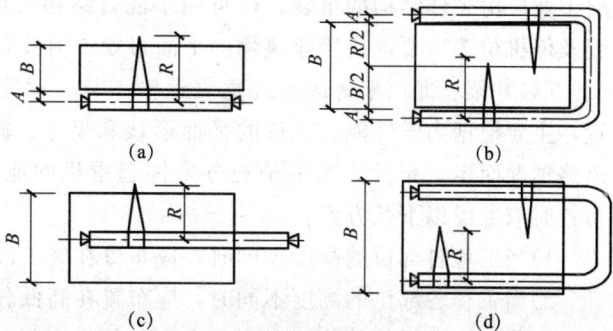

图 6-15　轨道布置方式四种方案

(a)单侧布置；(b)双侧或环形布置；(c)跨内单行布置；

(d)跨内环形布置

1）单侧布置[图 6-15（a）]。当建筑物宽度较小、构件质量不大时，选择起重力矩在 450 kN·m 以下的塔式起重机时，可采用单侧布置方式。其优点是轨道长度较短，并有较宽敞的场地堆放构件和材料。当采用单侧布置时，其起重机的最大回转半径 R 应满足下式要求：

$$R \geqslant B+A$$

式中　　R——塔式起重机的最大回转半径（m）；

B——建筑物平面的最大宽度（m）；

A——建筑物外墙外边线至塔轨中心线的距离。

2）双侧或环形布置[图 6-15（b）]。当建筑物宽度较大、构件质量较大时，应采用双侧或环形布置，此时起重机的最大回转半径应满足下式要求：

$$R \geqslant B/2+A$$

3）跨内单行布置[图 6-15（c）]。当建筑物周围场地狭窄，不能在建筑物外侧布置轨道时，或当建筑物较宽、构件较重时，塔式起重机应采用跨内单行布置，才能满足技术要求，此时起重机的最大回转半径应满足下式：

$$R \geqslant B/2$$

4）跨内环形布置[图 6-15（d）]。塔式起重机的位置及尺寸确定之后，应当复核起重量、回转半径、起重高度三项工作参数是否能够满足建筑物的吊装技术要求，若复核不能满足要求，则调整上述各公式中 A 的距离。若 A 已是最小安全距离，则必须采取其他的技术措施，最后绘制出塔式起重机服务范围。以塔轨两端有效端点的轨道中心为圆心，以最大回转半径为半径画出两个半圆，连接两个半圆，即为塔式起重机服务范围，如图 6-16 所示。

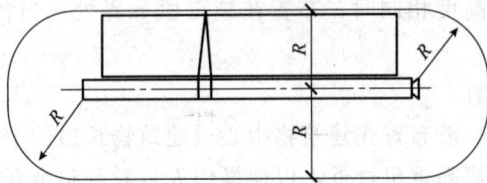

图 6-16　塔式起重机服务范围

（3）自行无轨式起重机。自行无轨式起重机分履带式、轮胎式和汽车式三种起重机。它一般不作垂直提升和水平运输之用，专作构件装卸和起吊各种构件之用，适用于装配式单层工业厂房主体结构的吊装，也可用于混合结构大梁等较重构件的吊装。其吊装的开行路线及停机位置主要取决于建筑物的平面布置、构件质量、吊装高度和吊装方法等。

（4）井架、龙门架等固定式垂直运输工具。固定式垂直运输工具（井架、龙门架）的布置，主要根据力学性能、工程的平面形状和尺寸、施工段划分情况、材料来向和已有运输道路情况而定。布置的原则是充分发挥起重机的能力，并使地面和楼面的水平运距最小。布置时应考虑以下几方面：

1）当工程各部位的高度相同时，应布置在施工段的分界线附近。

2）当工程各部位的高度不同时，应布置在高低分界线较高部位一侧。

3）井架、龙门架的位置以布置在窗口处为宜。

4）井架、龙门架的数量要根据施工进度、垂直提升的构件和材料数量、台班工作效率等因素计算确定，其服务范围一般为 50～60 m。

5）卷扬机的位置不应距离起重机太近，以便操作人员的视线能够看到整个升降过程。

一般要求此距离大于建筑物的高度，水平距外脚手架 3 m 以上。

6）井架应立在外脚手架之外并有一定距离为宜，一般为 5～6 m。

（5）外用施工电梯。外用施工电梯是一种安装于建筑物外部，施工期间用于运送施工人员及建筑物器材的垂直运输机械，是高层建筑施工不可缺少的关键设备之一。在确定外用施工电梯的位置时，应考虑便利施工人员上下和物料集散。从电梯口到各施工处的平均距离应最近，便于安装附墙装置，接近电源，有良好的夜间照明。

（6）混凝土泵和泵车。高层建筑施工中，混凝土的垂直运输量巨大，通常采用泵送方法进行。混凝土泵是在压力推动下沿管道输送混凝土的一种设备，它能一次连续完成水平运输和垂直运输，配以布料杆或布料机还可以有效地进行布料和浇筑。混凝土泵布置时宜考虑设置在场地平整、道路畅通、供料方便且距离浇筑地点近，便于配管，排水、供水、供电方便的地方，并且在混凝土泵作用范围内不得有高压线。

3. 确定搅拌站、仓库、材料和构件堆场的位置

搅拌站、仓库、材料和构件的布置应尽量靠近使用地点或在起重机服务范围以内，并考虑运输和装卸料的方便。

根据起重机的类型，搅拌站、仓库、材料和构件堆场的布置，有以下几种：

（1）当采用固定式垂直运输机时，首层、基础和地下室所有的砖、石等材料宜沿建筑物四周布置，并距坑、槽边不小于 0.5 m，以免造成槽（坑）土壁的塌方事故，二层以上的材料、构件就布置在垂直运输机械的附近。

（2）当采用塔式起重机时，材料和构件堆场以及搅拌站出料口，应布置在塔式起重机有效服务范围内。

（3）当采用自行无轨式起重机时，材料、构件堆场、仓库及搅拌站的位置，应沿着起重机开行路线布置，且其位置应在起重臂的最大外伸长度范围内。

（4）混凝土搅拌机每台需有 25 m² 左右面积，冬季施工时，面积在 50 m² 左右；砂浆搅拌机每台需有 15 m² 左右面积，冬期施工时在 30 m² 左右。

4. 场地运输道路的布置

（1）道路作用：运输和消防。

（2）技术要求：

1）形状：环状、U 形状；

2）道路最小宽度：单车道 3～3.5 m，双车道 5.5～6 m；

3）最小回转半径：单车道 9～12 m，双车道 7 m，载重车 15 m；

4）道路末端要设置回车场；

5）高度：路面高于场地 100～150 mm，雨季起脊；

6）道路的做法：主干道应有排水措施，路面要硬化。

（3）布置要求：应满足材料、构件的运输要求；应满足消防要求；应尽量布置成环行道路；应尽量利用已有道路或拟建道路；应避开拟建工程和地下管道。

5. 行政管理、文化、生活、福利用临时设施的布置

临时设施分为生产性临时设施和非生产性临时设施，布置时应考虑以下原则：

（1）生产性临时设施（木工棚、钢筋加工棚）的位置，宜布置在建筑物四周稍远处，且应有一定的材料、成品的堆放场地。

（2）石灰仓库、淋灰池的位置应靠近搅拌站，并设在下风向。

（3）沥青堆放及熬制锅的位置应离开易燃仓库或堆场，并宜布置在下风向。

（4）办公室应靠近施工现场，设在工地入口处，工人休息室应设在工人作业区，宿舍应布置在安全的上风向，收发室宜布置在入口处等。

临时设施房屋面积定额参考见表6-11。

表6-11　临时设施房屋面积定额参考

序号	临时设施名称	单位	面积定额
1	办公室	m²/人	3.5
2	单层宿舍（双层床）	m²/人	2.6～2.8
3	食堂兼礼堂	m²/人	0.9
4	医务室	m²/人	0.06(≥30)
5	浴室	m²/人	0.10
6	俱乐部	m²/人	0.10
7	门卫室	m²/人	6～8

6. 水电管网的布置

（1）施工供水管网的布置。

1）施工用的临时给水管一般由建设单位的干管或自行布置的干管接到用水地点，布置时应力求管网总长度短，管径的大小和水龙头数目需视工程规模大小通过计算确定，管道可埋置于地下，也可以铺设在地面上，视当时的气温条件和使用期限的长短而定。其布置形式有环形、枝形、混合式三种。

2）供水管网应该按防火要求布置室外消火栓，消火栓应沿道路设置，距道路应不大于2 m，距建筑物外墙不应小于5 m，也不应大于25 m，消火栓的间距不应超过120 m，工地消火栓应设有明显的标志，且周围3 m以内不准堆放建筑材料。

3）为了排除地面水和地下水，应及时修通永久性下水道，并结合现场地形在建筑物周围设置排泄地面水和地下水沟渠。

（2）施工供电管网的布置。

1）为了维修方便，施工现场一般采用架空配电线路，且要求现场架空线与施工建筑物水平距离不小于10 m，线与地面距离不小于6 m，跨越建筑物或临时设施时，垂直距离不小于2.5 m。

2）线路宜布置在围墙边或路边，架空设置时电杆间距25～40 m，高度为4～6 m，距建筑物或脚手架不小于4 m，距塔式起重机所吊物体的边缘不小于2 m。

3）不能满足上述要求或在塔式起重机控制范围内时，宜埋设电缆，深度不小于0.6 m，电缆上下均需铺50 mm厚细砂，并覆盖砖等硬质保护层后再覆土，穿越道路或引出处需加设防护套管。

4）各用电器应单独设置开关箱。开关箱距用电器不得超过3 m，距分配电箱不超过30 m。

5）变压器：

①扩建工程：计算用电总数后供建设单位解决，不另设变压器；

②单独的新建工程：计算用电量后，选择变压器和导线截面及类型。

变压器应布置在现场边缘高压线接入处，距地面高度应大于 30 cm，远离交通要道口，在 2 m 以外，四周用高度大于 1.7 m 钢丝网围住，以确保安全。

6）单位工程施工用电应在全工地性施工总平面图中一并考虑。

施工平面图布置示例如图 6-17 所示。

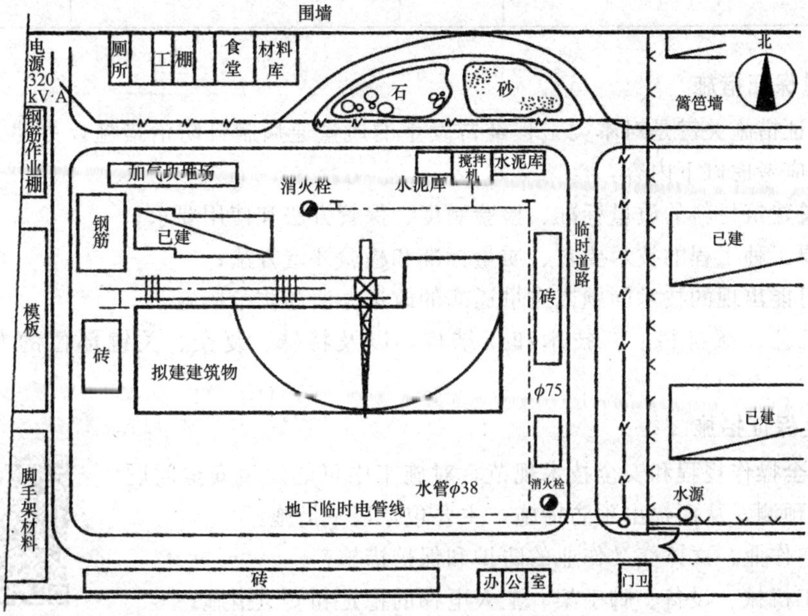

图 6-17　施工平面图布置示例

在整个施工过程中，工地上的实际布置情况是随时变动的。为此，对于大型建筑工程，施工期限较长或建筑工地较为狭窄的工程，需要按施工阶段来布置几张施工平面图，以便反映不同施工阶段内工地上的合理布置情况。

单元七　单位工程施工组织设计的技术经济分析

一、技术与组织措施

技术与组织措施是建筑安装企业施工组织设计的一个重要组成部分，它的目的是通过技术与组织措施确保工程的进度、质量和投资目标。

技术与组织措施主要包括质量保证措施、安全保证措施、进度保证措施、降低成本措施、季节性施工措施和文明施工措施等，其主要项目包括：怎样提高项目施工的机械化程度；采用先进的施工技术方法；选用简单的施工工艺方法和廉价质高的建筑材料；采用先进的组织管理方法提高劳动效率；减少材料消耗，节省材料费用；确保工程质量，防止返工等。各项技术与组织措施最终效果反映在加快施工进度、保证节省施工费用上。

单位工程的技术与组织措施应根据施工企业施工组织设计，结合具体工程条件，参照表 6-12 逐项拟订。

表 6-12　技术与组织措施计划

施工项目和内容	措施涉及的工程量		劳动量节约/工日	经济效果					执行单位及负责人
	单位	数量		降低成本额/元					
				材料费	工资	机械台班费	间接费	节约总额	

1. 质量保证措施

质量保证措施关键是对本类工程经常发生的质量通病制订防治措施，并建立质量保证体系。主要应考虑以下内容：

(1)有关建筑材料的质量标准、检验制度、保管方法和使用要求；

(2)主要工种工程的技术要求、质量标准和检验评定方法；

(3)对可能出现的技术问题或质量通病的改进办法和防范措施；

(4)新工艺、新材料、新技术和新结构，以及特殊、复杂、关键部位的专门质量措施等。

2. 安全保证措施

根据安全操作规程和安全技术规范，对施工中可能发生安全问题的环节进行预测，从而提出预防措施。主要包括以下措施：

(1)高空作业、立体交叉作业的防护和保护措施；

(2)施工机械、设备、脚手架、上人电梯的稳定和安全措施；

(3)防火、防爆措施；

(4)安全用电和机电设备的保护措施；

(5)防止中毒的措施；

危险性较大的分部分项工程安全管理规定

(6)预防自然灾害(防雷击、防台风、防洪水、防地震、防暑、防冻、防寒、防滑等)的措施；

(7)新技术、新材料、新结构、新工艺及特殊工程的专门安全措施等。

3. 进度保证措施

(1)建立进度控制目标体系，明确建设工程现场组织机构中进度控制人员及其职责分工。

(2)建立工程进度报告制度及进度信息沟通网络。

(3)建立进度计划审核制度和进度计划实施中的检查分析制度；建立进度协调会议制度，包括协调会议举行的时间、地点、参加人员等；建立图样审查、工程变更和设计变更管理制度。

(4)编制进度控制工作细则。

(5)采用网络计划技术及其他科学适用的计划方法，并结合电子计算机的应用，对建设工程进度实施动态控制。

4. 降低成本措施

在不影响工程质量、易于实施且能保证安全的前提下，主要包括以下措施：

(1)节约劳动力、材料的措施；

(2)节约机械设备费、工具费、临时设施费、间接费和其他资金的措施；

(3)计算出经济效果和指标。

制订措施时，要正确处理降低成本与提高质量、缩短工期三者的关系，以取得较好的综合效益。如提高施工的机械化程度，改善机械的利用情况；采用新机械、新工具、新工艺、新材料和同效价廉的代用材料；采用先进的施工组织方法；改善劳动组织，以提高生产率；减少材料运输距离和储运损耗等。

5. 季节性施工措施

有冬(雨)期施工时应制订本项措施，以保证工程的施工质量、安全、工期和节约。

(1)雨期施工：要根据当地的雨量、雨期及雨期施工的工程部位和特点制订措施。要在防淋、防潮、防泡、防淹、防质量安全事故、防拖延工期等方面，分别采用遮盖、疏导、堵挡、排水、防雷、合理储存、改变施工顺序、避雨施工、加固防陷等措施。

(2)冬期施工：要根据当地的气温、降雪量、工程部位、施工内容及施工单位的条件，按有关规范及《冬期施工手册》等有关资料，制订保温、防冻、改善操作环境、保证质量、控制工期、安全施工、减少浪费的有效措施。

6. 文明施工措施

(1)防止废水污染的措施，如搅拌机冲洗废水、磨石废水、油漆废液等；

(2)防止废气污染的措施，如熬制沥青胶、熟化石灰，某些涂料的喷刷等；

(3)防止垃圾、粉尘污染的措施，如土方与垃圾的运输、散装水泥与白灰的装卸和存放等；

(4)防止噪声污染的措施，如搅拌与振捣混凝土、锯割材料、打桩等。

二、技术经济分析

任何一个分部分项工程都会有多种施工方案，技术经济分析的目的就是论证施工组织设计在技术上是否先进，在经济上是否合理。通过计算、分析比较，从诸多施工方案中选出一个工期短、质量好、材料省、劳动力安排合理、工期成本低的最优方案，为不断改进施工组织设计提供信息，为施工企业提高经济效益、加强企业竞争力提供途径。

1. 技术经济分析的基本要求

(1)全面分析。对施工技术方法、组织手段和经济效果进行分析，对施工具体环节及全过程进行分析。

(2)在做技术经济分析时，应重点抓住"一案、一图、一表"三大重点，即施工方案、施工平面图和施工进度表，并以此建立技术经济指标体系。

(3)在做技术经济分析时，要灵活运用定性方法和有针对性的定量方法。在做定量分析时，应针对主要指标、辅助指标和综合指标区别对待。

(4)技术经济分析应以设计方案的要求、有关国家规定及工程实际需要为依据。

2. 技术经济分析的重点

技术经济分析应围绕质量、工期、成本三个主要方面，即在保证质量的前提下使工期合理、费用最少、效益最好。单位工程施工组织设计的技术经济分析重点是工期、质量、成本、劳动力安排、场地占用、临时设施、节约材料，以及新技术、新设备、新材料、新工艺的采用，但是在进行单位工程施工组织设计时，针对不同的设计内容要有不同的技术经济分析重点，如：

(1)基础工程以土方工程、现浇钢筋混凝土施工、打桩、排水和降水、土坡支护为重点。

(2)主体结构工程以垂直运输机械选择、划分流水施工段组织流水施工、现浇钢筋混凝土工程(钢筋工程、模板工程、混凝土工程)、脚手架选用、特殊分项工程的施工技术措施及各项组织措施为重点。

(3)装修阶段应以安排合理的施工顺序,保证工程质量,组织流水施工,节省材料,缩短工期为重点。

3. 技术经济分析的方法

技术经济分析有定性分析和定量分析两种方法。

(1)定性分析。定性分析是结合工程实际经验,对每一个施工方案的优缺点进行分析比较,主要考虑工期是否符合要求,技术上是否先进可行,施工操作上难易程度如何,施工安全可靠性如何,劳动力和施工机械能否满足,保证工程质量的措施是否完善可靠,是否能充分发挥施工机械的作用,为后续工程提供有利施工的可能性,能否为现场文明施工创造有利条件,对冬(雨)施工带来的困难如何等。定性分析评价时受评价人的主观因素影响较大,因此只用于施工方案的初步评价。

(2)定量分析。定量分析是通过计算各施工方案中的主要技术经济指标,进行综合分析比较,从中选择技术经济指标最优的方案。由于定量分析是直接进行计算、对比,用数据说话,因此该方法比较客观,是方案评价的主要方法。

4. 技术经济指标

单位工程施工方案的主要技术经济指标有工期指标、单位面积建筑造价、降低成本指标、施工机械化程度、单位面积劳动消耗量,另外还包括质量指标、安全指标、三大材料节约指标、劳动生产率指标等。

(1)工期指标:工期是从施工准备工作开始到产品交付用户所经历的时间。它反映国家一定时期和当地的生产力水平。选择某种施工方案时,在确保工程质量和安全施工的前提下,应当把缩短工期放在首要位置来考虑。工期长短不仅严重影响企业的经济效益,而且涉及建筑工程能否及早发挥作用。在考虑工期指标时,要把上级的指令工期、建设单位的要求工期和工程承包协议中的合同工期有机地结合起来,根据施工企业的实际情况,确定一个合理的工期指标,作为施工企业在施工进度方面的努力方向,并与国家规定的工期或建设地区同类型建筑物的平均工期进行比较。

(2)单位面积建筑造价:建筑造价是建筑产品一次性的综合货币指标,其内容包括人工、材料、机械费用和施工管理费等。为了正确评价施工方案的经济合理性,在计算单位面积建筑造价时,应采用实际的施工造价。

$$单位面积建筑造价 = 建筑实际总造价/建筑总面积(元/m^2)$$

(3)降低成本指标:降低成本指标是工程经济中的一个重要指标,它综合反映了工程项目或分部分项工程由于采用不同施工方案,而产生不同经济效果。其指标可采用降低成本额或降低成本率表示。

$$降低成本额 = 预算成本 - 计划成本$$
$$降低成本率 = 降低成本额/预算成本 \times 100\%$$

【例 6-6】某工程的预算造价是 200 万元,由于所选施工方案采用了节约措施,累计节约水泥 54 800 kg,节约木材 10 m³,节约劳动力 10 工日,合计节约金额 45 000 元,则其技术经济效果为

降低成本率＝45 000/2 000 000×100％＝2.25％

（4）施工机械化程度：提高施工机械化程度是建筑施工的发展趋势。根据我国的国情，结合国外先进技术积极扩大机械化施工范围，是施工企业努力的方向。在工程招标投标中，施工机械化程度也是衡量施工企业竞争实力的主要指标之一。

施工机械化程度＝机械完成的实物量/工程全部实物量×100％

（5）单位面积劳动消耗量：是指完成单位工程合格产品所消耗的劳动。它包括完成该工程所有施工过程主要工种、辅助工种及准备工作的全部劳动。单位面积劳动消耗量的高低，标志着施工企业的技术水平和管理水平，也是企业经济效益好坏的主要指标。其中，劳动工日数包括主要工种用工、辅助工种用工和准备工作用工。

单位面积劳动消耗量＝完成该工程的全部劳动工日数/总建筑面积（工日/m²）

（6）劳动生产率指标：劳动生产率标志一个单位在一定时间内平均每人所完成的产品数量或价值的能力，反映了一个单位（行业、地区、国家等）的生产技术水平和管理水平。具体有两种表达形式：

供实物数量法：

全员劳动生产率＝折合全年自行完成建筑面积总数/
折合全年在职人员平均人数（m²/人年均）

货币人价值法：

全员劳动生产率＝折合全年自行完成建筑安装投资总数/
折合全年在职人员平均人数（元/人年均）

不同的施工方案进行技术经济指标比较，往往会出现某些指标较好，而另一些指标较差的情况。所以评价或选择某一种施工方案不能只看某一项指标，应当根据具体的施工条件和施工对象，实事求是地、客观地进行分析，从中选出最佳方案。

模块小结

　　单位工程施工组织设计是以一个单位工程为编制对象，用以指导整个工程施工全过程各项施工活动的技术、经济和组织的综合性文件。其内容包括工程概况及特点分析、施工部署和主要工程项目施工方案、施工进度计划、施工资源需要量计划、施工准备工作计划、施工平面图和主要技术经济指标等。

　　施工部署是对整个工程项目进行的统筹规划和全面安排，是编制施工进度计划的前提。其内容主要包括明确施工任务的组织分工和工程开展程序、拟订主要工程项目的施工方案、编制施工准备工作计划等。

　　施工进度计划是以拟建工程项目交付使用的时间为目标而确定的控制性施工进度计划，是施工组织设计的中心工作，也是施工部署在时间上的体现，对资源需要量计划的编制、施工平面图的设计和大型临时设施的设计具有重要的决定作用。

　　施工平面图是单位工程施工组织设计的一个重要组成部分，是具体指导现场施工部署的平面布置图，也是施工部署在空间上的反映，对于有组织、有计划地进行文明和安全施工，节约施工用地，减少场内运输，避免相互干扰，降低工程费用具有重大的意义。

课后习题

1. 简述单位工程施工组织设计的编制依据。
2. 单位工程施工组织设计的内容有哪些？
3. 简述单位施工组织设计的工程概况所包含的内容。
4. 单位施工组织设计的工程主要情况需要介绍哪些？
5. 单位施工组织设计中的工程施工条件主要包括哪些内容？
6. 简述施工部署所包括的具体内容。
7. 施工部署中如何进行进度安排和空间组织安排？
8. 简述确定施工方法和施工机械的原则。
9. 土方施工机械包括哪些？
10. 施工进度计划的编制依据是什么？
11. 单位工程施工进度计划编制步骤是什么？
12. 简述施工天数的计算方法。
13. 技术、现场、资金准备包括哪些内容？
14. 资源需要量计划的编制一般包括哪几项？
15. 施工平面图布置原则是什么？
16. 如何在施工平面图上确定材料及半成品的堆放位置？
17. 降低成本的具体措施有哪些？
18. 降低成本率公式的具体形式是什么？

模块七　施工组织总设计

模块目标

　　了解施工组织总设计及其作用和施工组织总设计的编制依据，熟悉施工组织总设计的编制程序；掌握施工组织总设计的内容及其编制原则；了解施工方案、任务划分、施工规划，施工任务的要求与编制；熟悉总体施工准备与主要资源配置，施工总平面图设计与绘制，以及技术经济分析的重点和方法。

案例导入

　　本工程为一学院群体建筑，工程建设计划分两期，一期工程总占地面积 138 122m²，列入市重点工程。

　　整个学院布局规划呈长方形状，四面临街道，设有北门和南门两大门。本工程基本上以南北中轴线对称布置，依使用性质不同，分为行政管理区、教学区、居住区及配套建筑和体育训练场四大部分。东面是体育训练场，西面是居住区。中部教学区南北向布置，由校园内的规划道路分为三个部分：教学部分处在校园内靠北，设有 1~3 号教学楼、电教馆、办公楼和大会堂等；学院辅助建筑处在院内中间，设有图书馆、体育馆等；学院配套建筑处在学院内靠南，设有 1~4 号学生宿舍、食堂、校医院、汽车库、变电所、浴室和锅炉房等。室外管线包括污水、雨水、暖沟和道路等。

　　施工组织总设计的主要内容包括建设项目的工程概况、施工部署及其核心工程的施工方案、全场性施工准备工作计划、施工总进度计划、各项资源需求量计划、全场性施工总平面图设计、主要技术经济指标。单位工程施工组织设计是以单位工程为对象编制的，在施工组织总设计的指导下，由直接组织施工的单位根据施工图设计进行编制，用以直接指导单位工程的施工活动，是施工单位编制分部（分项）工程施工组织设计和季、月、旬施工计划的依据。

单元一　施工组织总设计概述

一、施工组织总设计及其作用

　　《建筑施工组织设计规范》(GB/T 50502—2009)对施工组织总设计的解释，是以若干单位工程组成的群体工程或特大型项目为主要对象编制的施工组织设计，对整个项目的施工过程起统筹规划、重点控制的作用。

施工组织总设计主要有以下几方面的作用：

（1）为建设项目或建筑群体工程施工阶段做出全局性的战略部署。

（2）为做好施工准备工作，保证资源供应提供依据。

（3）为组织全工地性施工业务提供科学方案和实施步骤。

（4）为施工单位编制工程项目生产计划和单位工程的施工组织设计提供依据。

（5）为业主编制工程建设计划提供依据。

（6）为确定设计方案的施工可行性和经济合理性提供依据。

施工组织总设计还可用来确定设计方案施工的可能性和经济合理性，为建设单位和施工单位编制计划提供依据。施工组织总设计的编制应突出规划性和控制性的特点。

二、施工组织总设计的编制依据

为了保证施工组织总设计的编制工作顺利进行并提高质量，使施工组织设计文件能更密切地结合工程实际情况，从而更好地发挥其在施工中的指导作用，在编制施工组织总设计时，应以以下资料为依据：

（1）设计文件及有关资料。设计文件及有关资料主要包括建设项目的初步设计、扩大初步设计或技术设计的有关图纸、设计说明书、建筑区域平面图、建筑总平面图、建筑竖向设计、总概算或修正概算等。

（2）计划文件及有关合同。计划文件及有关合同文件主要包括国家批准的基本建设计划、可行性研究报告、工程项目一览表、分期分批施工项目和投资计划，地区主管部门的批件、施工单位上级主管部门下发的施工任务计划，招标投标文件及签订的工程承包合同，工程材料和设备的订货指标，引进材料和设备供货合同等。

（3）工程勘察和技术经济资料。建设地区的工程勘察资料：地形、地貌，工程地质及水文地质、气象等自然条件。

建设地区技术经济条件可能是建设项目服务的建筑安装企业、预制加工企业的人力、设备、技术和管理水平，工程材料的来源和供应情况，交通运输情况，水、电供应情况，商业和文化教育水平和设施情况等。

（4）国家现行规范、规程和有关技术规定，国家现行的施工及验收规范、操作规程、定额、技术规定和技术经济指标。

（5）类似建设项目的施工组织总设计和有关总结资料。

三、施工组织总设计的编制程序

施工组织总设计的编制程序如图 7-1 所示。

四、施工组织总设计的内容及其编制原则

施工组织总设计的内容，一般主要包括工程概况和施工特点分析、总体施工部署和主要工程项目施工方案、施工总进度计划、总体施工准备工作计划、施工资源总需要量计划、施工总平面图和各项主要技术经济指标等。但是由于建设项目的规模、性质、建筑和结构的复

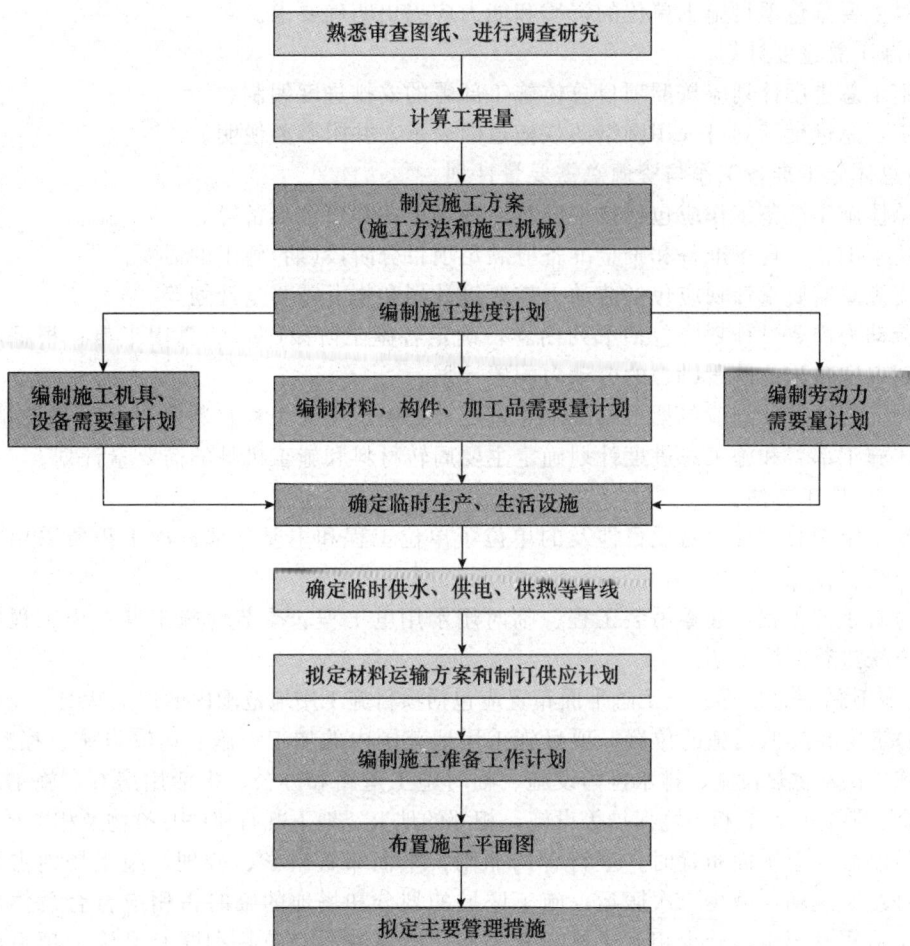

图 7-1　施工组织总设计的编制程序

杂程度、特点不同，建筑施工场地的条件差异和施工复杂程度不同，其内容也不完全一样。

（1）工程概况。工程概况应包括项目主要情况和项目主要施工条件等。

1）项目主要情况应包括项目名称、性质、地理位置和建设规模，项目的建设、勘察、设计和监理等相关单位的情况，项目设计概况，项目承包范围及主要分包工程范围，施工合同或招标文件对项目施工的重点要求，其他应说明的情况。

2）项目主要施工条件应包括项目建设地点气象状况，项目施工区域地形和工程水文地质状况，项目施工区域地上、地下管线及相邻的地上、地下建（构）筑物情况，与项目施工有关的道路、河流等状况，当地建筑材料、设备供应和交通运输等服务能力状况，当地供电、供水、供热和通信能力状况，其他与施工有关的主要因素。

（2）总体施工部署。

1）施工组织总设计应对项目总体施工做出宏观部署，包括确定项目施工总目标，如进度、质量、安全、环境和成本等目标；根据项目施工总目标的要求，确定项目分阶段（期）交付的计划；明确项目分阶段（期）施工的合理顺序及空间组织。

2）对于项目施工的重点和难点应进行简要分析。

3）总承包单位应明确项目管理组织机构形式，并宜采用框图的形式表示。

4）对于项目施工中开发和使用的新技术、新工艺应做出部署。

5)对主要分包项目施工单位的资质和能力应提出明确要求。

（3）施工总进度计划。

1)施工总进度计划应按照项目总体施工部署的安排进度编制。

2)施工总进度计划可采用网络图或横道图表示，并附必要说明。

（4）总体施工准备工作与资源总需要量计划。

1)总体施工准备工作应包括技术准备、现场准备和资金准备等。

2)技术准备、现场准备和资金准备应满足项目分阶段(期)施工的需要。

3)资源总需要量计划应包括劳动力需要量计划和物资需要量计划等。

4)劳动力需要量计划应包括下列内容：确定各施工阶段(期)的总用工量；根据施工总进度计划确定各施工阶段(期)的劳动力配置计划。

5)物资需要量计划应包括根据施工总进度计划确定主要工程材料和设备的需要量计划，根据总体施工部署和施工总进度计划确定主要周转材料和施工机具的需要量计划。

（5）主要施工方法。

1)施工组织总设计应对项目涉及的单位子单位工程和主要分部分项工程所采用的施工方法进行简要说明。

2)对脚手架工程、起重吊装工程、临时用水用电工程、季节性施工等专项工程所采用的施工方法进行简要说明。

（6）施工总平面布置。施工总平面布置应包括项目施工用地范围内的地形状况，全部拟建的建(构)筑物和其他设施的位置，项目施工用地范围内的加工设施、运输设施、存贮设施、供电设施、供水供热设施、排水排污设施、临时施工道路和办公、生活用房等，施工现场必备的安全、消防、保卫和环境保护等设施，相邻的地上、地下既有建(构)筑物及相关环境。

在编制施工总平面布置时，应符合的原则：平面布置科学、合理，施工场地占用面积少；合理组织运输，减少二次搬运；施工区域的划分和场地的临时占用应符合总体施工部署和施工流程的要求，减少相互干扰；充分利用既有建(构)筑物和既有设施为项目施工服务，降低临时设施的建造费用；临时设施应方便生产和生活，办公区、生活区和生产区宜分离设置；符合节能、环保、安全和消防等要求；遵守当地主管部门和建设单位关于施工现场安全文明施工的相关规定。

在编制施工总平面布置时，应根据项目总体施工部署，绘制现场不同阶段或时期的总平面图；施工总平面图的绘制应符合国家相关标准要求并附必要说明。

五、工程概况及特点分析

工程概况及特点分析是对整个建设项目的总说明和总分析，是对整个建设项目或建筑群所做的一个简单扼要、突出重点的文字介绍。有时为了补充文字介绍的不足，还可以附有建设项目总平面图，主要建筑的平、立、剖示意图及辅助表格。

单元二　　总体施工部署

总体施工部署是对整个建设项目全局做出的统筹规划和全面安排，主要解决影响建设项目全局的重大施工问题。

总体施工部署由于建设项目的性质、规模和施工条件等不同，其内容主要包括确定工程开展程序、拟订主要工程项目的施工方案、明确施工任务的划分与组织安排、编制施工现场临时设施规划等。

一、工程开展程序

确定建设项目中各项工程合理的开展程序是关系到整个建设项目能否尽快投产使用的重点问题。对于一些大中型工业建设项目，一般要根据建设项目总目标的要求，分期分批建设，既可使各具体项目尽快建成，尽早投入使用，又可在全局上实现施工的连续性和均衡性，减少暂设工程数量，降低工程成本。至于分几期施工，各期工程包含哪些项目，则要根据生产工艺要求、建设部门要求、工程规模大小和施工难易程度、资金和技术等情况，由建设单位和施工单位共同研究确定。

对于大中型民用建设项目（如居民小区），一般也应分期分批建设。除考虑住宅以外，还应考虑幼儿园、学校、商店和其他公共设施的建设，以便交付后能及早发挥经济效益、社会效益和环保效益。

对于小型工业与民用建筑或大型建设项目的某一系统，由于工期较短或生产工艺的要求，也可不必分期分批建设，采取一次性建成投产。

在统筹安排各类项目施工时，要保证重点，兼顾其他，其中应优先安排工程量大、施工难度大、工期长的项目；供施工、生活使用的项目及临时设施；按生产工艺要求，先期投入生产或起主导作用的工程项目等。

二、主要工程项目的施工方案

施工组织总设计中，对主要建（构）筑物的施工方法应提出原则性的意见，对关键性的分部分项的施工工艺应提出明确的安排。因为这些主要建（构）筑物和关键性分部分项工程的施工，往往对整个工程项目的建设进度、工程质量、施工成本等起着控制性的作用，所以应特别予以重视。

需要指出的是，施工组织总设计中提出的意见，通常是原则，并不具体，但它对编制单位工程施工组织设计具有指导意义，具体的施工方案应在单位工程施工组织设计中进行细化，使之具有可操作性。

在施工组织总设计中应明确的主要内容大致有以下方面：

（1）土方工程方面。

1）对大型土方的开挖，应明确开挖的方法，是采用机械开挖，还是人工开挖。

2）对带有地下室的深基坑土方开挖，应明确降低地下水水位的措施，是采用井点降水，还是其他降水措施，或是基坑壁外围采用止水帷幕的方法。

3）开挖深基坑土方时，应明确基坑土壁的安全措施，是采用逐级放坡的办法，还是采用支护结构的办法。

（2）混凝土工程方面。

1）首先应明确是采用商品混凝土，还是自制集中搅拌中心供料的办法，或是各单位工程进行各自搅拌操作的办法。

2）特种混凝土或高强度混凝土的试验要求。

3）确定支模方式，是采用工具式模板，还是普通木模、钢模，高耸构筑物是采用滑模、提模还是其他方式。

（3）吊装工程方面。

1）明确吊装方法，是采用综合吊法，还是单件吊法，是采用跨内吊装，还是跨外吊装。

2）确定吊装机械（具），是采用机械吊装，还是采用抱杆吊装。

3）确定吊装与其他分项工程的衔接、交叉时间安排。

（4）垂直运输方面。应明确垂直运输设备，是采用塔式起重机，还是井架、龙门架，或是两者皆用；塔式起重机是采用固定式，还是移动式。

（5）脚手架工程方面。

1）应明确脚手架的搭式方案。在高层建筑中应明确脚手架是采用悬挑式，还是挂篮式。

2）工业厂房中，对数量较大的内脚手架，是采用满堂搭式，还是采用工具式移动脚手架。

施工组织总设计中要拟订的一些主要工程项目的施工方案，与单位工程施工组织设计中要求的内容和深度是不同的。这些项目是整个建设项目中工程量大、施工难度大、工期长，对整个建设项目的完成起关键作用的建（构）筑物，以及全场范围内工程量大、影响全局的特殊分项工程。拟订主要工程项目施工方案是为了进行技术和资源的准备工作，同时也为了施工顺利进行和现场的合理布局，它的内容包括施工方法、施工工艺流程和施工机械等。

对施工方法的确定要考虑技术工艺的先进性和经济上的合理性；对施工机械的选择，应使主导机械的性能既能满足工程的需要，又能发挥其效能，在各个工程上能够实现综合流水施工，减少其拆、装、运的次数；对于辅助机械，其性能应与主导施工机械相适应，以充分发挥主导施工机械的工作效率。

三、施工任务划分与组织安排

在明确施工项目管理体制、机构的条件下，划分各参与施工单位的施工任务，明确总包与分包单位的关系，建立施工现场统一的组织领导机构及职能部门，确定综合的和专业化的施工组织，明确各施工单位之间分工与协作的关系，划分施工阶段，确定各施工单位分期分批的主导施工项目和穿插施工项目。

四、施工现场临时设施规划

根据工程开展程序和施工项目施工方案的要求，对施工现场临时设施进行规划，主要内容包括安排生产和生活性临时设施的建设，安排材料、成品、半成品、构件的运输和储存方式，安排场地平整方案和全场性排水设施，安排场内外道路、水、电、气引入方案，安排场区内的测量标志等。

一、施工总进度计划的基本要求

施工总进度计划是施工现场各项施工活动在时间和空间上的体现。编制施工总进度计划是根据施工部署中的施工方案和施工项目开展的程序,对整个工地的所有施工项目做出时间和空间上的安排。其作用在于确定各个建筑物及其主要工种、工程、准备工作和全工地性工程的施工期限及开工和竣工的日期,从而确定建筑施工现场上劳动力、材料、成品、半成品、施工机械的需要量和调配情况,以及现场临时设施的数量、水电供应量和能源、交通的需要量等。

因此,正确地编制施工总进度计划是保证各项目以及整个建设工程按期交付使用,充分发挥投资效益,降低建筑工程成本的重要条件。

编制施工总进度计划的基本要求是保证拟建工程在规定的期限内完成,发挥投资效益、施工的连续性和均衡性,节约施工费用。

根据施工部署中拟建工程分期分批投产顺序,将每个系统的各项工程分别划出,在控制的期限内进行各项工程的具体安排。当建设项目规模不大,各系统工程项目不多时,也可不按分期分批投产顺序安排,而直接安排施工总进度计划。

二、施工总进度计划的编制步骤

(1)列出工程项目一览表并计算工程量。施工总进度计划主要起控制总工期的作用,因此项目划分不宜过细,可按确定的主要工程项目的开展顺序排列,一些附属项目、辅助工程及临时设施可以合并列出。

在工程项目一览表的基础上,计算各主要项目的实物工程量。计算工程量可按初步(或扩大初步)设计图纸并根据各种定额手册进行计算。常用的定额资料有以下几种:

1)万元、十万元投资工程量的劳动力及材料消耗扩大指标。这种定额规定了某一种结构类型建筑,每万元或十万元投资中劳动力、主要材料等消耗量。根据设计图纸中的结构类型,即可计算出拟建工程各分项工程需要的劳动力和主要材料的消耗量。

2)概算指标或扩大结构定额。概算指标是以建筑物每 100 m³ 体积为单位;扩大结构定额是以每 100 m² 建筑面积为单位。查定额时,首先查找与本建筑物结构类型、跨度、高度相类似的部分,然后查出这种建筑物按定额单位所需要的劳动力和各项主要材料消耗量,从而推算出拟计算建筑物所需要的劳动力和材料的消耗量。

3)标准设计或已建房屋、构筑物的资料。在缺少上述几种定额手册的情况下,可采用标准设计或已建成的类似房屋实际所消耗的劳动力及材料类比,按比例估算。但是,由于和拟建工程完全相同的已建工程是极为少见的,因此在采用已建工程资料时,一般都要进行折算、调整。

除房屋外,还必须计算主要的全工地性工程的工程量,如场地平整、铁路及道路和地下管线的长度等，这些可以根据建筑总平面图来计算。

（2）确定各单位工程的施工期限。单位工程的施工期限应根据施工单位的具体条件（施工技术与施工管理水平、机械化程度、劳动力和材料供应等），单位工程的建筑结构类型、体积大小，以及现场地形地质、施工条件、现场环境等因素加以确定。此外，也可参考有关的工期定额来确定各单位工程的施工期限。

（3）确定各单位工程的开竣工时间和相互搭接关系。根据施工部署及单位工程施工期限，可以安排各单位工程的开竣工时间和相互搭接关系。通常应考虑下列因素：

1）保证重点，兼顾一般。在安排进度时，要分清主次，抓住重点，同时期进行的项目不宜过多，以免分散有限的人力、物力。

2）要满足连续、均衡施工要求。应尽量使劳动力、材料和施工机械的消耗在全工地上达到均衡，减少高峰和低谷的出现，以利于劳动力的调度和材料供应。

3）要满足生产工艺要求，合理安排各个建筑物的施工顺序，以缩短建设周期，尽快发挥投资效益。

4）认真考虑施工总平面图的空间关系。应在满足有关规范要求的前提下，使各拟建临时设施布置尽量紧凑，节省占地面积。

5）全面考虑各种条件限制。在确定各建筑物施工顺序时，应考虑各种客观条件限制，如施工企业的施工力量，各种原材料、机械设备的供应情况，设计单位提供图纸的时间，各年度建设投资数量等，对各项建筑物的开工时间和先后顺序予以调整。同时，由于建筑施工受季节、环境影响较大，经常会对某些项目的施工时间提出具体要求，从而对施工的时间和顺序安排产生影响。

（4）安排施工总进度计划。施工总进度计划可以用横道图和网络图表达。由于施工总进度计划只是起控制性作用，而且施工条件复杂，因此项目划分不必过细。当用横道图表达施工总进度计划时，项目的排列可按施工总体方案所确定的工程展开程序排列。横道图上应表达出各施工项目开竣工时间及其施工持续时间。近年来，随着网络计划技术的推广，采用网络图表达施工总进度计划，已经在实践中得到广泛应用。采用时标网络图表达施工总进度计划，比横道图更加直观明了，还可以表达出各施工项目之间的逻辑关系。同时，网络图可以应用计算机计算和输出，便于对进度计划进行调整、优化、统计资源数量等。

（5）施工总进度计划的调整和修正。施工总进度计划绘制完成后，将同一时期各项工程的工程量加在一起，用一定的比例画在施工总进度计划的底部，即可得出建设项目工程量的动态曲线。若曲线上存在较大的高峰和低谷，则表明在该时间内各种资源的需要量变化较大，需要调整一些单位工程的施工速度或开竣工时间，以便消除高峰和低谷，使各个时期的工程量尽可能达到均衡。

三、劳动力需要量计划

劳动力需要量计划是规划暂设工程和组织劳动力进场的依据。编制时首先根据工程量汇总表中分别列出的各个建筑物的主要实物工程量，查预算定额或有关资料，便可得到各个建筑物主要工种的劳动量，再根据施工总进度计划各单位工程分工种的持续时间，即可得到某单位工程在某段时间里的平均劳动力需要量。

按同样方法可计算出各个建筑物各主要工种在各个时期的平均工人数。将施工总进度计划纵坐标方向上各单位工程同工种的人数叠加在一起并连成一条曲线，即为某工种的劳动力动态曲线图。其他工种也用同样方法绘成曲线图，从而根据劳动力曲线图列出主要工种劳动力需要量计划，见表 7-1。

表 7-1　劳动力需要量计划

序号	工程品种	劳动量	施工高峰人数	××年		××年		现有人数	多余或不足

四、材料、构件和半成品需要量计划

根据工程量汇总表所列各建筑物的工程量，查定额或有关资料，便可得出各建筑物所需的材料、构件和半成品的需要量。然后根据施工总进度计划，大致算出某些建筑材料在某时间内的需要量，从而编制出材料、构件和半成品需要量计划，见表 7-2。

这是材料供应部门和有关加工厂准备所需的建筑材料、构件和半成品并及时供应的依据。

表 7-2　材料、构件和半成品需要量计划

序号	工程名称	材料、构件和半成品名称								
		水泥/t	砂/m³	砖/块	……	混凝土/m³	砂浆/m³	……	木结构/m³	……

五、施工机械需要量计划

主要施工机械的需要量，根据施工总进度计划、主要建筑物施工方案和工程量，并套用机械产量定额求得。辅助机械可根据建筑安装工程每十万元扩大概算指标求得。运输机械的需要量根据运输量计算，施工机械需要量计划见表 7-3。

表 7-3　施工机械需要量计划

序号	机械名称	规格型号	数量	电动机功率	施工进度计划					
					××年		××年		××年	

六、施工准备工作计划

为了落实各项施工准备工作，加强检查和监督，必须根据各项施工准备工作的内容、时间和人员，编制出施工准备工作计划，见表7-4。

表7-4 施工准备工作计划

序号	施工准备项目	内容	负责单位	负责人	起止时间		备注
					××月	××月	

单元四 施工总平面图

施工总平面图设计是对拟建的建筑群体的施工现场进行全面规划、合理使用的总体布置，是施工部署在空间上的反映，是保证现场交通道路和排水畅通、文明有序施工的重要技术文件。

施工总平面图上除绘明已建和拟建的永久性房屋和构筑物外，还应绘有施工时所需设置的各项临时设施，如现场临时用房的工地办公室、工人宿舍、食堂、仓库、生产加工车间等，现场临时供水、排水系统，电力网、通信网、蒸汽及压缩空气管线等。

有些规模较大的建设项目，其建设工期往往较长，随着工程的进展，建设工地的面貌将不断改变，在此情况下，宜按不同施工阶段，设计相应的施工总平面图，或根据施工现场的变化情况，及时对施工总平面图做出调整或修改，以满足不同时期的施工要求。

一、施工总平面图的编制依据及其设计原则

(1)施工总平面图的编制依据。

1)各种设计资料，包括建筑总平面图、地形图、区域规划图，以及有关的一切已有和拟建的各种设施位置。

2)建设地区的自然条件和技术经济条件。

3)建设项目的概况、施工部署、施工总进度计划。

4)各种建筑材料、构件、半成品、施工机械需要量一览表。

5)各构件加工厂、仓库及其他临时设施情况。

(2)在设计施工总平面图时，应遵循以下原则：

1)尽量减少施工用地，少占农田，使平面布置紧凑、合理。

2)合理组织运输、减少二次搬运，保证运输方便、通畅。

3)施工区域的划分和场地的确定，应符合施工流程要求，尽量减少专业工种和各工程之间的干扰。

4)充分利用各种永久性建(构)筑物和原有设施为施工服务,降低临时设施费用。

5)各种临时设施应便于生产和生活需要。

6)满足安全防火、劳动保护、环境保护等要求。

二、施工总平面图的设计内容

设计施工总平面图时,首先应研究施工中大宗材料、设备、预制成品和半成品等进入现场的运输方式,先布置场外运输道路,然后确定场内的仓库、生产加工厂(车间)等,布置场内临时道路,最后布置其他临时设施,包括水电管网等。施工总平面图的设计内容较多,主要有以下几个方面:

(1)拟建工程项目范围(或建筑群区域)内建设项目的总平面布置情况,包括铁路、公路和各种管线的布设情况等,应予标记清楚。拟建各单位工程项目的平面位置线,应明显区别于原有建筑物及施工用临时设施建筑。

(2)现场施工道路设计。场外运输道路设计主要根据场外运输方式。建筑材料、设备、预制构件的场外运输方式,通常有铁路、公路和水路三种。

1)当场外运输主要采用铁路运输方式时,应根据铁路的回转半径和坡度限制,确定铁路的接轨起点和进场布置。铁路应从工地的一侧引入,不宜从工地中间引入,以防影响工地的内部运输。对于已有铁路专用线的厂矿企业工地,则可利用铁路专用线进行运输;对于拟建铁路专用线的工地,可建议建设方提前修建,以利于施工材料的运输。

2)当场外运输主要采用公路运输方式时,内外道路的衔接比较方便和灵活,主要运输车辆的入口应尽量接近材料堆放场地和仓库。入口处应有计量工具,如地磅等。

3)当场外运输主要采用水路运输方式时,应有卸货码头和临时堆场或在码头旁边建立临时仓库(或中转仓库、堆场),修建临时道路,连接施工现场。

场内施工道路应尽量设计成环形通道,以保证运输畅通。丁字形道路在运输车辆繁忙时容易堵塞。此外,还应尽量做到永久性道路和临时性道路相结合,既利于施工进度,又利于降低临时设施费用。根据材料、构件的运输数量和堆放情况,宜将运输车辆和行人的入口分别设置。

施工道路路基应用压路机压实或用夯实工具夯实,其标高应略高于施工场地。若与将来的永久性道路相一致,则路基标高可与永久性道路路基相吻合,以便将来略加整理,即可在上面铺设垫层和面层。施工现场道路的最小宽度和最小回转半径应符合表7-5和表7-6的规定。

表 7-5 施工现场道路的最小宽度

序号	道路类型	道路宽度/m
1	汽车单行道	≥3.0
2	汽车双行道	≥6.0
3	平板拖车单行道	≥4.0
4	平板拖车双行道	≥8.0

表 7-6　施工现场道路的最小回转半径

车辆类型	路面内侧的最小回转半径/m		
	无拖车	有一辆拖车	有二辆拖车
小客车、三轮汽车	6	—	—
一般二轴载重汽车	单车道9	12	15
	双车道7		
三轴和重型载重汽车	12	15	18
起重型载重汽车	15	18	21

（3）现场排水。对于雨量较大、雨期较长的地区，应认真做好现场临时排水设计，修通排水沟渠，以避免施工现场雨后积水，既影响施工，又易造成建筑物、建筑材料、机械设备浸泡受淹损坏以及人身伤害等事故。

在原有厂区内组织施工时，现场排水沟渠应尽可能与厂区内的排水系统相连接。在新场地施工时，现场排水沟渠应尽量结合永久性排水设施进行，以降低临时排水设施费用。

在山区施工时，还应重视山洪排污，防止泥石流、山坡塌方、滑坡等事故发生，确保安全施工。

（4）各种临时建筑设施数量和位置设计。临时建筑设施主要是指临时工地办公室、工地生活设施、工地仓库和现场生产加工厂等。

1）工地办公室。施工现场的临时办公用房，应尽可能利用现有的房屋，或是拟建的永久性建筑（应先期实施的），其数量不足时，再行搭建临时用房。新搭建的临时用房，应尽量采用能多次重复使用的工具式临时建筑，以减少临时用房的费用。属于工地行政性管理用房，考虑对内、对外联系方便，宜布置在工地入口处或中心地区；对于现场办公室，宜靠近施工地点。

2）工地临时生活设施。工地临时生活设施主要有工地食堂、浴室、厕所、宿舍用房以及小卖部等，临时生活设施应设置在工人较集中或工人出入必经之处，工人住房宜靠近食堂、浴室设置。

当工程规模较大时，还应设有家属宿舍、医务室、文娱活动室、临时招待所等，应单独设置职工生活区。

3）工地仓库。工地仓库是临时贮存施工物资的设施，根据各类物资的不同性能和要求，仓库可分为露天敞口式仓库、半封闭式仓库和封闭式仓库三种。如砂、石材料宜用露天敞口式仓库；水泥、各种五金材料、工具、器具等应设置封闭式仓库；钢材、有关机械设备可设置半封闭式仓库；各种易燃、易爆及危险品应单独设置封闭式仓库。

在设置临时仓库时，应遵循以下几点原则：钢材、木材等仓库应布置在相应的现场加工厂附近；砂石堆场和水泥仓库应布置在搅拌站附近；油料、氧气、电石库等易燃易爆仓库，应布置在边缘、工地下风向；车库、机械站宜布置在现场的入口处；工业建设项目的设备仓库或堆料场应尽量放在拟建车间附近；当有铁路专用线时，沿铁路应布置周转仓库或中心仓库。

4）现场生产加工厂。根据运输条件和施工企业预制加工能力，应尽可能扩大专业加工厂的预制品种和数量，如混凝土预制楼板、各种预埋铁件等。当有商品混凝土供应时，应尽量采用商品混凝土，以尽量减少施工现场临时加工厂的设施费用，同时可提高预制件质量，加快施工进度。在施工现场设置的加工厂，常有以下几种：

混凝土及砂浆集中搅拌站：当没有商品混凝土供应时，常设置混凝土及砂浆集中搅拌站，将搅拌好的砂浆及混凝土用翻斗车运送到使用地点，这与每个单位工程设置搅拌站、石堆场、水泥仓库相比，在节约现场用地和临时设施费用方面，效果很明显，对提高砂浆和混凝土的质量也极为有利。

混凝土预制构件加工厂：有些异形或零星的混凝土预制构件，往往在工地现场制作，此类加工厂应靠近集中搅拌站布置。

钢筋加工厂：一般设有钢筋调直、切断、加工成型、焊接等多种设备，应靠近钢筋仓库和预制加工厂，尽量减少往返运输。

金属构件加工厂：这类加工厂宜设置在钢材（筋）库附近，因有明火，故应远离木加工车间及其他易燃易爆品仓库和加工厂。

其他会产生有害气体和污染环境的加工厂，如沥青熬制、石灰熟化、石棉加工等场所，应位于施工现场的常年主导风向的下风向。

(5)施工临时供水设计。为了满足建设工地在施工生产、生活及消防方面的用水需要，建设工地应设置临时供水系统。在考虑施工临时供水时，首先应考虑利用工程建设中永久性供水设施的可能性，尽可能先建成永久性供水系统的主要构筑物和设施；如不能利用永久性供水设施，才设置临时供水系统。

施工临时供水设计一般包括计算整个施工工地及各个地段的用水量、选配适当的管径和管网布置方式、选择供水水源、设计各种供水构筑物和机械设备等。

1)布置方式。临时供水管网布置一般有环形管网、枝形管网和混合式管网三种方式，如图 7-2 所示。

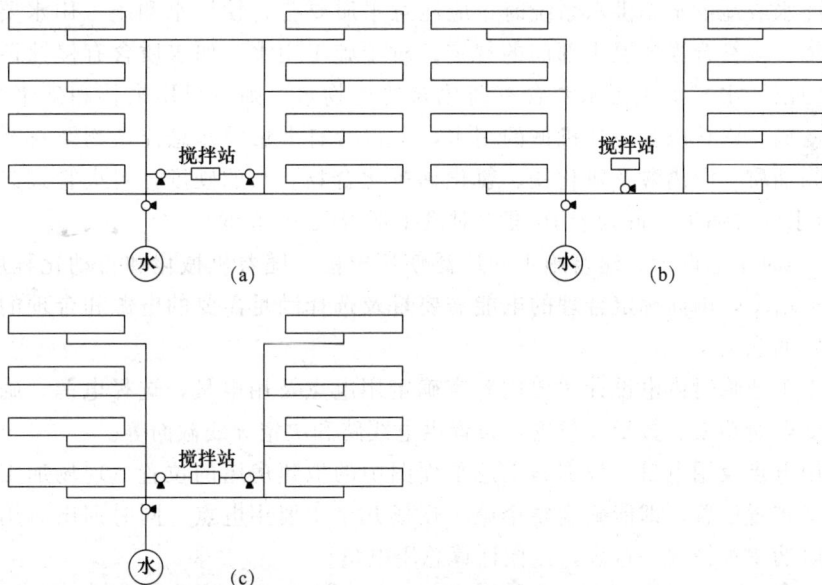

图 7-2 临时供水管网布置方式

(a)环形管网；(b)枝形管网；(c)混合式管网

环形管网是围绕施工对象做环形布置，其优点是能保证供水的可靠性。当管网某处发生故障时，水仍能由其他管路供应；缺点是管线长，造价高，管材消耗量大。环形管网布置适用于供水可靠性要求较高的建设项目或建筑群工程。

枝形管网是置一条或若干条干线，从干线到各使用地点用支线连接。其优点是管线短，造价低，耗材少；缺点是当某处发生故障时，会造成断水，供水可靠性差，适用于一般中小型建设工程。

混合式管网是主要用水区及干管采用环形布置，其他用水区及支管采用枝形布置的混合形式，兼有上述两种管网布置方式的优点，一般适用于大型工程。

管网铺设有明铺（在地面上）及暗铺（在地面下）两种。考虑交通车辆的影响和冬季防冻的需要，一般以暗铺为好，但会增加铺设费用。在冬季或寒冷地区，水管应埋置在冰冻线以下或采取防冻措施，防止水管冻结或冻裂。

2）布置要求。首先，应尽可能利用工程建设的永久性管网，这是最经济的方案；其次，应注意管网布置要与土方平整、临时道路修建等统一规划，避免因土方挖、填而对管网有所损害，造成返工浪费。

此外，管网布置应避开拟建工程的位置，考虑支管在施工期间有移动的可能性。高层建筑施工时，还常常设置蓄水池、加压泵。有的工地还设置临时水塔，以满足施工用水。临时水池、水塔应尽量设置在地势较高处。

消火栓应在靠近十字路口、路边或工地出入口附近布置，间距不大于 120 m，距拟建房屋外墙不小于 5 m，距路边不大于 2 m。消防水管直径不小于 100 mm。

3）水源选择。建筑工地临时供水水源一般有采用城市供水或自行供水系统两种方案。当城市供水能满足用水要求时，应优先采用城市供水方案。如供水能力不能满足时，可以利用其一部分作为生活用水，而生产用水可以利用地面水（如河水、江水、塘水等）或地下水。

采用地面水或地下水作供水系统时，应注意水质要符合饮用水和施工用水要求。对于饮用水的质量，应符合当地卫生部门的规定；对于施工用水，如水质含有侵蚀性的或大量酸质及油质的沼泽水、工业污水及含有硫化氢的矿物水，则不得用来拌和砂浆和混凝土。用于蒸汽、运输、锅炉以及冷却机械的用水，不得含有大量固体悬浮杂物及对锅炉有侵蚀性的杂物，如油质、游离酸及氯化镁、氯化钙等化合物。水的硬度，对火管式锅炉不得超过 25 度，对水管式锅炉不得大于 10 度，对汽车不得大于 15 度。

(6)施工临时供电设计。建筑施工中广泛使用电能，随着机械化和自动化程度的提高，用电量也逐渐增多，因此确定合理的电能需要量及选择满足需要的电源和合理的电网系统具有十分重要的意义。

建筑施工工地临时供电设计主要内容有确定用电点及用电量，选择电源，确定供电系统的形式和变电所功率、数量及位置，布置供电线路和决定导线截面等。

1）确定用电点及用电量。根据施工总平面图中的拟建房屋的位置、现场加工厂位置以及各机械设备布置位置，即能确定整个施工现场几个主要用电点，同时列出所用机械数量及电动机用电功率等情况一览表，以便计算总用电量。

建筑工地用电主要是施工中动力设备用电和照明用电两大部分。计算用电量时应考虑：全工地所使用的动力设备及照明设备的总数量；整个施工阶段中同时用电的机械设备的最高数量以及照明用电情况。

常用机械设备电动机额定功率和电焊机容量见表 7-7。

表 7-7　常用机械设备电动机额定功率和电焊机容量

序号	机械设备名称	单位	功率(或容量)
1	HW－60 蛙式打夯机	kW	2.8
2	TQ10(TQm)塔式起重机	kW	48
3	TQ60－50 塔式起重机	kW	55.5
4	TQ100(自升式)塔式起重机	kW	63.37
5	JJM－5 卷扬机	kW	11
6	UJ$_{2.25}$ 灰浆搅拌机	kW	3
7	J－250 自落式混凝土搅拌机	kW	5.5
8	L－375 强制式混凝土搅拌机	kW	10
9	HB－15 混凝土搅拌机	kW	32.2
10	HPH$_6$ 回转式喷射机	kW	7.5
11	HZX－50 插入式振动机	kW	1.1～1.5
12	JH5 载货电梯	kW	7.5
13	上海 76－D(单)建筑施工外用电梯	kV·A	11
14	BX3－500－2 交流电焊机	kV·A	38.6
15	BXa－300－2 交流电焊机	kV·A	23.4

2)电源选择。选择工地临时用电电源通常有以下几种情况：

①从建设单位配电房或厂区供电线路上引入工地，在工地入线处设立总配电箱和电表计量，然后再布线通往各用电施工点；

②由工地附近的电力系统供给，即将附近的高压电通过设在工地的变压器引入工地；

③当工地附近的电力系统只能供给一部分时，工地需增设临时电站以补不足；

④工地如位于新开辟地区，没有电力系统，电力完全由工地临时电站供给。

究竟采用哪种方案，要根据具体情况进行技术经济比较后确定。一般是将附近的高压电通过设在工地的变压器引入工地，这是最经济的方案。采用这一方案时，应尽可能与工程建设中的永久性配电设施相结合，在全面开工前，将永久性电气设计的外线工程做好，施工临时用电就可由永久性线路供给。如采用临时变压器供电，应事先将施工中需要的用电量、变压器型号以及安装地点等向供电部门申请批准。

工地临时变压器安装地点应注意四点：一是尽可能设在负荷中心；二是高压线进线方便，尽可能靠近高压电源；三是当配电电压为 380 V 时，其供电半径不应大于 700 m；四是运输方便，易于安装，并避免设在剧烈震动和空气污染的地方。

3)布置临时配电线路。施工用电临时配电线路的布置一般有三种方式，即枝形、环形和混合式，要根据工地大小和工地使用情况确定选用哪一种方式。一般 3～10 kV 的高压线路常采用环形布置；380/220 V 的低压线路常采用枝形布置。

如果施工现场只设置一台变压器，供电线路可采用枝形布置。如果工地较大，需要设置若干台变压器，则各台变压器采用环形布置，而每个变压器到该变压器负担的各用电点的线路可采用枝形布置，即总的配电线路采用混合式布置。

临时供电线路的布置应注意的原则：线路应尽量架设在道路的一侧，不得妨碍交通；应考虑塔式起重机的装、拆、进、出；避开将要堆料、开槽、修建临时设施等用地；选择平坦路线，保持线路水平且尽量取直，以免电杆受力不均；线路距建筑物应大于 1.5 m；在 380/220 V 低压线路中，木杆或水泥杆间距应为 25～40 m，高度一般为 4～6 m，分支线和引入线均应由电杆接出，不得由两杆之间接出；各用电设备必须装配与设备功率相应的闸刀开关，其高度与装设点应便于操作，单机单闸，不得一闸多机使用；配电箱与闸刀在室外装配时，应有防雨措施，严防漏电、短路及触电事故的发生。

临时施工用电线路采用架空布置，与地下电缆相比，具有工程简单、费用低廉、易于检修等优点。

4)配电导线的选择。合理地选择配电导线，不但可以节约临时设施费用和有色金属，而且可保证供电的质量与安全。选择配电导线时，主要是选择导线的型号和断面。

配电导线的断面选择，应满足以下基本要求：

①导线应有足够的力学强度(即机械强度)，不发生断线现象；

②导线在正常的温度下，能持续通过最大的负荷电流而本身温度不超过规定值；

③电压损失应在规定的范围以内，能保证照明设备及机械设备正常工作。

选择导线断面时，虽然有上述三个因素要考虑，但在实际工作中，往往并不需要一一计算，然后再把计算结果比较后决定，而应针对施工现场的具体情况，抓住主要矛盾予以解决。例如：一般道路工程或给水排水工程施工工地，由于作业线较长，架设距离也较长，在长距离输电线路中电压降是主要矛盾，导线断面往往由电压降决定。在建筑工地或桥梁工地，配电线路比较短，就可不计算线路电压降，导线断面可由容许电流决定(即导线发热是主要矛盾)。在小负荷的架空线路中，往往只考虑力学强度就够了。需说明的是，无论是以哪一种要求为主选择导线断面，选好后都应同时复核其他两方面的要求，以求无误。

三、施工总平面图的绘制

施工总平面图是施工组织总设计的重要内容，是指导实际施工管理、归入档案的技术经济文件之一。因此，必须做到充分调查了解、精心设计、认真绘制。其绘制步骤和要求简述如下：

(1)图幅大小和绘图比例。图幅大小和绘图比例应根据工地大小及布置内容多少来确定，图幅一般可选 1～2 号图纸大小，比例一般采用 1:1 000～1:2 000。

(2)合理规划和设计图面。施工总平面图，除了要反映施工现场的布置内容外，还要反映周围环境和面貌(如已有建筑物、现有管线、场外道路等)。故绘图前，应做合理规划和部署。此外，还应留出一定的图面绘制图例、文字说明以及方向指示针等。

(3)施工总平面图的绘制内容。施工总平面图的绘制内容主要有以下几个方面：

1)现场测量方格网；

2)现场内外已有建筑物、构筑物位置；

3)拟建建筑物、构筑物位置；

4)现场内施工道路及水、电等临时施工用管网布置，与现场外道路及水、电等管网的连接布置；

5)施工临时用房，如办公室、宿舍、仓库、加工厂等位置；

6)重要机械设备(如塔式起重机等)的设置位置；

7)主要建筑材料、构件的堆放地点等。

(4)绘制要求。在进行各项布置后，经分析比较，调整修改，形成施工总平面图，并做必要的文字说明，标上图例、比例、指北针等。完成的施工总平面图比例要正确，图例要规范，线条粗细分明，字迹端正，图面整洁、美观。施工总平面图图例见表7-8。

上述各设计步骤不是完全独立的，而是相互联系、相互制约的，需要综合考虑、反复修正才能确定下来。若有几种方案时，应进行方案比较。

表 7-8　施工总平面图图例

序号	名称	图例	序号	名称	图例
一、地形及控制点			14	蒙古包	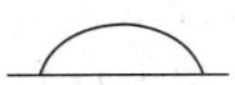
1	二角点	点名/高程	15	坟地、有树坟地	
2	水准点	点名/高程	16	石油、盐、天然气井	
3	原有房屋		17	竖井、矩形、圆形	
4	窑洞：地上、地下		二、建筑物、构筑物		
5	钻孔		1	临时房屋：密闭式 敞篷式	
6	浅深井、试坑		2	拟建的各种材料围墙	
7	等高线：基本的、辅助的	 6	3	临时围墙	—×—×—
8	土堤、土堆		4	建筑工地界线	
9	坑穴		5	工地内的分区线	
10	断崖(2.2为断崖高度)	2.2	6	烟囱	
11	滑坡		7	水塔	
12	树林		8	房角坐标	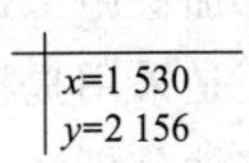 x=1 530 y=2 156
13	竹林				

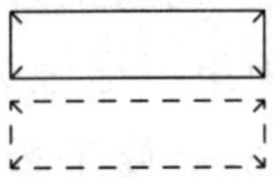

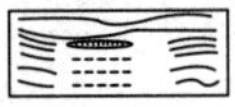

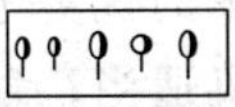

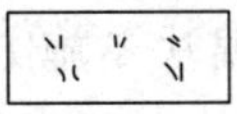

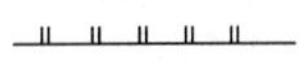

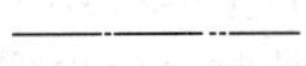

单元五　　施工组织总设计的技术经济分析

施工方案的技术经济分析是选择最优方案的重要途径。首先拟订在技术上可行的几个施工方案，再采用定性分析法或定量分析法进行比较，选择一个工期短、成本低、质量好、劳动力安排合理的最优方案。

评价施工方案的技术经济指标有工期指标、降低成本指标、主要工种施工机械化程度指标、三大材料节约指标、劳动消耗量指标等。

一、技术经济分析的重点

技术经济应围绕质量、工期、成本这三个主要方面来分析，即在保证质量的前提下使工期合理、费用最少、效益最好。在进行单位工程施工组织设计时，针对不同的设计内容，技术经济分析的重点内容如下：

(1)基础工程以土方工程、边坡支护、施工排水和降水、现浇钢筋混凝土施工、桩基础施工为重点。

(2)主体结构工程以垂直运输机械选择、划分流水施工段组织流水施工、现浇钢筋混凝土工程(钢筋工程、模板工程、混凝土工程)、脚手架选用、特殊分项工程的施工技术措施及各项组织措施为重点。

(3)装修工程应以合理安排施工顺序、保证工程质量、组织流水施工、节省材料、缩短工期为重点。

二、技术经济分析的方法

每一项施工活动都可以采用多种不同的施工方法和应用不同的施工机械，不同的施工方法和不同的施工机械对工程的工期、质量和成本费用等都不同。因此，在编制施工组织总设计时，应根据现有的以及可能获得的技术和机械情况，拟订几个不同的施工方案，然后从技术上、经济上进行分析比较，从中选出最合理的方案，把技术上的可能性与经济上的合理性统一起来，以最少的资源消耗获得最佳的经济效果，多快好省地完成施工任务。

对施工组织总设计(施工方案)进行技术经济分析，常用的有定性分析法和定量分析法两种方法，现分述如下。

1. 定性分析法

定性分析法是根据实际施工经验对不同施工方案的优劣进行分析比较。例如：对垂直运输设备，是采用井字架适当，还是采用塔式起重机适当；划分流水施工时，是二段流水有利于加快施工进度，还是三段流水有利于加快施工进度；钢筋混凝土烟囱是采用滑模施工，还是采用提模施工；冬期混凝土施工是采用保温法冬施方案，还是采用电热法冬施方案。定性分析法主要凭经验进行分析、评价，虽比较方便，但精确度不高，也不能优化，决策易受主观因素的制约，一般常在施工实践经验比较丰富的情况下采用。

2. 定量分析法

定量分析法是对不同的施工方案进行一定的数学计算，将计算结果进行优劣比较。如有多个计算指标，为便于分析、评价，常常对多个计算指标进行加工，形成单一（综合）指标，然后进行优劣比较。

定量分析法一般有评分法和价值法两种方法。评分法是通过综合打分来分析评价施工方案的优劣而择优选用。价值法是对各方案计算出的最终价值，用价值量的大小来评定方案的优劣而择优选用。

模块小结

施工组织总设计的基本内容包括工程概况、总体施工部署、主要工程项目施工方案、施工总进度计划、总体施工准备计划、各项资源总需要量计划、施工总平面图和主要技术经济指标等。主要知识点如下：

1. 总体施工部署主要包括明确施工任务的划分和组织安排、确定工程开展程序、拟订主要工程项目的施工方案、编制施工现场临时设施规划等内容。

2. 施工总进度计划的编制步骤主要包括计算工程量、确定各单位工程的施工期限、确定各单位工程的开竣工时间和相互搭接关系、安排施工进度计划、施工总进度计划的调整和修正。

3. 资源需要量计划包括劳动力需要量计划，材料、构件和半成品需要量计划及施工机械需要量计划。

4. 施工总平面图包括施工总平面图的设计内容、设计原则和设计步骤。施工总平面管理包括供水、排水、用电管理，货物堆放布置管理和总平面布置管理。

5. 施工方案的技术经济分析是选择最优方案的重要途径。技术经济分析的指标有工期指标、降低成本指标、主要工种施工机械化程度指标、三大材料节约指标、劳动消耗量指标等。

课后习题

一、思考题

1. 简述施工组织总设计的作用和编制依据。

2. 简述施工组织总设计的内容和编制程序。

3. 简述施工总平面图的内容和设计方法。

4. 设计施工总平面图应遵循什么原则？

5. 施工组织总设计中的工程概况包括哪些内容？

6. 在总体施工部署中应解决哪些问题？

7. 简述施工总进度计划的编制原则和内容。

8. 施工总进度计划的编制步骤如何？

二、单项选择题

1. 施工组织总设计是以一个（   ）为编制对象，用以指导其施工全过程的各项施工活动的综合技术经济性文件。

  A. 单位工程   B. 分项工程

  C. 分部工程   D. 工程项目

2. 施工组织总设计是由（   ）主持编制。

  A. 分包单位负责人   B. 总包单位总工程师

  C. 施工技术人员   D. 总包单位负责人

3. 下列（   ）不属于施工组织总设计的主要内容。

  A. 施工总平面图   B. 施工总进度计划

  C. 质量管理计划   D. 总体施工部署

4. 某施工企业在编制施工组织总设计时，已完成的工作有收集和熟悉有关资料和图纸、调查项目特点和施工条件、计算主要工种的工程量、确定施工的总体部署和施工方案，则接下来应该进行的工作是（   ）。

  A. 计算主要技术经济指标   B. 编制施工总进度计划

  B. 编制资源需要量计划   D. 施工总平面图设计

5. 在工程概况中，基础类型、埋置深度、设备基础形式、主体结构类型及预制件等主要说明，属于（   ）。

  A. 建设概况   B. 建筑概况

  C. 结构概况   D. 建筑施工特点

6. 砂、石等大宗材料应在施工平面图布置时，考虑放在（   ）附近。

  A. 塔式起重机   B. 搅拌站

  C. 临时设施   D. 构件堆场

模块八 BIM 技术综合应用

模块目标

了解 BIM 技术概念、发展、优势及价值；BIM5D 技术基本概念与内容；了解 BIM5D 在施工组织设计中的价值；了解 BIM5D 在施工组织设计中的应用。

案例导入

本建筑物为广联达办公大厦(图 8-1)，建设地点位于北京市郊。本建筑物用地概貌属于平缓场地，为二类多层办公建筑。本建筑的合理使用年限为 50 年，抗震设防烈度为 8 度。本建筑的结构类型为框架-剪力墙结构体系，建筑布局为主体呈"一"字形内走道布局方式。本建筑总面积为 4 745.6 m²，层数为地下一层，地上四层(不包括电梯机房及水箱间)。本建筑檐口距地高度为 15.4 m，设计标高±0.000 相当于绝对标高 41.500 m。

图 8-1 广联达办公大厦

单元一 BIM 技术概述

一、BIM 简介

从 20 世纪 80 年代的个人计算机革命到 90 年代的互联网革命及其普及作用，计算机网络使信息化所包含的信息收集、传递与共享具备了实现的技术条件。信息技术近十几年来的飞速发展和广泛应用，其重要意义和对人类的深远影响举世公认。在工程建设领域，计算机应用和数字化技术已展示了其特有的潜力，成为工程技术在新世纪发展的命脉。

工程设计是工程建设的龙头。在过去的 20 年中，CAD(Computer Aided Design)技术的普及推广使建筑师、工程师们从手工绘图走向电子绘图。甩掉图板，将图纸转变成计算机中二维数据的创建，可以说是工程设计领域第一次革命。CAD 技术的发展和应用，使传统的设计方法和生产模式发生了深刻变化。这不仅把工程设计人员从传统的设计计算和手工绘图中解放出来，可以把更多的时间和精力放在方案优化、改进和复核上，而且使设计效率提高十几到几十倍，大大缩短了设计周期，提高了设计质量。

但是，二维图纸应用的局限性非常大，不能直观体现建筑物的各类信息，所以建筑设计中，制作实体模型也是经常使用的建筑表现手段。为了在整个设计过程中沟通设计意图，建筑师有时需要同时用实体模型和图纸两种方式，以弥补单一方式的不足。过去这两种截然不同的沟通方式是分别实现的。应用计算机后，设计人员一直在探索如何使用软件在计算机上进行三维建模。最早实现的是用三维线框图去表现所设计的建筑物，但这种模型过于简化，仅仅是满足了几何形状和尺寸相似的要求。后来出现了诸如 3D Studio VIZ、FormZ 这类专门用于建筑三维建模和渲染的软件，可以给建筑物表面赋予不同的颜色以代表不同的材质，再配上光学效果，可以生成具有照片效果的建筑效果图。但是这种建立在计算机环境中的建筑三维模型，仅仅是建筑物的一个表面模型，没有建筑物内部空间的划分，更没有包含附属在建筑物上的各种信息，造成很多设计信息缺失。建筑物的表面模型，只能用来推敲设计的体量、造型、立面和外部空间，并不能用于施工。对于一个可以应用于施工的设计来说，附属在建筑物上的信息是非常多的，以墙体为例，设计人员除了需要确定墙体的几何尺寸、所用的材料外，还需要确定墙体的质量、施工工艺、传热系数等很多信息。如果不确定这些信息，建筑概预算、建筑施工等很多后续的工作就无法进行，而原有的建筑物三维表面模型，是无法做到在模型上附加这么多信息的。

随着建筑工程规模越来越大，附加在建筑工程项目上的信息量也越来越大。当代社会对信息的日益重视，使人们认识到与建筑工程项目的有关信息会对整个建筑工程周期乃至整个建筑物生命周期都会产生重要的影响。例如，建筑物用地的地质资料、所用的建筑材料以及材料的各种数据与项目的施工方式、生产成本及工期、使用后的维护都密切相关。对这些信息利用得好、处理得好，就能够节省工程开支，缩短工期，也可以惠及使用后的维护工作。因此，十分需要在建筑工程中广泛应用信息技术，快速处理与建筑工程有关的各种信息，合理安排工期，控制好生产成本，尽量消灭建筑项目中由于规划和设计不当甚至是错误所造成的工程损失以及工期延误。鉴于此，必须在整个建筑工程周期乃至整个建筑物生命周期中，实现对信息的全面管理。建筑设计作为建筑工程的龙头专业，也是整个建筑工程信息的源头，在建筑业信息化中肩负十分重要的责任。

BIM 是源于"Building Information Modeling"的缩写，中文译为"建筑信息模型"。该技术通过数字化手段，在计算机中建立一个虚拟建筑，该虚拟建筑会提供一个单一、完整、包含逻辑关系的建筑信息库。需要注意的是，在这其中"信息"的内涵不仅仅是几何形状描述的视觉信息，还包含大量的非几何信息，如材料的耐火等级和传热系数、构件的造价和采购信息等。其本质是一个按照建筑直观物理形态构建的数据库，其中记录了各阶段的所有数据信息。建筑信息模型(BIM)应用的精髓在于这些数据能贯穿项目的整个寿命期，对项目的建造及后期的运营管理持续发挥作用。

1975 年，美国佐治亚理工学院的查克·伊斯曼教授最早提出了采用信息化手段来描述建筑，这也是 BIM 概念的最早雏形。目前，BIM 技术已经成为推动建筑行业信息化发展的一种重要技术手段，随着建筑工业化不断推进和提高，传统建筑行业也逐渐发生革新和改变。BIM 技术可以贯穿到建筑规划、设计、分析、施工、生产建造、建设物流、运营维护、拆除及翻新的建筑全生命周期过程中。施工阶段是一个项目最为重要的阶段，如果能有一套成型或者较为优良的系统，可以使施工变得简单、快捷，从而大幅降低施工成本、简化施工程序、提高施工质量、缩短工期，这样势必造福建筑行业。BIM 技术的出现，似乎让这一切都变得可能，而 BIM5D 平台产品更是将 BIM 的可视化、集成性、关联性等优势发挥到极致。基于 BIM5D 平台可以在整合的三维模型基础上，任意维度看到进度、资源、资金、成本的情况，方便进行技术方案推演，提前规避问题，合理协调劳动力和工作面资源，实现项目的动态精细化。

建筑信息模型（BIM）的技术核心是一个由计算机三维模型所形成的数据库，不仅包含了建筑师的设计信息，而且可以容纳从设计到建成使用，甚至是使用周期终结的全过程信息，并且各种信息始终是建立在一个三维模型数据库中。建筑信息模型（BIM）可以持续即时地提供项目设计范围、进度以及成本信息，这些信息完整、可靠并且完全协调。建筑信息模型（BIM）能够在综合数字环境中保持信息不断更新并可提供访问，使建筑师、工程师、施工人员及业主可以清楚、全面地了解项目。这些信息在建筑设计、施工和管理的过程中能加快决策进度、提高决策质量，从而使项目质量提高，收益增加。建筑信息模型的应用不仅仅局限于设计阶段，而是贯穿于整个项目全生命周期的各个阶段，包括设计、施工和运营管理。BIM 电子文件，将可在参与项目的各建筑行业企业间共享：建筑设计专业可以直接生成三维实体模型；结构专业则可取其中墙材料强度及墙上孔洞大小进行计算；设备专业可以据此进行建筑能量分析、声学分析、光学分析等；施工单位则可取其墙上混凝土类型、配筋等信息进行水泥等材料的备料及下料；发展商则可取其中的造价、门窗类型、工程量等信息进行工程造价总预算、产品订货等；而物业单位也可以用其进行可视化物业管理。BIM 在整个建筑行业从上游到下游的各个企业间不断完善，从而实现项目全生命周期的信息化管理，最大化地实现 BIM 的意义。建筑信息模型，是以三维数字技术为基础，集成了建筑工程项目各种相关信息的工程数据模型，是对该工程项目相关信息的详尽表达。建筑信息模型是数字技术在建筑工程中的直接应用，以解决建筑工程在软件中的描述问题，使设计人员和工程技术人员能够对各种建筑信息做出正确的应对，并为协同工作提供坚实的基础。建筑信息模型同时又是一种应用于设计、建造、管理的数字化方法，这种方法支持建筑工程的集成管理环境，可以使建筑工程在其整个进程中显著提高效率和大量减少风险。由于建筑信息模型需要支持建筑工程全生命周期的集成管理环境，因此建筑信息模型的结构是一个包含数据模型和行为模型的复合结构。它除了包含与几何图形及数据有关的数据模型外，还包含与管理有关的行为模型，两相结合通过关联为数据赋予意义，因而可用于模拟真实世界的行为，例如模拟建筑的结构应力状况、围护结构的传热状况。当然，行为的模拟与信息的质量是密切相关的。应用建筑信息模型，可以支持项目各种信息的连续应用及实时应用，这些信息质量高、可靠性强、集成程度高，而且完全协调，大大提高设计乃至整个工程的质量和效率，显著降低成本。应用建筑信息模型，立即得到的好处是使建筑工程更快、更省、更精确，各工种配合得更好，减少了图纸的出错风险；而长远得到的好处已经超越了设计和施工阶段，惠及将来的建筑物的运作、维护和设施管理，并可持续地节省费用。建筑信息模型是应用于建筑业的信息技术发展到今天的必然产物。事实上，多年来国际学术界一直在对如何在计算机辅助建筑设计中进行信息建模进行深入的讨论和积极的探索。可喜的是，目前建筑信息模型的概念已经在学术界和软件开发商中获得共识，Graphisoft 公司的 ArchiCAD、Bentley 公司的 TriForma 以及 Autodesk 公司的 Revit 这些引领潮流的建筑设计软件系统，都是应用建筑信息模型技术开发的，可以支持建筑工程全生命周期的集成管理环境。

在整个建筑工程周期中，信息量应当是随着时间不断增长的；而实际上，在目前的建筑工程中，各个阶段的信息并不能很好衔接，使信息量的增长在不同阶段的衔接处出现了断点，出现了信息"回流"的现象。造成这样的原因有很多，其中一个重要原因，就是在信息的源头——建筑设计阶段，没有建立科学的、能够支持建筑工程全生命周期的建筑信息模型以及相应的集成管理环境，由此迎来了从二维图纸到四维设计和建造的革命。同时，对于整个建筑行业来说，建筑信息模型（BIM）也是一次真正的信息革命。建筑信息模型是建筑学、工程学及土木工程的新工具。

二、BIM 基本特性

BIM 是以建筑工程项目的各项相关信息数据为基础而建立的建筑模型，其通过数字信息仿真，模拟建筑物所具有的真实信息。BIM 是以从设计、施工到运营协调、项目信息为基础而构建的集成流程，它具有可视化、协调性、模拟性、优化性和可出图性五大特点。建筑公司通过使用 BIM，可以在整个建筑工程周期中将统一的信息创新、设计和绘制出项目，还可以通过真实性模拟和建筑可视化来更好地沟通，以便让项目各参与方了解工期、现场实时情况、成本和环境影响等项目基本信息。

1. 可视化

可视化，即"所见即所得"，对于建筑行业来说，可视化真正运用在建筑业的作用非常大。例如，经常拿到的施工图纸只是各个构件的信息，在图纸上以线条绘制表达，但是真正的构造形式就需要建筑业人员去自行想象。如果建筑结构简单，那么没有太大的问题，但是近几年形式各异、造型复杂的建筑不断推出，光靠想象就不太实际了。所以，BIM 提供了可视化的思路，将以往的线条式的构件，形成一种三维的立体实物图展示在人们的面前。

以前，建筑业也会制作设计方面的效果图，但是这种效果图是分包给专业的效果图制作团队，根据线条式信息识读设计制作出来的，并不是通过构件的信息自动生成的，因此缺少了同构件之间的互动性和反馈性。而 BIM 提到的可视化，是一种能够同构件之间形成互动性和反馈性的可视化。在建筑信息模型中，由于整个过程都是可视的，所以其可以用于效果图的展示和报表的生成。更重要的是，通过建筑可视化，可以在项目的设计、建造和运营过程中进行沟通、讨论和决策。

参数化设计从实质上讲是一个构件组合设计，建筑信息模型是由无数个虚拟构件拼装而成，其构件设计并不需要采用过多的传统建模语言，如拉伸、旋转等，而是对已经建立好的构件（称为族）设置相应的参数，并使参数可以调节，进而驱动构件形体发生改变，满足设计的要求。而参数化设计更为重要的是，将建筑构件的各种真实属性通过参数的形式进行模拟，并进行相关数据统计和计算。在建筑信息模型中，建筑构件并不只是一个虚拟的视觉构件，而是可以模拟除几何形状以外的一些非几何属性，如材料的耐火等级、材料的传热系数、构件的造价、采购信息、质量、受力状况等。

对参数定义属性的意义在于可以进行各种统计和分析，例如常见的门窗表统计，在建筑信息模型中是完全自动化的；而参数化更为强大的功能是可以进行结构、经济、节能、疏散等方面的计算和统计，甚至可以进行建造过程的模拟，最终实现虚拟建造。这与犀牛、

3DMax 等软件中的三维模型是完全不同的概念，用 3DMax 建立的模型，墙与梁并没有属性的差别，它们只是建筑师在视觉上假设的墙与梁，这些构件将无法参与数据统计，也就不具备利用计算机进行各种信息处理的可能性。

构件关联性设计是参数化设计的衍生。当建筑模型中所有构件都由参数加以控制时，如果将这些参数相互关联起来，那么就实现了关联性设计。换言之，当建筑师修改某个构件，建筑模型将进行自动更新，而且这种更新是相互关联的。例如，在实际工程中经常会遇到修改层高的情况，在建筑信息模型中，只要修改每层标高的数值，那么所有的墙、柱、窗、门都会自动发生改变，因为这些构件的参数都与标高相关联，而且这种改变是三维的，并且是准确和同步的。我们不再需要去分别修改平面、立面、剖面图图纸。关联性设计不仅提高了建筑师的工作效率，而且解决了长期以来图纸之间的错、漏、缺问题，其意义是显而易见的。

参数驱动建筑形体设计是指通过定义参数来生成建筑形体的方法，当建筑师改变一个参数，形体可以进行自动更新，从而帮助建筑师进行形体研究。参数驱动建筑形体设计仍然可以采用定义构件的方法实现。如果要设计一个形体复杂的高层建筑，可以将高层建筑的每一层作为一个构件，然后用参数（包含一些简单的函数）对这一层的几何形状进行定义和描述，最后将上下两层之间再用参数关联起来，例如设定上下两层之间的扭转角度，这样就可以通过修改所定义的角度来驱动模型，生成一系列建筑形体。这种模式对于生成一些有规律的，但却很复杂的建筑形体是十分有用的。在 Revit 中，还有另一种方便的工具——体量。体量设计更加接近建筑师的工作模式，建筑师可以从体量推敲做起，而不必关心体量与尺寸参数的关系，当体量推敲满意后，再为体量附着具有真实属性的建筑构件，例如给形态附着幕墙、墙、楼板等。体量模式较为强大的功能还在于，当再次修改体量时，原先附着的建筑构件可以相应更新。这实际上实现了"先形状后尺寸"的设计方式，其技术思想与"变量化实体造型技术"较为接近。

参数驱动建筑形体设计并不是建筑信息模型所独有的技术，犀牛等软件具备同样的功能。但是在建筑信息模型中，形体可以方便地转化成具有真实属性的建筑构件，如给形态附着幕墙，当改变参数，形体发生变化的同时，建筑构件也相应同步变化，这就使视觉形体研究与真实的建筑构件关联起来，视觉模型也就转化为真正的信息模型。

2. 协调性

协调性是建筑业中的重点内容，无论是施工单位和设计单位还是业主，都在做着协调及相互配合的工作。一旦在项目的实施过程中遇到问题，就需要各相关人员组织起来进行协调会议，找出施工中问题发生的原因及解决办法，然后做出相应变更、补救措施等来解决问题。那么，问题的协调就只能等出现问题后再进行协调吗？设计时，由于各专业设计师之间的沟通不到位，往往会出现各种专业之间的碰撞问题，例如，在对暖通（供热、燃气、通风及空调工程）等专业中的管道进行布置时，可能遇到构件阻碍管线的布置。这种问题是施工中常遇到的碰撞问题，而 BIM 的协调性服务，可以帮助处理这种问题，也就是说 BIM 可在建筑物建造前期，对各专业的碰撞问题进行协调，生成并提供协调数据。当然，BIM 的协调作用也不仅应用于解决各专业间的碰撞问题，它还可以解决电梯井布置与其他设计布置及净空要求的协调、防火分区与其他设计布置的协调以及地下排水布置与其他设计布置的协调等问题。

以前，我们理解的协作设计通常是建筑专业与结构水暖电的专业协作。而今天，随着建筑工程复杂性的增加,跨学科的合作成为建筑设计的趋势。在二维 CAD 时代,协作设计缺少一个统一的技术平台,但建筑信息模型为传统建筑工种提供了一个良好的技术协作平台,例如,结构工程师改变其柱子的尺寸时,建筑模型中的柱子也会立即更新。建筑信息模型还为不同的生产部门,甚至管理部门提供了一个良好的协作平台,例如施工企业可以在建筑信息模型基础上添加时间参数进行施工虚拟,控制施工进度,政务部门可以进行电子审图等。这不仅改变了建筑师、结构工程师、设备工程师传统的工作协调模式,而且业主、政府政务部门、制造商、施工企业都可以基于同一个带有三维参数的建筑模型协同工作。

3. 模拟性

BIM 的模拟性并不是只能模拟、设计出建筑物的模型,还可以模拟难以在真实世界中进行操作的事件。在设计阶段,BIM 可以对设计上需要进行模拟的一些事件进行模拟试验,例如,节能模拟、紧急疏散模拟、日照模拟和热能传导模拟等;在招标投标和施工阶段可以进行 4D 模拟(3D 模型加项目的发展时间),也就是根据施工的组织设计模拟实际施工,从而确定合理的施工方案;还可以进行 5D 模拟(基于 3D 模型的造价控制),从而实现成本控制;在后期运营阶段,还可以进行日常紧急情况处理方式的模拟,如地震人员逃生模拟和消防人员疏散模拟等。BIM 模型都能够直接通过 GDXML 文件格式完美地导出到 Ecotect 绿色分析软件上,通过软件模拟该建筑在真实环境中的建筑朝向、温湿度、日照、遮阳、太阳辐射、全年的能量消耗等,保证从方案阶段开始,就始终将环保、绿色、低碳、节能的概念贯穿设计全过程。

4. 优化性

事实上,整个设计、施工和运营的过程就是一个不断优化的过程,在 BIM 的基础上,可以更好地进行优化。优化通常受信息、复杂程度和时间的制约。准确的信息影响优化的最终结果,BIM 模型提供了建筑物的实际存在的信息,包括几何信息、物理信息以及规则信息。对于高度复杂的项目,由于参与人员本身往往无法掌握所有的信息,因此需要借助一定的科学技术和设备。现代建筑物的复杂程度大多超过参与人员本身的能力极限,BIM 及与其配套的各种优化工具提供了对复杂项目进行优化的服务。基于 BIM 的优化,可以完成以下两种任务:

(1)对项目方案的优化。把项目设计和投资回报分析结合起来,可以实时计算出设计变化对投资回报的影响。这样,业主对设计方案的选择就不会停留在对形状的评价上,而是停留在哪种项目设计方案更有利于自身需求的评价上。

(2)对特殊项目的设计优化。在大空间随处可看到异形设计,如裙楼、幕墙和屋顶等。这些内容看似占整个建筑的比例不大,但是占投资和工作量的比例往往很大,而且通常是施工难度较大和施工问题较多的地方,对这些内容的设计方案进行优化,可以显著地改善工期和造价。

5. 可出图性

使用 BIM 绘制的图纸,不是建筑设计院所设计的图纸或者一些构件加工的图纸,而是通过对建筑物进行可视化展示、协调、模拟和优化以后,绘制出的综合管线图(经过碰撞检查和设计修改,消除了相应错误)、综合结构留洞图(预埋套管图)以及碰撞检查侦错报告和建议改进方案。

三、BIM设计的核心理念

虽然已经有一些基于建筑信息模型开发的建筑设计软件(以下把这类软件简称为BIM软件),但由于不同软件公司在技术上的差异,所以采用的技术不尽一致。这里介绍的建筑信息模型技术特点是对现有软件所采用的建筑信息模型技术的一个归纳。总的来说,基于建筑信息模型的建筑设计软件系统融合了以下两种主要思想:

(1)将设计信息以数字形式保存在数据库中,以便更新和共享。

(2)在设计数据之间创建实时的、一致性的关联,对数据库中数据的任何更改,都立刻可以反映在其他关联的地方,这样可以提高项目的工作效率和保证项目的工程质量。

正是这两种非常重要的思想,使计算机辅助建筑设计工作发生了本质上的变化。应用BIM软件来进行建筑设计时,会发现和原来应用绘图软件设计有很大的区别。BIM建模工具不再提供低水平的几何绘图工具,操作的对象不再是点、线、圆这些简单的几何对象,而是墙体、门、窗、梁、柱等建筑构件;在屏幕上建立和修改的不再是一堆没有建立关联关系的点和线,而是由一个个建筑构件组成的建筑物整体。整个设计过程就是不断确定和修改各种建筑构件的参数,全面采用参数化设计方式。应用BIM建模需要大量建筑领域中的具体知识,许多建模的操作都需要建筑师应用建筑设计相关的知识,例如门的设计就需要懂得根据使用条件选择门的类型、材质、大小、开启方式等,而不是画几条线就可以。应用绘图软件设计时,对设计内容无须交代得很清楚;而应用BIM软件设计则相反,如当要放置一个建筑构件到一个模型中,必须告诉模型这是什么,而不是它像什么。

BIM软件在立足于数据关联的技术上进行三维建模,模型建立后,可以随意生成各种平、立、剖二维图纸,无须画一次平面图后,再分别去画立面图、剖面图,避免了不同视图之间出现不一致现象。此外,在任何视图上对设计的任何更改,都立刻可以在其他视图上关联的地方反映出来,这种关联互动是实时的。

由于建筑信息模型包含所代表的建筑物的详尽信息,因此,可以生成各种门窗表、材料表以及各种综合表,这样就为建筑信息模型的进一步应用创造了条件。例如,应用这些表格进行概预算、向建筑材料供应商提供采购清单等。实际上,BIM的应用范围已经超出了建筑设计的范畴。

建筑信息模型的建立,为进行各种可视化分析(空间分析、体量分析、效果图分析、结构分析、传热分析等)提供了方便,同时还为其他专业要进行的设计分析(结构分析、传热分析等)创造了条件。

为了达到以上的目的,BIM软件建模必须符合以下要求:

(1)必须保证建筑产品信息的完整性,能够对不同抽象层次上的建筑产品信息进行描述和组织;

(2)不同的应用能够根据它提取所需的信息,衍生自身所需的模型,且能在建筑产品模型上添加新信息,保证信息的可重复使用性和一致性;

(3)应该支持自顶向下设计,特别是概念设计和设计变更。

建筑设计需要涉及许多不同的专业,如建筑、结构、设备专业等。由于BIM具有承载各种信息的能力,整个建筑相关的信息和一整套设计文档存储在集成数据库中,所有信息都已数字化,完全相互关联,这样就可以在BIM上构建各个专业协同工作的平台。这不但消除了以前各个专业设计软件互不兼容的现象，还实现了各专业的信息共享。例如，设计的修改或变更、施工计划安排以及施工进度的可视化模拟、各种文档协同管理、施工变更管理等都可以在这个协同工作平台上实现。

正是 BIM 的应用，一种新的建筑业管理思想应运而生，这就是建筑物生命全周期管理（Building Lifecycle Management，BLM）。BLM 是一种以 BIM 为基础，创建、管理、共享信息的数字化方法，能够大大减少资产在建筑物整个生命周期（从构思到拆除）中的无效行为和各种风险。BLM 是建筑工程管理的最佳模式。

BIM 技术在发展过程中，吸纳了学术界多年研究的一些成果，融入自身之中。例如，门和窗是开在墙上的，门、窗和墙的关系是紧密相连的。有不少关于智能 CAD 的研究指出，在修改设计时平移墙体，墙上的门和窗应当自动地跟着移动；删除墙体，墙上的门和窗也就自动地跟着删除，应当把这些列为设计专家系统里的规则。现在，这些功能已经在 BIM 软件上实现了。

四、BIM 软件类型

1. 设计类 BIM 软件

BIM 技术是通过建筑业应用软件程序来实现的，这些软件类别包括建筑设计、工程设计、施工管理、预算、设备管理等。

当前，BIM 设计软件的市场有三家主流公司，分别是 Autodesk 公司、Bentley 公司和 Graphisoft/Nemetschek AG 公司。Autodesk Revit 的三个系列 Revit Architecture、Revit Structure 和 Revit MEP 2008 分别对应于建筑、结构和设备三个不同的专业领域。参数化建筑图元是 Revit 的核心，而参数化修改引擎提供的参数更改技术，使用户对建筑设计文档任何部分的更改都能够自动放映到其他视图，引起关联变更。建筑软件以墙柱、楼板、屋顶、门窗等构件为基本图元构件；结构软件的基本图元构件以梁、板、柱为主；设备软件的基本图元构件比较多，大致划分成机械、电、泵、消防等几个系统。每一种图元构件都被分成"族—类型—实例"的等级，最终落实搭建 BIM 的是"实例"，其能够在整个项目中自动协调在任何时刻、任何地方所做的任何变更，从而确保设计和文档保持协调、一致与完整。另外，Autodesk 还提供其他一些基于 3D 并带参数设计的软件，如 AutoCAD Architecture 2008、AutoCAD MEP 2008。在北美地区，Autodesk Revit 在建筑师圈中占据明显优势（Khemlani 2007）。Bentley 提倡利用 Microstation 作为平台，从 CAD 平稳向 BIM 过渡。Graphisoft（Nemetschek AG）的 ArchiCAD 是专门为建筑师服务的专业设计软件，它的特色之处在于使用"几何设计语言"，简单参数化程序设计语言，用户可以通过它创建智能化建筑构件。此外，一种新的基于 3D 的软件可以用来做冲撞检测。这种程序可以根据各种不同的设计原则，让计算机自动地检测构件对象间的相互影响。比如，可以测试并显示消防水管是否在梁上穿洞而过，可以提示空调管道是否与天花板位置相互冲突。由于 BIM 软件的使用，这种冲撞检测应用程序在 AEC 行业中开始变得越来越重要。Innovaya（Innovaya 2007）和 Navisworks（Navisworks 2007）都提供该种应用软件。

2. 施工类 BIM 软件

随着 BIM 设计软件的发展，相应出现了更多的应用程序去开拓"BIM"中"I"的用途。BIM 从 3D 模型的创建职能发展出 4D（3D＋时间或进度）建造模拟职能、5F～5D（3D＋开销或造价)施工造价职能,让建筑师、工程师、承建公司能够更加轻松地预见施工的花费与建设的时间进度。Innovaya 是最早推出 BIM 施工软件的公司之一,支持 Autodesk 公司的 BIM 设计软件及 Sage Timberline 预算、Microsoft Project 及 Primavera 施工进度。Innovaya 的重头产品 Visual Estimating 和 Visual Simulation,针对辅助施工阶段工作任务。具体来说,Innovaya Visual Estimating 支持 BIM 模型的自动计算并显示工程量,还可以将设计构件与预算数据库连接,以完成工程造价。工程造价是个复杂的过程,其过程包括分析设计,根据施工需要对构件进行项目分类并集合,设定装配件、物料的定量和变量,编制数据库,再将工程项目的数据信息择录载入这些产品数据库,最终使它们价格化。当前的 BIM 设计软件程序不能精确统计到施工装配件上的细节,诸如一个"墙"构件上的钉子、龙骨、石膏板等。因此,BIM 在设计与施工之间存在一道沟堑,而 Innovaya Visual Estimating 的作用便体现于此。它可以结合设计模型,综合处理施工类的装配件与物料,进行分类集合、择录工作,直接为工程造价所使用。很重要的一点是,被 Visual Estimating 量化的信息,都能在三维空间中与构件直接链接。使用者通过简单点选,即可看到有哪些构件、具体在什么位置、花费了多少,并可以随着设计的深入及时更新,真正实现 5D 施工(Khemlani,2006)。US Cost Success Design Exchange 和 Winest 也支持 Revit,但这些应用程序尚未达到 Innovaya 自动化、可视化和精细化的程度。对于进度策划的需求,由 Innovaya Visual Simulation(可视化模拟建造)给 BIM 的使用者提供程序工具。作为一个计划和施工分析的新型工具,Visual Simulation 可以将 MS Project 或者 Primavera 活动计划与 3D BIM 模型衔接。因此,项目进度计划可以通过 3D 构件在施工进度安排下的建造过程表现出来,这就是 4D(3D+时间)施工或 4D 模拟的概念。由这个方式产生的任务可以自动地关联到 BIM 构件上,并且还无须手写表格即可快捷完成(Rundell and Stowe,2006)。一旦调整进度图表,则与其相关的 BIM 构件的施工安排也将相应地更改,并在 4D 模拟建造时体现出来。这是因为任务和构件是关联的,所以任务时间的改变,意味着构件的模拟建造过程也将改变。类似的软件还有 Navisworks 公司的 Timeliner。

五、BIM 的应用

1. BIM 在建筑工程生命周期中的应用

BIM 为真正实现 BLM 的理念提供了技术支撑。建筑工程生命周期主要包括建筑物进行设计、施工、运营使用乃至拆除的完整过程。概括地讲,BIM 是将规划、设计、施工、运营等各阶段的数据,全部逐渐累积于一个数据结构,其中既包含三维模型的信息,也存储具体构件的参数数据。BIM 的数据由建筑行业软件程序产生、输入并支援,用以共享和交换项目的信息,并协助建设项目过程中的整合操作。基于数字化设计信息的创建,与相关技术产品接口,可以改变建设工程信息的管理过程和共享过程,从而实现 BIM。从前期设计阶段,BIM 便开始建立一个贯穿始终的数据库档案。随着项目展开,BIM 的数据信息跟随方案自动积累与更新,设计的方案随着计划的调整而改变,这就使项目的前期设计工作在有限的时间得到更多的预选方案。BIM 的前期设计数据进入概念设计阶段,将开始逐步扩充。由于不同软件程序只存取同一组信息数据,设计的数据可以在项目参与者之间循环,因此大大提高了数据的有效利用率。有了 BIM 共享基础,在做建筑设计的同时,建筑师就可以便捷地计算出方案的绿色指标、经济指标、概预算等数值,反过来再影响方案的设计，进而进行改良。接下来，这些数据将继续在扩初设计中得以细致化、完善化。最终基于 BIM 的扩初设计，通过截取 BIM 模型就完成了布图，使用提取工具就完成了文案的编制，呈交一套完整的产品设计。这个阶段的工作新颖之处在于：基于 BIM 的设计产品都是 BIM 模型创作的副产品，都是从详尽的数据库中得来的，图纸输出或是文档编制并没有本质的不同，只是出于不同的目的，从不同的角度，用不同的格式来查看项目模型的数据而已。BIM 的数据传承到施工阶段，承建公司用来做工程量化、进度编排、工程造价等动工前的准备，用以安排采购、下包、后勤等工作任务，施工阶段中的 BIM 数据库也随着工作安排的展开而得以补充，如设计变更信息、实际采购信息、设备租赁信息、人力资源信息等都会被存储到 BIM 数据库中。最终完成的工程项目实体与 BIM 模型的数据是完全对应的，每项物质零件都有其准确的电子数据信息存档备案。BIM 信息传递的最终阶段是建筑物投入运营使用的阶段。理论上，一套完整的建设数据可以协助进行设备管理，如三维的图形信息，可以虚拟安置设备；构件的参数数据，作为修建改造工程的基本信息，潜力无限（NBIMS 2007）。

BIM 协助整合项目的工作内容，能够优化整个建设过程。作为设计工具，BIM 整合了设计师的各项工作，设计师绘图工作不再分图面进行，设计内容与编档内容关联映射，极大地提高了设计生产率和设计质量。作为数据载体，BIM 整合了来自各方信息的管理工作，因为减少了人们在不同软件系统上输入相同项目信息时发生的不必要的数据错误，并通过使用计算机对项目数据多次复用，所以设计信息不会在转交、传递或调整中遗漏丢失，减少了重建信息的劳动消耗。作为交流平台，BIM 整合了信息资源，支持同步共享。作为智能工具，BIM 整合了计算机科技与建筑技术的发展，实现了数字技术的高效益。

在一个完整工程项目周期中使用 BIM 技术，可以给所有的参与者带来巨大的效益。对设计师来说，越到深层次的设计阶段，BIM 设计软件使用起来便越得心应手。比如，初步设计所要求的图文档案进度，与设计工作的深度是同步的，无论是 2D 图纸还是经济指标文档，无论是 HVAC 的流量分析还是结构系统的强度报告，都是模型创建过程的副产品。只要按照所需，编写简单的参数值，一切相关文档都可以被轻松地统计并编排出来。对承建方来说，BIM 在安全施工、降低无谓消耗等方面做出巨大贡献。BIM 模型可以用于各系统构件的三维冲撞检测；用于联带进度图表的四维模拟建造，进行施工管理计划。由此，BIM 能够帮承建方和施工者们降低风险，减少变更，制订更完善的项目计划，提高程序的合理性与交流的便利性，还支持进度安排的方案具有可选性，使整个项目施工过程能在最短的时间内得出最佳的成果。更新的还有升级了工程造价的五维概念，将工程造价的过程也通过 BIM 模型完成，进而优化施工的过程。资方能够基于 BIM，更容易更直观地理解自己的项目，有更多的机会参与到设计中，并能更有力地掌控设计方案与资金开销，满足自己的要求，减少变动调整以节省资金，花费同样的钱收获高质量的产品和高效率的交付。

2. BIM 在投标时的应用

投标是建筑施工单位承揽工程必经的一环。对许多施工单位而言，如何展示自己的技术实力与水平是非常重要的。几年前，上海环球金融中心、北京央视大楼等项目的承包商，采用三维动画模拟施工过程（即现实所说的 4D）创造了 5 投 4 中的良好业绩。许多施工企业纷纷仿效，但是，惊人的成本（动画费用 200～300 元/秒）让许多中小施工企业望而却步。因此，这一技术仅在若干有实力的企业中使用。幸运的是，BIM 的出现，特别是 Revit 等软件的推出，给了中小施工企业一个良好的机会和工具。借助 BIM 平台，中小施工企业也可以非常容易地实现施工过程的三维动画模拟。

投标的时间一般非常紧，许多企业根本没有时间仔细审核图纸，更不用说核对工程量清单，而 BIM 技术在这方面作用也非常大。只要 BIM 团队把建筑物模型建立起来，施工企业就会洞悉其中的一切，这种精细程度可以达到一根箍筋、一个接线盒，甚至是一个螺钉，建筑施工的重点、难点将会一目了然。如果想核对工程量清单，只需给出明细表即可。

BIM 在投标中的应用主要是为了更好地表达和体现投标方案的意图，采用 BIM 技术可以很好地表达投标书中的进度计划、现场平面布置、质量控制要点及安全文明施工。BIM 中的动画，可以更加形象地表达进度、质量、安全文明等方案内容。

如果投标中有哪些技术细节不清，也可以应用 BIM 技术进行三维或四维甚至是五维模拟，根据模拟情况修改技术方案，提出技术措施，甚至是对业主提出合理化建议。

3. BIM 在技术交底中的应用

传统的技术交底是平面的，文字陈述多，不直观。如果工人的文化水平低，这种交底通常没有多少实际作用。采用 BIM 技术之后，技术交底可以做成多媒体，内容中可以体现许多传统技术交底无法做到的项目。比如，形象地给出完整的带语音的钢筋绑扎过程，可以模拟钢结构安装时每个节点的螺栓安装顺序和每道焊缝的焊接顺序及要求。这种交底形象、直观，即使工人在作业面上遇到问题，通过 4G 或 5G 网络，利用手机即可观看视频，解决遇到的难题。有条件的企业可以在作业面上配备三维激光扫描仪，实现远程作业指导。

4. BIM 在验收中的应用

工程质量验收中，经常会遇到一些需要验收的工程的形状、尺寸信息，如轴线、洞口尺寸、预埋件偏差等。传统的验收手段一般都是查阅图纸，然后实测工程实体。这种检测劳动强度很高且只能抽测，其代表性对工程质量、安全意义不是很强。

如果采用 BIM 技术建立工程的信息模型，以三维激光扫描仪辅助，对整个工程实体扫描，将扫描的数据与 BIM 模型进行对比，偏差的结果将非常容易显示出来。这样，任何部位的细小偏差都会清晰呈现，既降低了劳动强度，又提高了验收效率，同时能及时全面地发现重大偏差，特别是对一些高层、超高层的偏差非常重要。

5. BIM 在装饰设计中的应用

在装饰设计前，借助三维激光扫描仪，即可对拟装饰的部位进行扫描，以扫描而得的点云数据，将拟装饰部位建立 BIM 模型。这种 BIM 模型是完全真实的，任何实际情况都会一览无遗。因此，装饰设计就可以在完全真实的条件下进行，而一改以前设计与实际条件经常出现不一致或出入的现象，可以提高装饰设计的速度，保证设计的质量。

六、BIM 对造价的影响

对于造价来说，BIM 很有可能会改变造价的整个工作流程，包括造价员的整个工作思维模式。传统的造价工作模式是识图→算量（目前是软件提量＋手工算量）→套价→调整材料价、调整取费→完成造价，这样一个过程有很多重复的工作，并且很多环节需要大量的人工劳动力来解决造价中遇到的复杂问题，在可研、设计、招标、施工阶段需要重复计算不同阶段的造价。这样的工作模式势必会增加很多额外的成本，尤其后期设计中的变更修改阶段，每一次修改都需要重新核对图纸的改变程度，在传统的单机单专业的工作方式中，很多设计修改不会被造价人员发现，这样的造价计算肯定会与实际的清单有很多误差。而基于 BIM 下的造价可以在不同阶段计算不同阶段的造价清单，只要模型建立得足够精细，就可以得到十分精准的造价信息。

工程造价分为算量问题、组价问题和合同问题三个部分。现阶段来看，BIM 技术的普及对工程造价的冲击主要在算量问题上。BIM 作为应用软件，更加简化了工程量的计算，使造价师从算量的烦琐工作中脱离出来，减少了大量计算工作，将更多的目光放在组价和合同问题上。

此外，BIM 技术使各阶段数据无缝对接，实现全过程、全要素可靠、准确的工程造价管理。这在一定程度上避免了之前各阶段数据不连续，各环节之间协同共享存在障碍，导致工程信息不透明、工程项目"水深"的现象。

前面提到，BIM 的普及会让造价师的目光更多地集中在组价和合同问题上。对于价格、合同、建设工程前后的费用控制，相关法律和规章是以工程经验积累起来的。技术软件再万能，在没有标准可循的组价、合同法律法规的理解等方面也不能和人脑比。当工程量不需要计算的时候，造价师会更有精力去做成本控制等一些控制造价的核心内容。因此，BIM 只能在技术上给造价师提供更宽、更高的职业空间。

在国外，工料测量师被业主称为"费用经理"。他们的业务不仅是单一环节的"计价""造价"，更是全过程"控价"。从工程量预测，到投标招标决策；从工程可行性判断，到工程成本管理，工料测量师都可以从经济角度提出解决方案。反观国内造价师，"造价"二字当顶，已经明示其本职。目前，国内造价师的工作也确实以算量、套价为主，很少实现全过程成本管控。

因此，未来造价工程师的咨询业务很可能会改变，不再是单一的造价内容，而是关注于工程项目全过程的成本管控咨询。但是，BIM 业务也不会完全取代造价业务，原因有以下两个方面：

（1）BIM 即使发展到人工智能的程度，始终不如人懂得其他人的"心理活动"，对敏感性问题完全无能。建设工程是为人服务的，人有种种立场和差异化感受，用户与用户之间、企业与企业之间、社会与社会之间，甚至这三者之间，追求往往不那么一致。用户体验、造价规范与工程效益的同步协调，涉及种种微妙的利害权衡。国内的工程造价，不仅是经济账，也是心理战。

（2）更实时、更适配的 BIM 算法始终依赖人的输入。BIM 计算实质是工程经验的数据化，但实际的工程实践不是 BIM 模型所能实现的，所以工程经验数据化的进度和精度取决于人对工程的理解。

以 BIM 模型为基础，按照 BIM 建筑模型的各个构件自动挂接对应的清单和定额，这样就可以实时地计算出造价清单，模型的变更修改也可以在造价中有所体现，真正达到一处修改实时计量的工作模式。这样不但提高了算量的工作效率，还提高了清单精确度，并且在 BIM 模型中可以通过批量修改、多工程链接、可视化操作等一系列手段来灵活地完成工作任务。也就是说，BIM 以全新的协同工作方式代替传统的单机工作模式。

但是，从行业的角度来看，造价工作者不应该局限于本专业的范围，而是应该在头脑中有一个BIM宏观的概念。首先了解BIM在整个建筑生命周期都能做什么，其次是掌握造价行业的新软件新技术，即头脑中一定要时刻建立一个模型化、协同化的思维模式。

BIM作为工具，它的存在是简化造价师的工作量，也纠正了一直以来造价师应该把握的方向：造价师不是算量员，他们的存在是为了更好地进行工程成本控制。BIM本身并不能成为解决方案，也不能发挥作用，真正的解决方案是行业从业人员充分挖掘和利用BIM的价值，更好、更快地完成工程任务。BIM简化了造价师的重复算量工作，为造价师的发展提供了更大的空间。

单元二　　BIM5D在施工组织设计中的价值

广联达BIM5D以BIM平台为核心，能够集成多类型BIM软件产生的模型，并以集成模型为载体，关联施工过程中的进度、合同、成本、质量、安全、图纸、物料等信息，为项目提供数据支撑，实现有效决策和精细管理，最终达到减少施工变更、缩短工期、控制成本、提升质量的目的。

传统的施工组织设计及方案优化流程是由项目人员熟悉施工图纸、进度要求、现场资源情况，进而编制工程概况、施工部署以及施工平面布置，并根据工程需要编制工程投入的主要施工机械设备和劳动力投入等内容，在完成相关工作之后提交监理单位审核，审核通过后，相关工作按照施工组织设计执行。

基于BIM5D的施工组织设计优化了施工组织设计的流程，提高了施工组织设计的表现力。BIM5D在施工组织设计中的价值，主要体现在以下几个方面：

(1)基于BIM5D的施工组织设计结合三维模型，对施工进度相关控制节点进行施工模拟，直观展示不同的进度控制节点、工程各专业的施工进度。

(2)在对相关施工方案进行比选时，通过创建相应的三维模型，对不同的施工方案进行三维模拟，并自动统计相应的工程量，为施工方案选择提供参考。

(3)基于BIM5D的施工组织设计为劳动力计算和材料、机械、加工预制品等统计提供了新的解决方法，在进行施工模拟的过程中，将资金以及相关材料资源数据录入模型中。在进行施工模拟时，也可以查看在不同的进度节点相关资源的投入情况。

单元三　　BIM5D在施工组织设计中的应用

一、工程概况

工程概况包括本项目的性质、规模、建设地点、结构特点、建设期限、分批交付使用的条件、合同文件，本地区的地形、地质、水文和气象情况，施工力量、劳动力、机具、材料、构件等资源供应情况，施工环境及施工条件等。

二、传统方案

传统模式下，项目工程概况以文字形式表现在施工组织设计文件中，并标注在施工图纸的设计说明中。项目参建各方数据互通时，主要以收发电子版文件或纸质版文档为基础，效率低下。

三、BIM5D 方案

基于 BIM5D 平台，可以将项目概况、开竣工日期、参建单位全部录入系统平台。项目参建各方想要获取有关数据，可以直接登录 BIM5D 平台进行查阅。广联达办公大厦项目工程概况如图 8-2 所示。

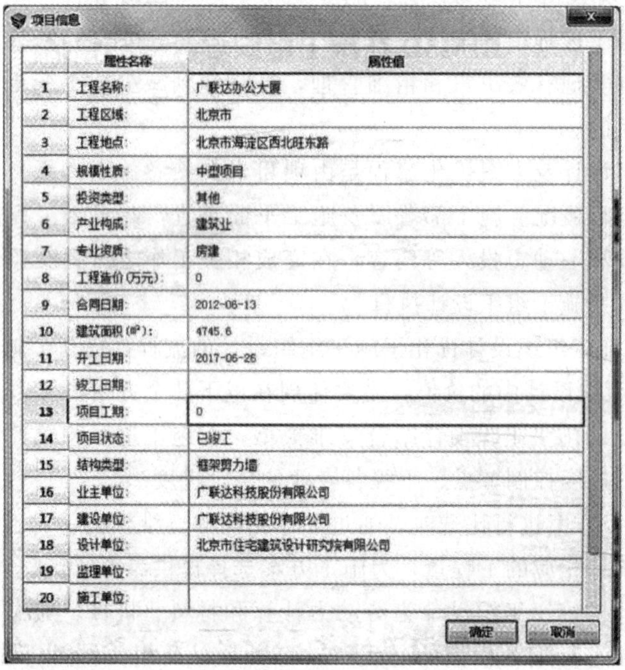
项目信息

	属性名称	属性值
1	工程名称:	广联达办公大厦
2	工程区域:	北京市
3	工程地点:	北京市海淀区西北旺东路
4	规模性质:	中型项目
5	投资类型:	其他
6	产业构成:	建筑业
7	专业资质:	房建
8	工程造价(万元):	0
9	合同日期:	2012-06-13
10	建筑面积(m^2):	4745.6
11	开工日期:	2017-06-26
12	竣工日期:	
13	项目工期:	0
14	项目状态:	已竣工
15	结构类型:	框架剪力墙
16	业主单位:	广联达科技股份有限公司
17	建设单位:	广联达科技股份有限公司
18	设计单位:	北京市住宅建筑设计研究院有限公司
19	监理单位:	
20	施工单位:	

确定 取消

图 8-2　工程概况

四、施工部署

根据工程情况，结合人力、材料、机械设备、资金、施工方法等条件，全面部署施工任务，合理安排施工顺序，确定主要工程的施工方案。

传统模式下，项目的施工部署主要包括对施工目标、施工程序、施工组织机构、分包管理的部署，主要以文字形式编制部署方案，组织项目各参与方以开会形式交底组织机构人员、人员职责。一旦项目情况、人员组织结构、施工条件等因素发生变化，需要重新编制施工部署文件并进行交底，因此常常出现响应速度慢、改动不及时等情况，无法保证项目的正常运转。

在施工部署应用方面，BIM5D 平台主要从组织管理、模型集成数据准备等方面进行管理，具体内容如下。

(1)组织管理。BIM5D 平台主要是从组织机构、权限分配方面来进行现场人员职能及职责的管理，通过清晰、明了的页面管理和授权管理使项目进行有效的运转。项目利用 BIM5D 搭建数据与信息共享平台，各部门各岗位通过平台积累并调用过程数据，获取多维度信息，辅助业务管理决策；同时，各部门数据互通共享，大大提升信息获取的效率和准确性，从而提高管理效率和质量，实现多部门多岗位的协同办公，如图 8-3 所示。广联达办公大厦项目组织管理模式如图 8-4 所示。

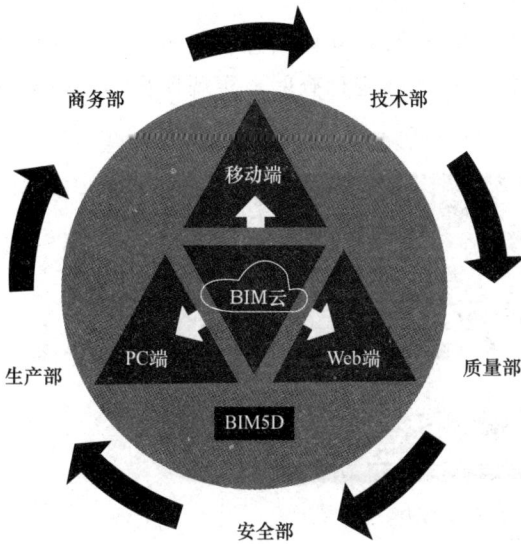

图 8-3　多部门多岗位的协同办公

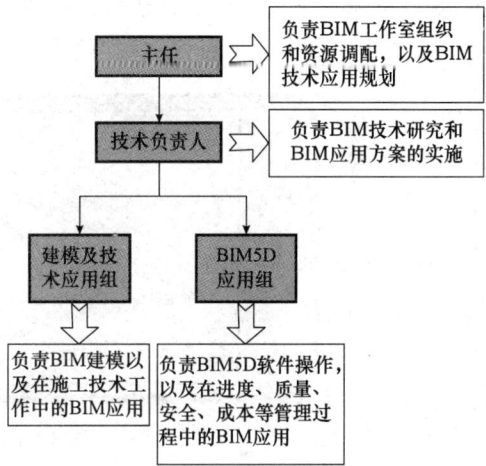

图 8-4　组织管理模式

(2)模型集成数据准备。基于广联达办公大厦项目，BIM5D 平台可将土建算量软件(土建模型)、钢筋算量软件(钢筋模型)、施工场地布置软件(场地模型)等 BIM 工具软件建立的模型数据加载，并将斑马进度计划软件编制的进度文件，以及其他图纸、质量安全、成本等业务数据与模型挂接，形成广联达办公大厦项目 BIM 数据中心与协同应用平台，保证了多部门多岗位协同应用，为项目精细化管理提供支撑。广联达办公大厦项目整合模型如图 8-5 所示。

图 8-5　整合模型

五、施工方案

对拟建工程可能采用的几个施工方案进行定性、定量的分析，通过技术经济分析，选择最佳施工方案。

传统模式下，项目的施工方案主要是通过对项目重点、难点的分析，针对项目的复杂部位、难点部位(如脚手架工程、起重吊装工程、临时用水用电工程、季节性施工等)的分部分项工程，编制图文并茂的方案文件，但二维的方案资料往往存在不直观、沟通效率低等问题。

在施工方案应用方面，BIM5D平台主要从可视化展示、深化设计前后对比展示、复杂部位工序模拟、重要部位筛查等方面进行管理，具体内容如下。

(1)可视化展示。利用BIM模型可视化的特点进行直观立体的感官展示，不仅可以在PC端浏览模型全景及细节，还可以通过Web端、移动端进行查阅，实现模型的多手段展示。广联达办公大厦项目移动端模型可视化如图8-6所示。

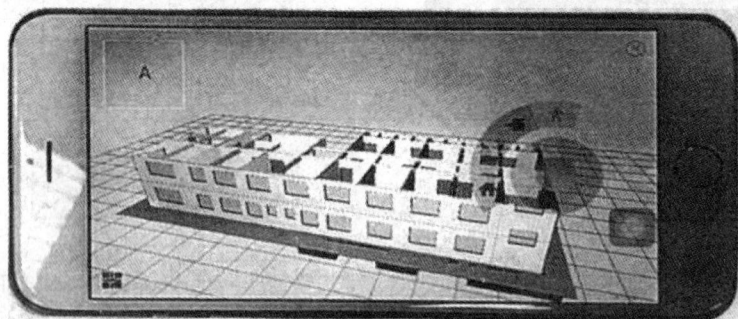

图8-6 移动端模型可视化

(2)深化设计前后对比展示。BIM5D平台可以利用BIM模型进行深化设计模型的版本应用管理，在管综模型的基础上进行深化设计，并以动画形式展示深化前后模型的对比，利用深化后的模型有效指导现场施工。广联达办公大厦项目深化前后模型对比如图8-7所示。

(3)复杂部位工序模拟。在BIM5D平台中通过施工模拟手段预演项目复杂部位的施工过程，交底形象生动，提高技术交底质量的同时，有效指导现场工人施工，减少现场的返工问题，有效保证质量。广联达办公大厦项目复杂部位工序模拟如图8-8所示。

图8-7 深化前后模型对比

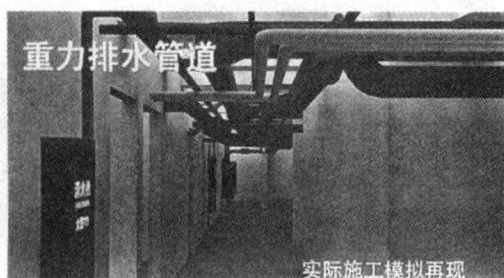

图8-8 复杂部位工序模拟

（4）重要部位筛查。对于广联达办公大厦项目中的大跨度梁，可以轻松通过专项方案查询功能，快速筛选出项目中需要关注的梁的个数、位置，通过利用导出的具体数据信息，便于开会沟通及时制订有效的专项方案，指导施工。

六、施工进度计划

施工进度计划反映了最佳施工方案在时间上的安排，采用计划的形式，使工期、成本、资源等方面，通过计划和调整达到最优配置，以便符合项目目标的要求。

目前，我国的施工进度管理主要是采用 P6、Microsoft Project 等工程管理软件对施工进度计划进行管理，以横道图的形式展示项目进展情况，管理模式仅停留在二维平面上，对于标段多、工序复杂的建设工程，对施工进度的管理难以达到全面、统筹、精细化的动态管理。

在施工进度计划应用方面，BIM5D 平台主要从进度模拟、进度校核、进度优化等方面进行管理，具体内容如下。

（1）进度模拟。基于 BIM5D 平台的可视化与集成化特点，在已经生成的进度计划前提下，利用 BIM5D 等软件可进行精细化施工模拟。从基础到上部结构，对所有的工序都可以提前进行预演，提前找出施工方案和组织设计中的问题，进行修改优化，实现高效率、优效益的目的。广联达办公大厦项目进度模拟如图 8-9 所示。

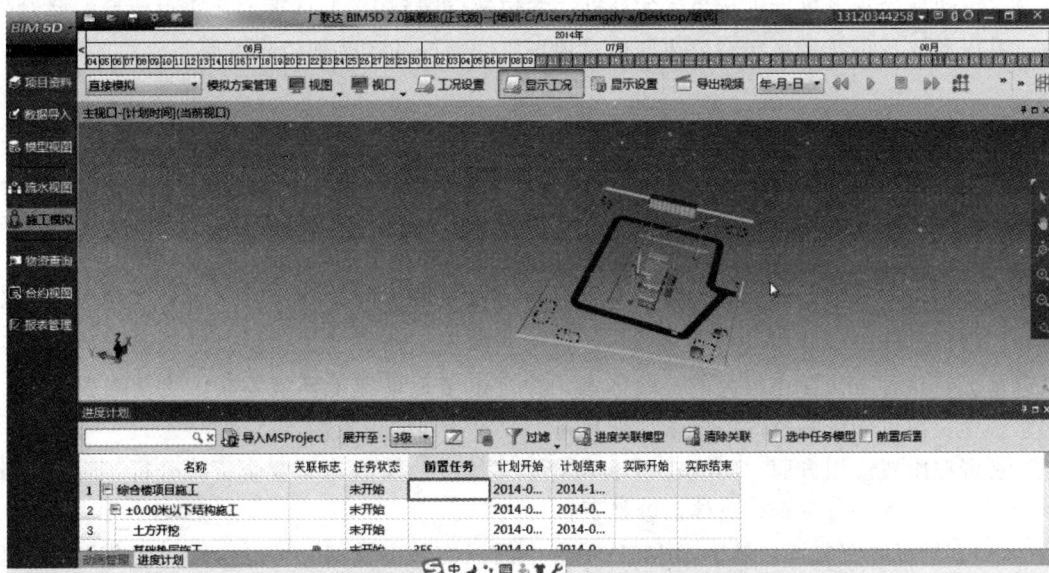

图 8-9　进度模拟

（2）进度校核。基于 BIM5D 平台可以实现项目计划时间与实际时间的清晰对比，以三维模型进度模拟过程中不同颜色展示滞后情况，方便直接对现场进度情况进行分析诊断，警示技术人员采取有效措施，及时调整进度安排，有效进行进度管控。在实际实施过程中，可以利用 PC 端录入进度计划，移动端更新现场进度情况，实现现场数据与模型数据的有效对接，保证数据的真实有效性。广联达办公大厦项目进度校核如图 8-10 所示。

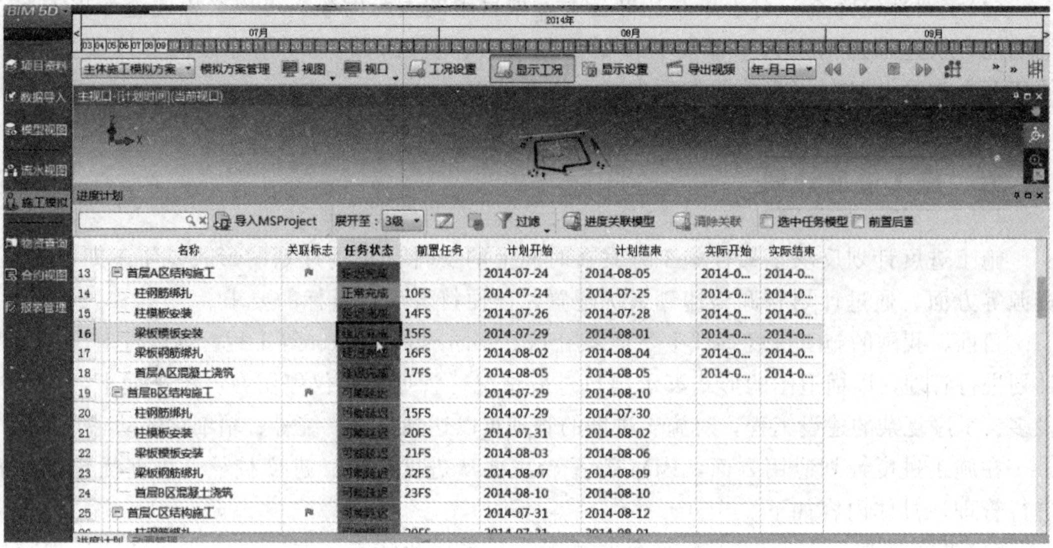

图 8-10　进度校核

（3）进度优化。基于 BIM5D 平台进度校核发现的进度问题，可以采取多种方案进行过程纠偏。比如将进度对接到斑马网络计划中，通过分析形象进度计划及所涉及的相关资源信息，可快速对现场进度进行最优的处理，并快速反馈到 BIM5D 平台，实现模型的联动修改。基于此流程可实现多次高效快捷地对现场进度情况的实时把控和纠偏。

七、资源配置

为了使工序有效进行，使工期、成本、资源等通过优化调整达到既定目标，在此基础上编制相应的人力和时间安排计划、资源需要量计划和施工准备计划。

传统模式下，项目的资源配置主要是通过现场人员反馈信息，各部门人员根据现场情况、图纸信息、进度计划进行手动分析，进而判断现场所需的人、材、机等资源的数量和紧急情况，这种方法存在很大的经验因素，并且由于现场施工环境复杂，往往需要考虑的因素很多，很可能影响资源需要量计划和施工准备计划的正确性。

在资源配置应用方面，BIM5D 平台可以从多维度物资查询、资金资源分析、阶段报量核量展示等方面进行管理，具体内容如下：

（1）多维度物资查询。基于 BIM5D 平台中的三维数字模型，可以根据时间范围、进度计划、楼层和构件类型等多种维度生成项目工程量信息，生成的物资量表可以与现场反馈的数据进行对比分析，为项目提供及时、准确的工程基础数据，为工程造价、项目管理以及进度款管理的精细化决策提供可能。最后物资部门可根据提供的各施工区段原材用量及市场行情制订采购计划，在低价位时综合考虑储存成本，尽可能多地采购原材，做到市场原材处在高价位时所存原材满足施工需求，避免高价采购原材。广联达办公大厦项目多维度物资查询如图 8-11 所示。

（2）资金资源分析。将 BIM5D 平台中的模型与进度计划、成本文件相关联，形成数字化的 5D 模型，利用可视化模拟的直观性展示项目 5D 的成本分析，针对形成的资金资源曲线可清晰地获知项目各阶段的投入和需用资料。最后，针对获取的数据进行优化分析，实现项目资源的合理分配，最终实现项目的集约管理，控制项目成本。广联达办公大厦项目资金资源分析如图 8-12 所示。

图 8-11　多维度物资查询

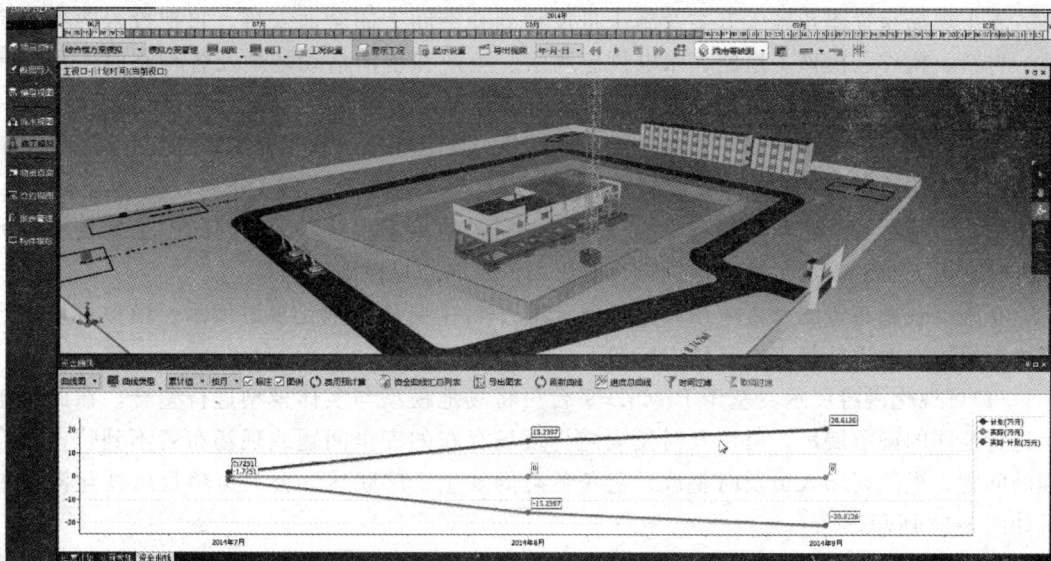

图 8-12　资金资源分析

(3)阶段报量核量展示。在 BIM5D 平台中，可以根据现场实际施工情况来划分流水段，对需要施工的流水段在相应模型中提取出混凝土工程量，进行混凝土浇筑申请，可严格控制混凝土工程量，减少混凝土的浪费；提取出钢筋工程量可以指导钢筋采购计划，保证物资丰富。广联达办公大厦项目阶段报量核量展示如图 8-13 所示。

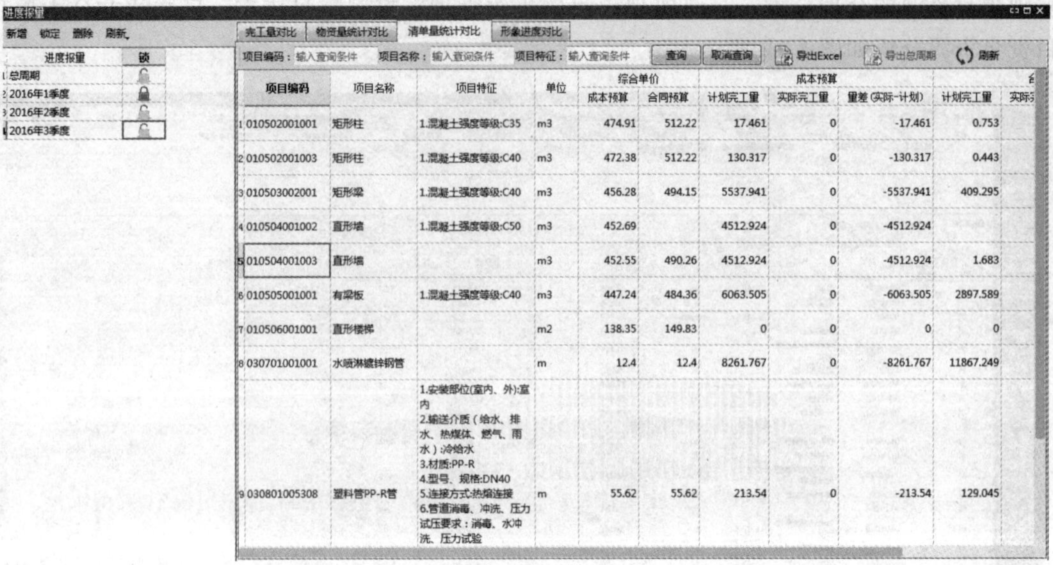

	项目编码	项目名称	项目特征	单位	综合单价		成本预算			
					成本预算	合同预算	计划完工量	实际完工量	量差(实际-计划)	计划完工量
1	010502001001	矩形柱	1.混凝土强度等级:C35	m3	474.91	512.22	17.461	0	-17.461	0.753
2	010502001003	矩形柱	1.混凝土强度等级:C40	m3	472.38	512.22	130.317	0	-130.317	0.443
3	010503002001	矩形梁	1.混凝土强度等级:C40	m3	456.28	494.15	5537.941	0	-5537.941	409.295
4	010504001002	直形墙	1.混凝土强度等级:C50	m3	452.69		4512.924	0	-4512.924	
5	010504001003	直形墙		m3	452.55	490.26	4512.924	0	-4512.924	1.683
6	010505001001	有梁板	1.混凝土强度等级:C40	m3	447.24	484.36	6063.505	0	-6063.505	2897.589
7	010506001001	直形楼梯		m2	138.35	149.83	0	0	0	0
8	030701001001	水喷淋镀锌钢管		m	12.4	12.4	8261.767	0	-8261.767	11867.249
9	030801005308	塑料管PP-R管	1.安装部位(室内、外):室内 2.输送介质（给水、排水、热媒体、燃气、雨水）:冷给水 3.材质:PP-R 4.型号、规格:DN40 5.连接方式:热熔连接 6.管道消毒、冲洗、压力试压要求：消毒、水冲洗、压力试验	m	55.62	55.62	213.54	0	-213.54	129.045

图 8-13　阶段报量核量展示

八、施工现场布置图

施工现场布置图是施工方案及施工进度计划在空间上的全面安排。它把投入的各种资源、材料、构件、机械、道路、水电供应网络、生产和生活活动场地及各种临时工程设施合理地布置到施工现场，使整个现场能有组织地进行文明施工。

传统模式下，施工现场布置图主要是根据各类规范要求，利用 CAD 工具进行二维平面的绘制，主要绘制现场的临设、机械设备、材料堆场、加工厂、施工道路、施工给水排水、施工临电等施工过程所需的场地设施。由于平面图的不直观性，无法判断施工现场布置的合理性，更无法对现场危险部位进行及时识别，采取防控措施。

在施工现场布置图布置应用方面，BIM5D 平台主要从可视化漫游展示、模拟现场生产环境展示等方面进行管理，具体内容如下：

(1)可视化漫游展示。基于 BIM5D 平台可将场地模型与实体模型进行整合，在此基础上进行整体的漫游展示，可以及时发现施工现场存在的安全问题或现场布置不到位、不合理的问题，提醒现场人员及时整改，避免危险的发生。广联达办公大厦项目可视化漫游展示如图 8-14 所示。

(2)模拟现场生产环境展示。基于 BIM5D 平台可将场地模型与施工机械设备进行有机结合，模拟现场塔式起重机、卡车、挖掘机、施工电梯等机械设备运行的合理性，以此判断施工现场布置的合理性。广联达办公大厦项目模拟现场生产环境展示如图 8-15 所示。

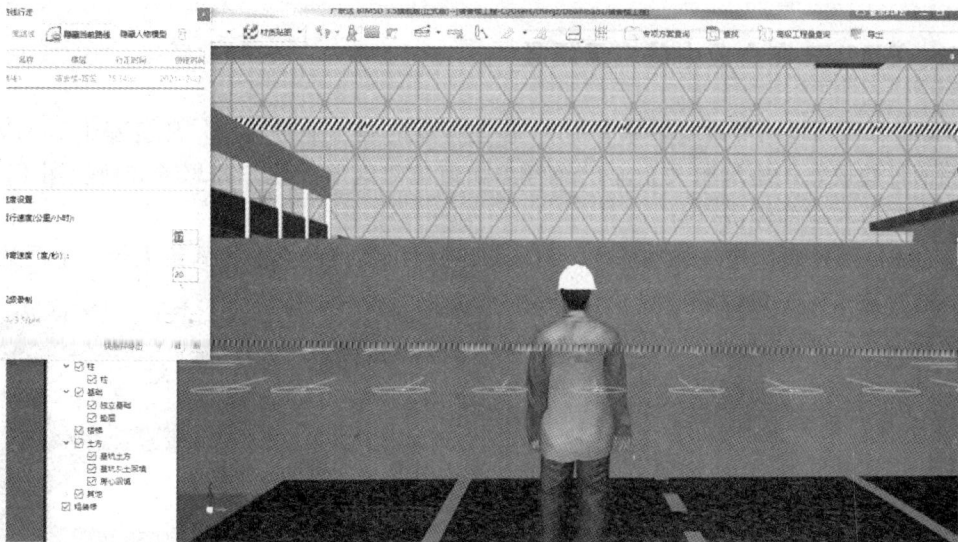

图 8-14 可视化漫游展示

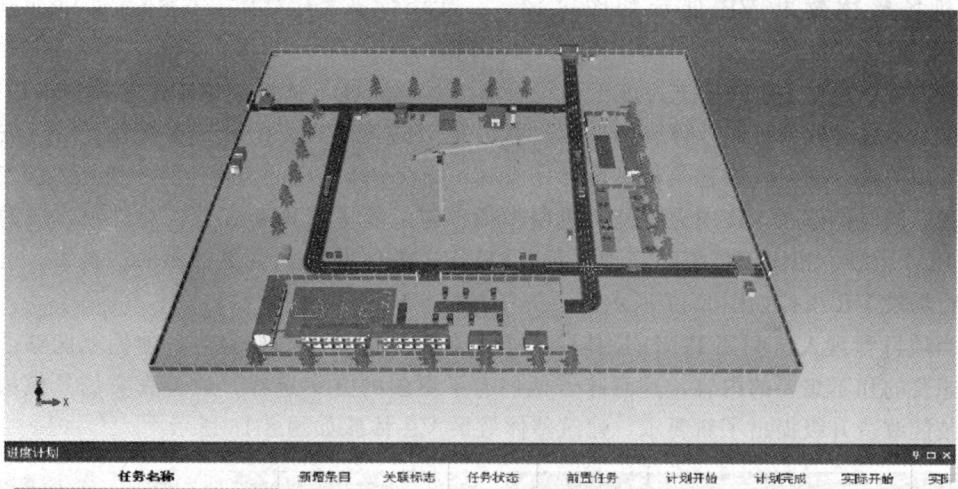

图 8-15 模拟现场生产环境展示

单元四 BIMVR 在施工组织设计中的创新应用

一、BIMVR 概述

BIMVR 是将 BIM 和 VR(Virtual Reality 虚拟现实)结合起来的一种技术手段。BIM 技术解决了基于模型的信息管理和信息沟通的问题,BIMVR 则解决了 BIM 模型视觉效果表现不理想的问题,VR 能将 BIM 模型的外观渲染得非常逼真,交互体验更接近生活实际,为工程应用带来巨大的价值。

二、BIMVR 在企业中的应用场景

VR 技术的出现已经改变了原有 BIM 相关行业的展示业务流程，随着基于 BIMVR 软件产品的日趋成熟，建筑相关企业已经考虑如何应对这些变化，并思考如何应用 BIMVR 技术从中获得相应的经济效益。

通过 BIMVR 表达建筑未来场景。BIMVR 通过沉浸式的交互方式给人带来不同的体验感受，这对建筑施工单位和建设单位来说是一个机会。一般计算机 3D 效果只能创建一个立体的感觉，而通过图纸去了解建筑的细节内容则需要辅助很强的专业知识，基于 VR 技术研发的 BIMVR 系统则允许用户通过虚拟与现实交互结合，从现实的场景中进入虚拟的空间，看到每一个展示细节及体会现场实际感受。北京大兴国际机场整体效果 VR 展示如图 8-16 所示。

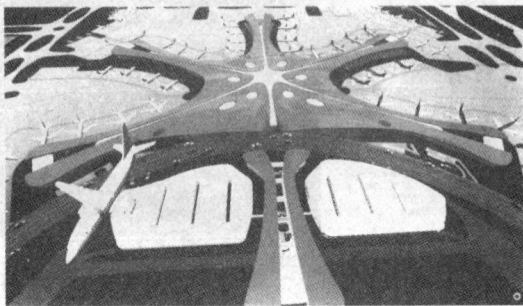

图 8-16　北京大兴国际机场整体效果 VR 展示

人们可以通过 BIMVR 进行施工现场、施工过程、施工进度、施工工艺模拟。BIMVR 的关键点不仅是效果展示及体验的平台，更是 BIM 进度管理、BIM 成本管理、BIM 安全管理等管理的综合平台。在建筑模型设计完成后，能在 BIMVR 的 VR 体验中快速体验实际场景感受，同时能够在 VR 中进行施工进度模拟、施工变更管理和查看、对已经建成的建筑进行 BIM 运维。相比于传统的管理过程，BIMVR 的体验方式会更加灵活、真实。机电管道运行场景 VR 模拟如图 8-17 所示。

当项目管理人员利用 BIMVR 体验一个个具有详细细节的项目时，他们就能够了解到他们想要的和不想要的内容，这意味着他们有了更多的方案选择，通过真实场景模拟，对项目技能改造升级提出了新要求。建筑整体效果 VR 体验如图 8-18 所示。

图 8-17　机电管道运行场景 VR 模拟

图 8-18　建筑整体效果 VR 体验

三、BIMVR 应用落地方式

虚拟现实设计平台 VDP 结合虚拟现实（VR）、增强现实（AR）等技术具有的沉浸感、互

动感、真实感的技术优势，组合相关硬件与软件，围绕相关人员的识图能力、制图与表现能力、设计能力、施工组织与管理能力，构建以工作过程为导向、以任务为驱动的应用落地方案，解决企业落地应用和生活生产应用面临的诸多难题。

VDP 平台支持常用的草图大师、3DMax、Revit 等 BIM 模型设计软件，打通 GCL、GGJ、广联达 BIM5D、广联达 BIM 施工现场布置、广联达模板脚手架、MagiCAD 等相关软件，通过后台生成 AR、VR 场景。对企业而言，用户可以通过 AR 进行项目展示、比选、讲解等操作，同时一键生成 VR 方案，沉浸式体验真实的项目场景。

单元五　BIM5D 应用点及应用流程

一、进度管理

1. 应用场景

使用 BIM5D 平台将所有的模型进行整合，再逐层进行流水段划分，并与计划进度进行关联，使模型的每个构件都拥有时间属性。通过进度模拟，可以进行工程进度的前期策划，在不损耗实际工程资源的前提下，可以进行多次施工进度的策划演示，从而对工作持续时间的合理性、工作之间的逻辑关系、时间参数的合理性，进行检查和优化。施工过程中，根据 BIM5D 上传的施工日志和进度报告，按时录入实际进度，进行计划与实际的对比，将有偏差的部位提交项目管理层，实现进度优化，保证工期。

2. 准备工作

(1)进度计划编制完成，并使用 Projcet 或者斑马进度计划软件编制。

(2)模型已经建立，并导入 BIM5D 中。

3. 操作人及工作划分

操作人为 BIM 中心人员、技术部(技术员)、工程部(工长)。工作划分见表 8-1。

表 8-1　工作划分

内容	详细描述	参与人员	具体人员名单	操作步骤	形成成果	负责监督人
进度反馈	PC 端建立资料→手机端提交进度照片→Web 端、PC 端进行汇总展示	1. BIM 小组人员 2. 现场人员		1. BIM 组人员：通过 PC 端完成模型切图纸到手机端，添加成员信息； 2. 现场人员将当天完成的内容进行上传并描述	1. Web 端进度汇总； 2. 生产例会进度反馈、资料整理等	

4. 操作流程

（1）施工模拟。

1）导入进度计划，如图 8-19 所示。

图 8-19　导入进度计划

2）任务关联模型。进度关联模型有自动关联和手工关联两种方式。

自动关联：

①选中需要关联的进度计划后，单击"进度关联模型"。

②选择显示方案，如图 8-20 所示。

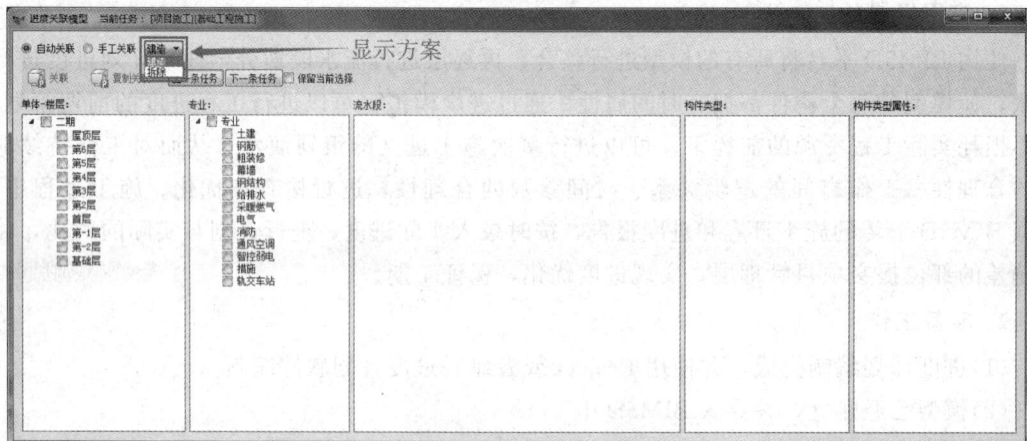

图 8-20　选择显示方案

③选择进度需要关联的模型，如图 8-21 所示。

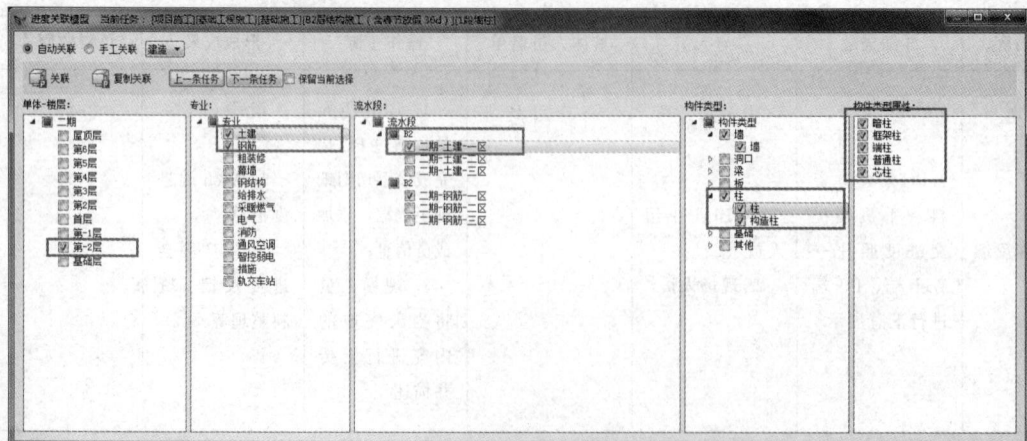

图 8-21　选择进度需要关联的模型

④单击"关联"按钮关联成功后，关联标志列会显示 ，如图 8-22 所示。

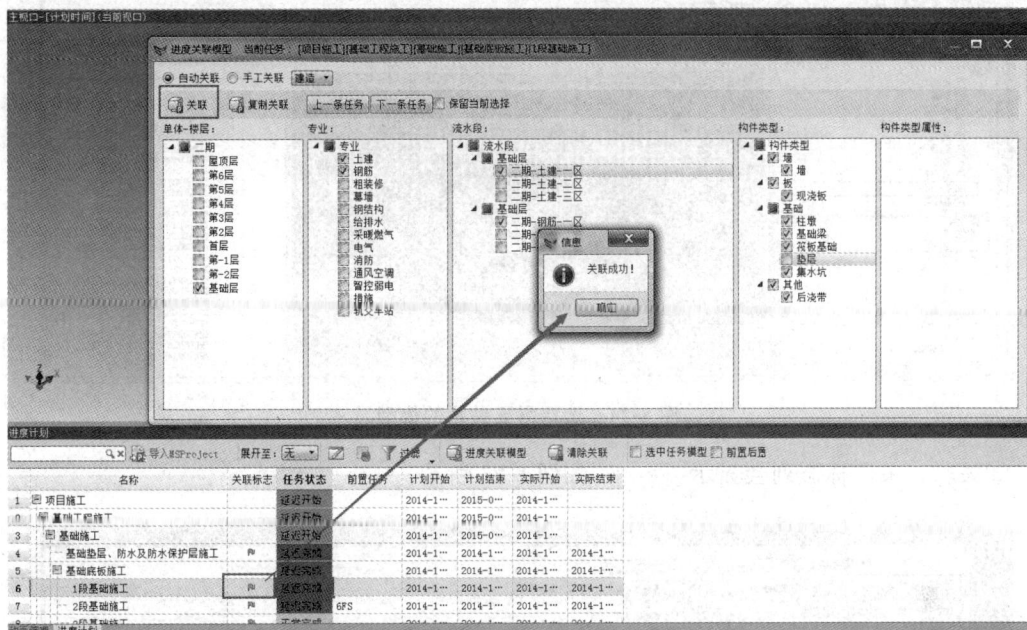

图 8-22 关联标志列显示图标

手工关联：

①单击"进度关联模型"，在弹出的对话框中选择"手工关联"，如图 8-23 所示。

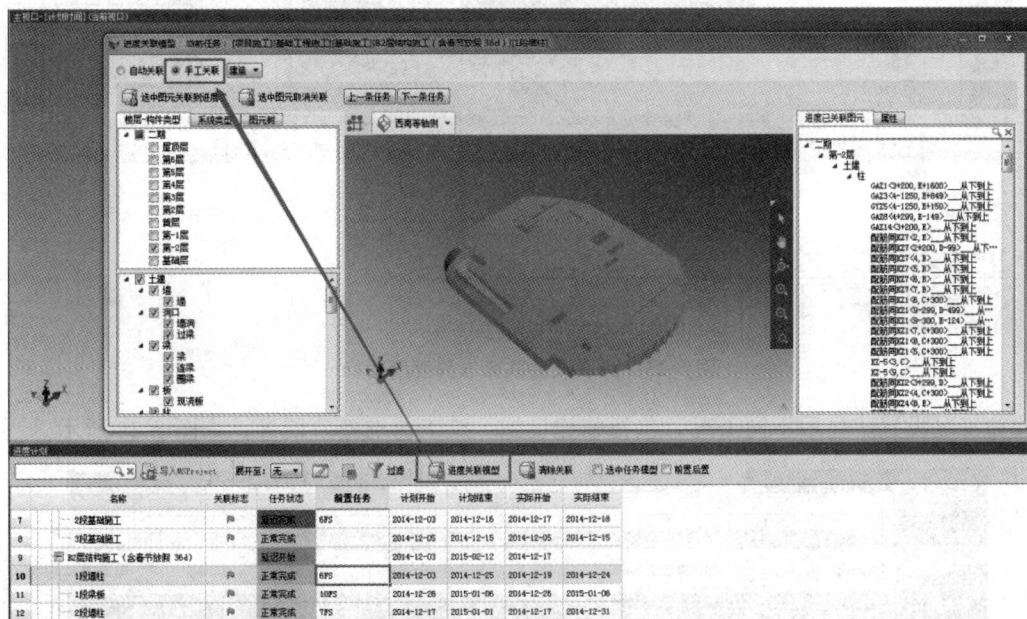

图 8-23 选择"手工关联"

②选择需要关联的模型，如图 8-24 所示。

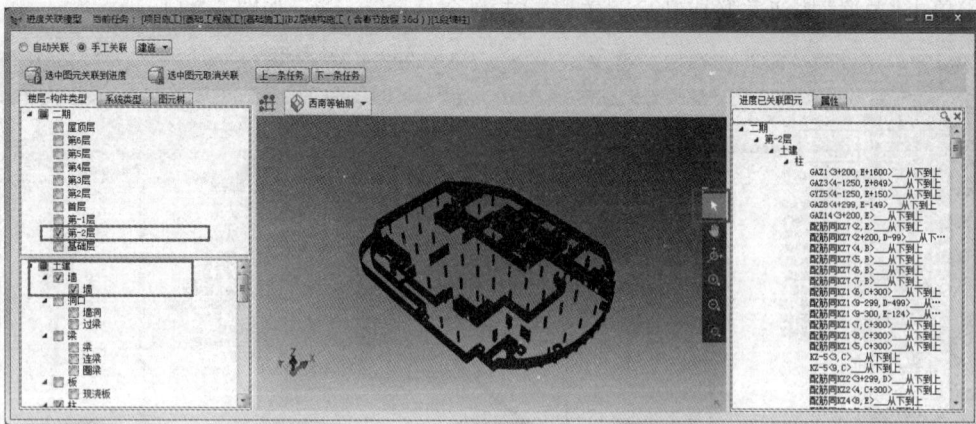

图 8-24　选择需要关联的模型

③关联。关联标志列会显示 ⌐|ᵖ⌐ ，如图 8-25 所示。

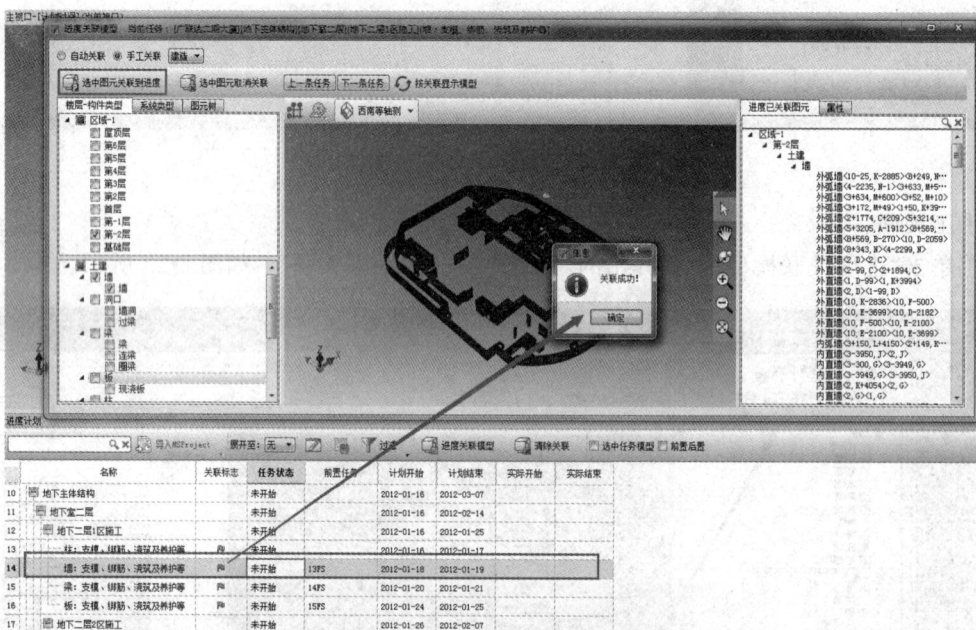

图 8-25　关联及关联标志列显示图标

3）工况设置。显示不同工况，包括临建设施、施工前准备阶段等，如图 8-26 所示。

图 8-26　工况设置

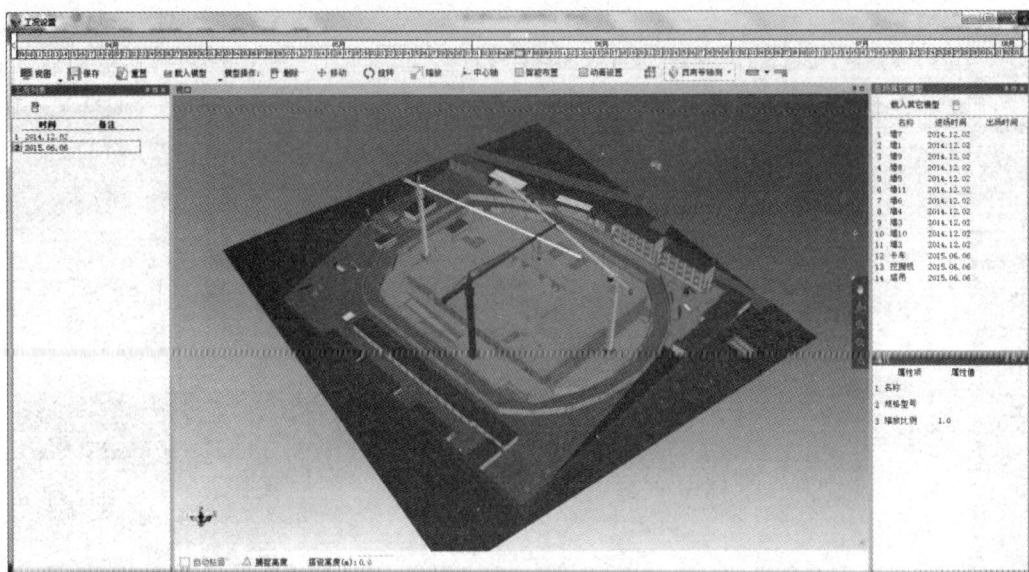

图 8-26　工况设置(续)

4)模拟方案。可以添加多种动画,如相机动画、文字动画、图片动画、显隐动画以及路径动画等,如图 8-27 和图 8-28 所示。

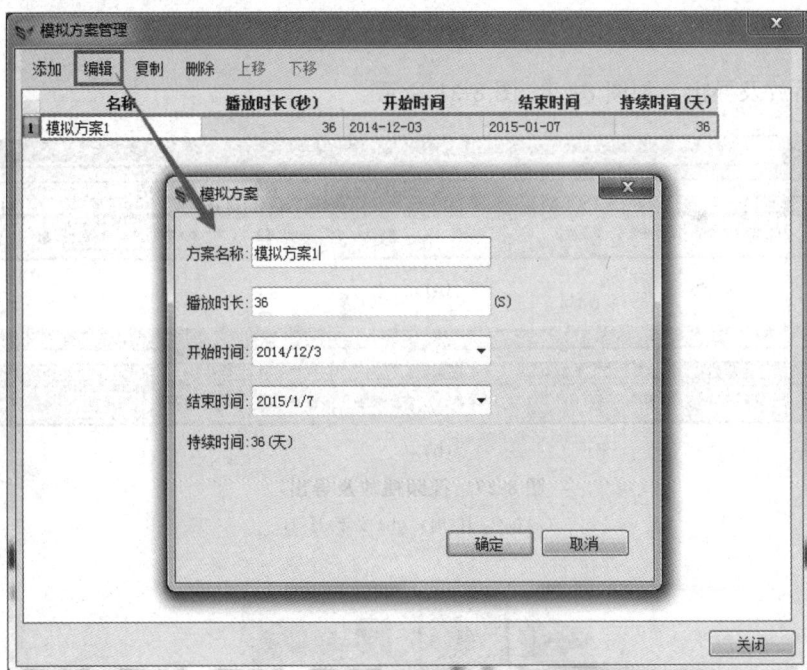

图 8-27　模拟方案 1

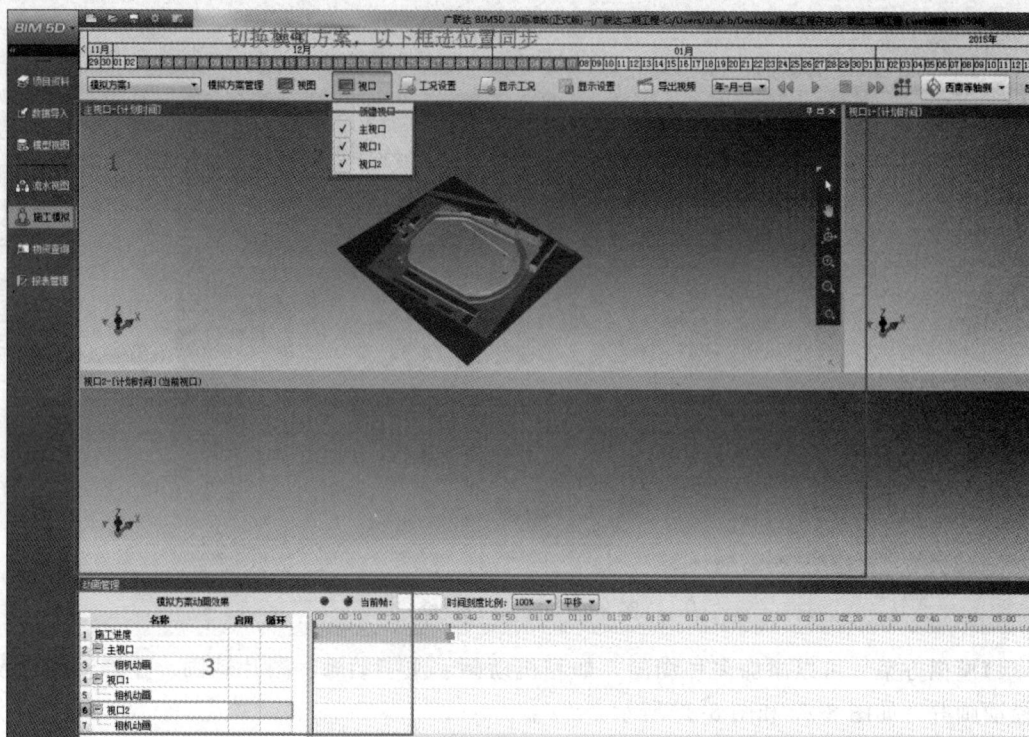

图 8-28　模拟方案 2

5)视频播放及导出,如图 8-29~图 8-31 所示。

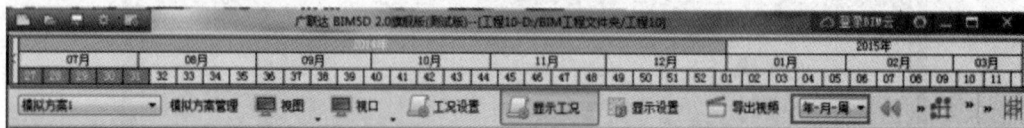

(a)

(b)

图 8-29　视频播放及导出

(a)按年-月-周;(b)按年-月-日

图 8-30　视频播放

(包括播放、暂停、停止、加速、减速功能)

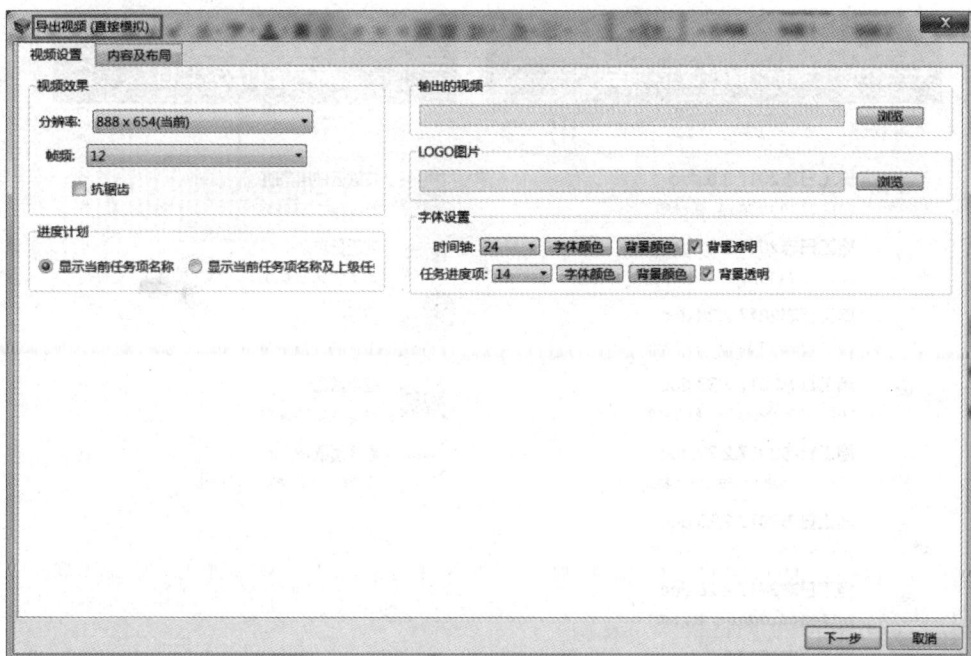

图 8-31　视频导出

(2)形象进度。在 BIM5D 中设置形象进度，如图 8-32 所示。

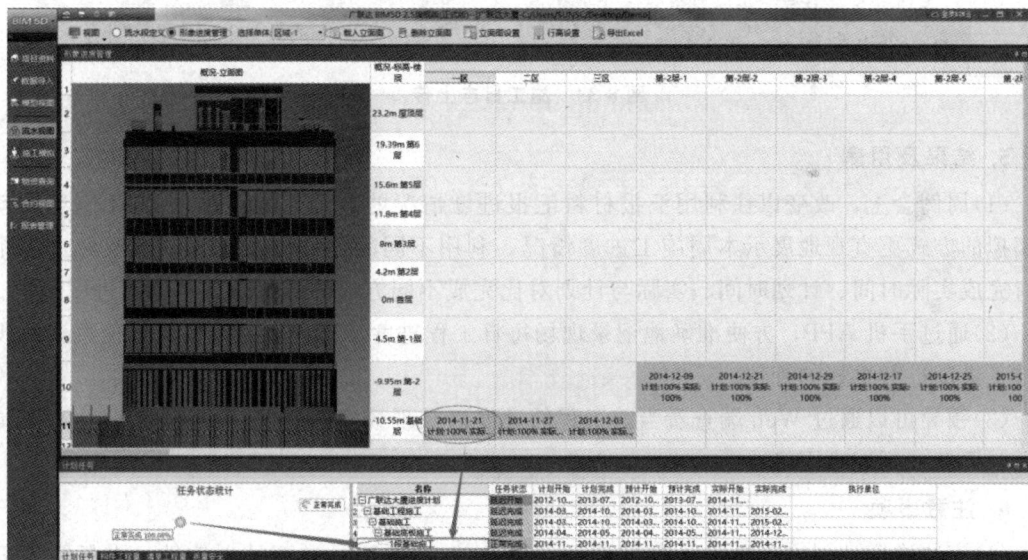

图 8-32　形象进度

(3)进度跟踪。手机端提供进度跟踪功能，可以记录施工现场的天气、工人数量、工种信息等。

(4)施工日志上传。在 BIM5D 协筑手机端进行每天施工日志的上传提交，便于 5D 进度管理人员进行实际时间的录入工作，如图 8-33 所示。

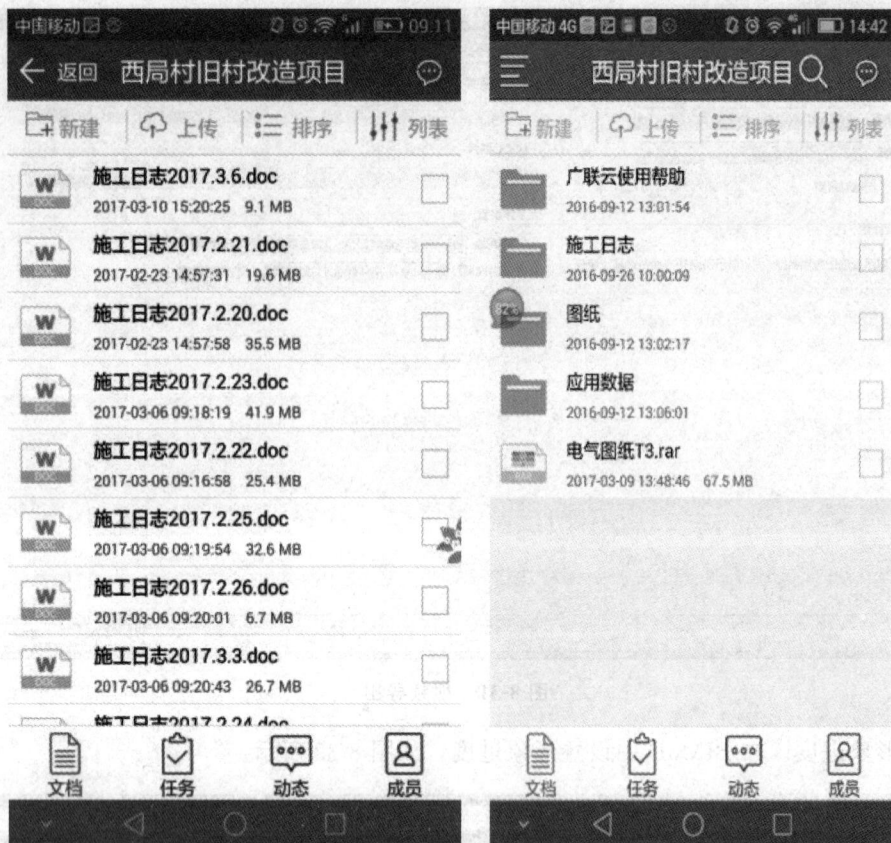

图 8-33 施工日志上传

5. 结果及用途

(1)周例会上，改变以往利用汇报材料汇报进度情况的方式，可以通过 BIM 模型及动画模拟的方式更直观地展示本周施工进度情况，利用不同颜色的显示设置，以及通过多个视口完成实际时间、计划时间、实际与计划对比完成不同方式，形象地展示施工进度情况。

(2)通过手机 APP，方便准确地记录现场每日工程进度、工种、工人数量等信息，对现场施工进度进行更好的管理。

(3)领导可以通过 Web 端查看当前工程的进度以及现场实际情况(现场施工照片、人员投入、天气、延期原因等)。

6. 注意事项

(1)安装进度计划之前要确认本机是否安装 Project 或斑马进度计划软件，本机需要安装 Project2010/2013 软件，才能正常导入计划文件。

(2)实际完成时间需要在软件中自行添加，才能显示进度对比情况。

(3)施工过程中，应安排专人进行在 PC 端录入实际进度时间的工作。

二、质量安全管理

1. 应用场景

整个项目施工过程中应用质量安全管理工具,改变传统的现场施工管理。现场管理人员通过手机端对问题进行记录,对问题发生的位置在图纸轴网上进行定位,并进行准确的描述,添加问题相关责任人、参与人以及限期整改时间等信息,并上传至云端。项目其他成员在手机端即时收到问题消息提醒,保证质量、安全问题解决的时效性。同时,软件可以自动生成整改单,并在 Web 端可以对问题进行汇总及分类统计,真正实现了问题有据可查,保证了发生相关问题的可追溯性,有助于整个施工过程中的质量安全管理,提高了企业项目管理的能力。

2. 准备工作

(1)项目成员注册广联云账号;

(2)成员手机成功下载 BIM5D 手机端。

3. 操作人及工作划分

操作人:PC 端为 BIM 中心人员;手机端为工程部、安全部(现场管理人员)人员。工作划分见表 8-2。

表 8-2　工作划分

内容	参与人员	专业	问题提交人	问题处理人	汇总人(每月一次)	监督人
质量问题反馈	1. BIM 小组人员; 2. 质量负责人; 3. 现场技术员; 4. 质量经理	土建				
		给水排水				
		电气				
安全隐患反馈	1. BIM 小组人员; 2. 安全负责人; 3. 现场技术人员; 4. 安全经理	安全				

4. 操作流程

(1)打开 BIM5D 项目工程,登录 BIM 云。

(2)将 BIM5D 项目工程文件上传至云空间。

(3)PC 端云空间管理中添加成员,成员接受进入项目空间。

(4)在 PC 端工程字典中,首先在单位成员字典中,添加单位,然后在成员信息中添加成员,进行角色分配。

(5)项目同步至云端。打开 BIM5D 手机端,使用广联云账号进行登录,选择工程项目。

(6)打开质量/安全,单击右上角加号,增加质量安全问题照片、描述,并上传。PC 端模型定位质量安全问题,如图 8-34 所示。

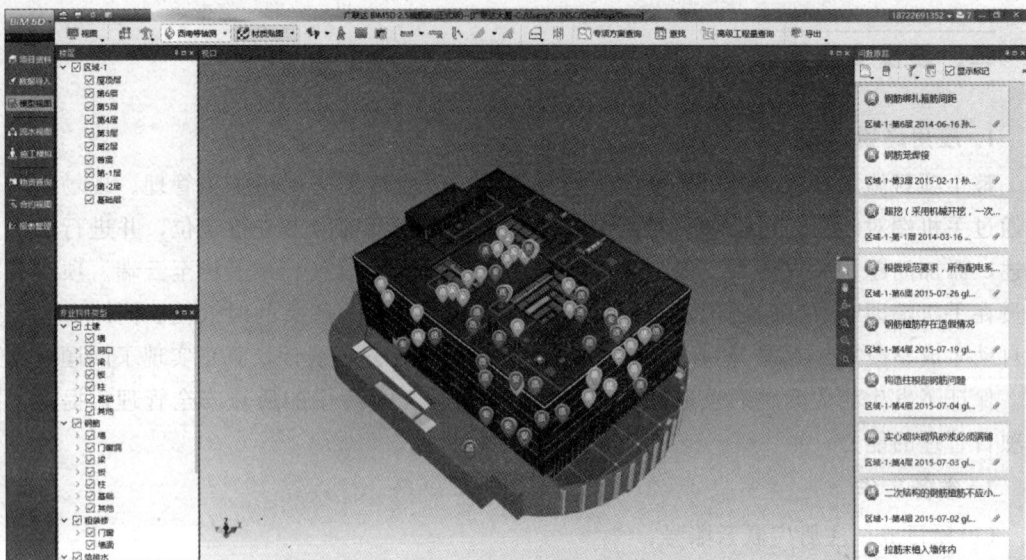

图 8-34　PC 端模型定位质量安全问题

（7）PC 端打印质量安全整改通知单，如图 8-35、图 8-36 所示。

图 8-35　PC 端打印质量安全整改通知单 1

图 8-36　PC 端打印质量安全整改通知单 2

（8）Web 端查看质量安全信息。

5. 结果及用途

质量安全功能得到客户的认可，与传统业务相契合，主要解决岗位级记录效率的问题和项目级数据收集留存问题。

（1）岗位级主要解决：方便问题记录、查询；流程自动跟踪，提醒；数据成果分析自动完成，无须二次劳动，节约工作量；PC 端直接利用现场手机端数据打印质量安全整改通知单。

（2）项目级主要解决：质量安全数据收集难、下面填报不及时的问题，目前管理体系中，公司也要求项目正常填报一些质量安全表格数据，便于公司管理、监控；对汇总的问题进行分析，对下一步质量安全管理进行针对性问题的预防和管控。

6. 注意事项

（1）添加成员时，成员接受申请后才可以进入角色分配。成员接受申请的方式有多种，可以通过邮件、短信以及登录协筑的方式接受。

（2）项目领导通过 Web 端可以查看问题汇总情况，可以通过登录网址方式进行登录，同样需要广联云账号、密码。

（3）实际应用应该按照职责分配，进行任务分配，并按时进行工作检查，以防使用人员懈怠不重视，导致平台数据过少，无分析性及应用性。

三、资料云端存储及文档管理

1. 应用场景

整个工程项目的参建各方所有资料管理，包括业主方、设计方、施工方等统计进行资料汇总，上传并保存在云端。同时，软件可以设置不同的权限，具备相应权限的单位或个人才能查看相应的文档信息，保证工程项目资料的安全性和工程项目交付资料的完整性，有助于整个项目的资料管理。

2. 准备工作

(1)注册广联云账号；

(2)将 BIM5D 项目工程文件上传至云空间。

3. 操作人及工作划分

操作人为 BIM 中心、各部门。工作划分见表 8-3。

表 8-3　工作划分

内容	详细描述	参与人员	具体人员名单	操作步骤	形成成果	负责监督人
资料管理	PC 端形成云空间管理→根据资料检查架构→各部门进行资料上传并设定权限	1. BIM 小组人员；2. 各部门		1. BIM 小组人员：激活云空间，针对项目资料检查架构，完成文件夹架构编排；2. BIM 小组人员：给各部门设定不同文件夹权限；3. 各部门：依据要求上传资料，保证资料饱满	1. 云资料架构；2. 云资料内容共享沟通	

4. 操作流程

(1)广联云工作流程。

1)访问协筑官方网站 http://xz.glodon.com，单击右上角的按钮开始注册，可以通过邮箱或手机号注册。

2)进入空间。登录协筑后，系统已经为用户创建了一个永久免费的空间，容量 20 GB，支持 5 个人参与协作，单击该空间图案即可进入"我的空间"，如图 8-37 所示。

3)邀请成员。首次进入空间后，系统会提示邀请成员，可以输入对方的手机号或邮箱，单击"确认"。此后，系统会给成员发送邮件、短信和系统消息，成员收到消息后，会按照提示加入空间。

4)创建文档。进入空间后，单击头部导航→"文档"，进入文档界面，单击"新建文件夹"，修改文件夹名称，完成创建。

5)给文件夹设置权限。文件夹创建成功后，选中文件夹，右击，选择"权限设置"，可以对空间中的成员或组织分别设置权限(默认情况下，空间中的普通成员没有任何权限)。

6)上传文件。单击页面的"上传"按钮，选择上传文件，浏览计算机中的某个文件，选中并打开后文件就上传到空间了。

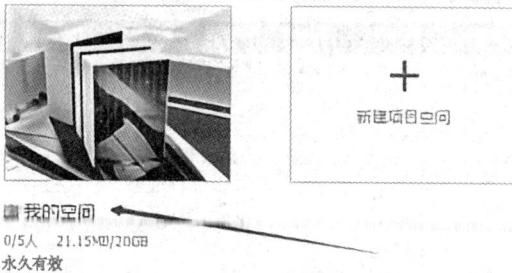

图 8-37　Web 端查看质量安全信息

完成参建各方全部资料的管理，满足资料完整交工要求，如图 8-38 所示。

文件管理

一级文件夹　　　　　　　　中建三局二级及三级文件结构

图 8-38　文件管理

结合权限管理功能，给不同的资料查看人授以不同权限，保证资料的安全性，如图 8-39 所示。

7）任务协作。进入空间后，单击头部导航→"任务"，进入任务界面，单击左下侧的"流程管理"，创建任务流程。

单击"新建流程"之后，可以按照页面的提示输入名称阶段执行人等信息并确认，流程创建成功。

8）创建任务。流程创建成功后，单击"新建任务"，输入任务内容，选择任务类型，单击"创建"即可新建任务。

访问：A　　存储：B　　修改：C　　上传：D　　创建：E　　公开：F　　删除：G

协同内容	业主	水晶石	设计单位	监理单位	总承包单位	幕墙分包	机电分包	钢结构分包	精装分包	其他施工单位
施工图纸	ABDEFG	ABE	ABCD	AB	AB	AB	AB	AB	AB	AB
深化设计图纸	ABDEFG	AB	AB	AB	ABCDEFG	ABCDF	ABCDF	ABCDF	ABCDF	ABCDF
各阶段BIM模型	ABDEFG	ABD	AB	AB	ABCDEFG	ABCDF	ABCDF	ABCDF	ABCDF	ABCDF
施工记录	ABDEFG	A	A	AB	ABCDEFG	ABCDF	ABCDF	ABCDF	ABCDF	ABCDF
变更洽商	ABDEFG	A	AB	AB	ABCDEFG	ABCDF	ABCDF	ABCDF	ABCDF	ABCDF
过程文件	ABDEFG	A	A	AB	ABCDEFG	ABCDF	ABCDF	ABCDF	ABCDF	ABCDF
会议文件	ABDEFG	A	A	AB	ABCDEFG	ABCDF	ABCDF	ABCDF	ABCDF	ABCDF
试验检验文件	ABDEFG	A	A	AB	ABCDEFG	ABCDF	ABCDF	ABCDF	ABCDF	ABCDF
施工组织文件	ABDEFG	A	A	AB	ABCDEFG	ABCDF	ABCDF	ABCDF	ABCDF	ABCDF
方案措施文件	ABDEFG	A	AB	AB	ABCDEFG	ABCDF	ABCDF	ABCDF	ABCDF	ABCDF
竣工文件	ABDEFG	AB	AB	AB	ABCDEFG	ABCDF	ABCDF	ABCDF	ABCDF	ABCDF

规范要求：
各单位协同平台管理员对其所对应的一级文件夹有全部权限，二级及以下文件夹管理权限由各单位内部部门间设立协调。
对于协同平台上跨单位的文件夹，各单位对文件使用的权限设定如表中所示。
在项目进行过程中，可根据项目需要及业主要求对每个单位的文件使用权限做调整。

图 8-39　权限管理

（2）BIM5D 软件操作流程，如图 8-40 所示。

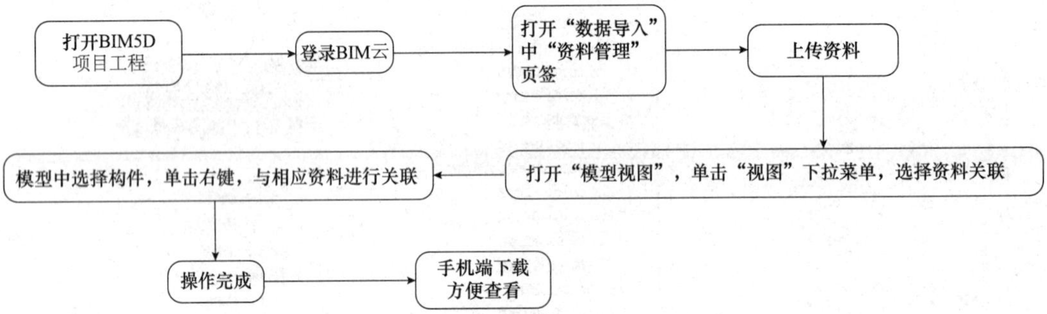

图 8-40　BIM5D 软件操作流程

1）打开 BIM5D 项目工程，如图 8-41 所示。

图 8-41　打开 BIM5D 项目工程

2)登录 BIM 云，如图 8-42 所示。

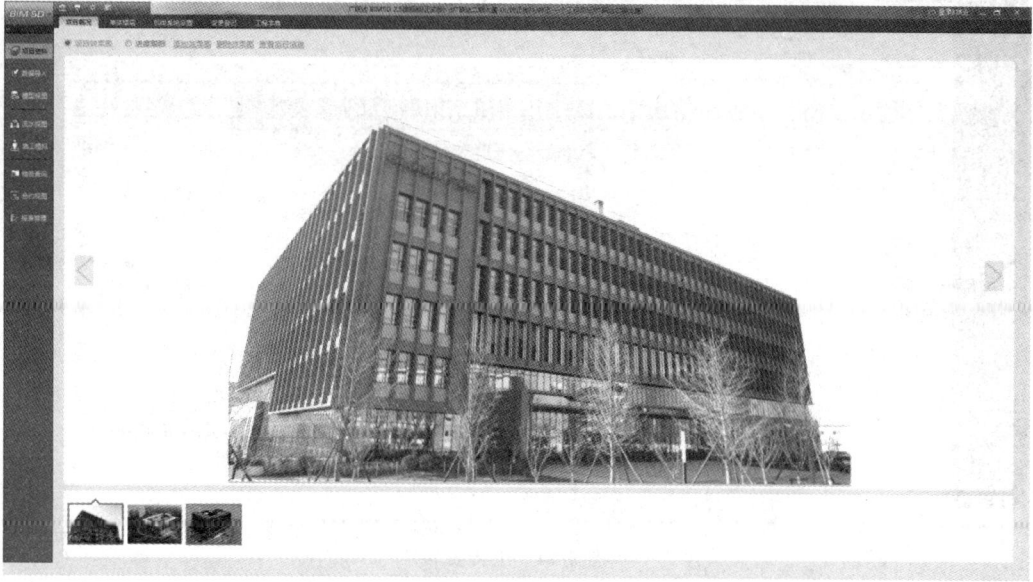

图 8-42　登录 BIM 云

3)打开"数据导入"中"资料管理"页签，如图 8-43 所示。

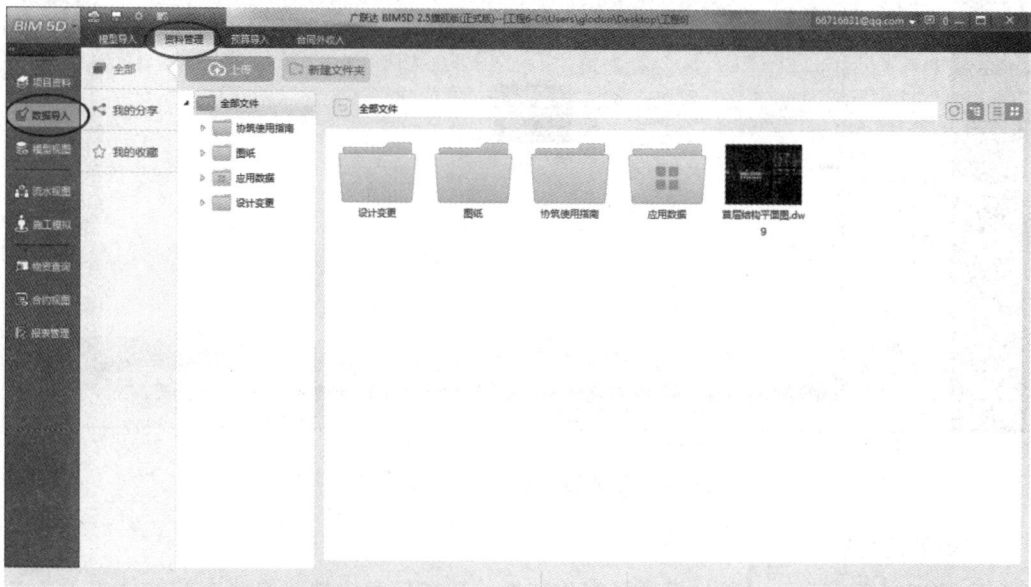

图 8-43　资料管理

4)上传资料文件，如图 8-44 所示。

5)打开"模型视图"，单击"视图"下拉菜单，选择资料关联。

6)模型中选择构件，单击鼠标右键，与相应资料进行关联。

7)操作完成，可以查看模型，并显示关联资料，如图 8-45 所示。

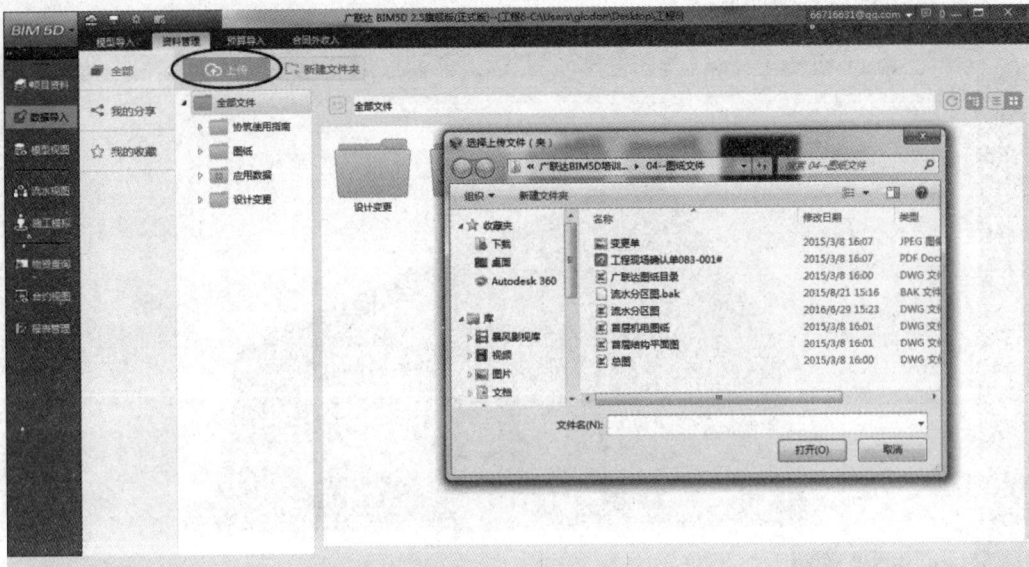

图 8-44　上传资料

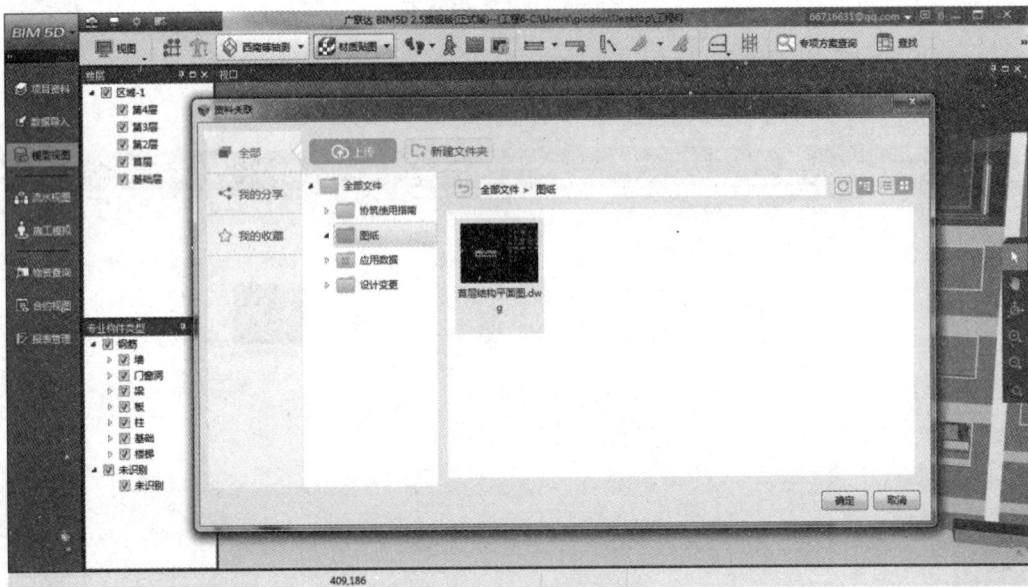

图 8-45　显示关联资料

5. 结果及用途

(1)施工过程中，可以通过模型可视化特性，选择任意构件，快速查询构件相关各专业图纸、变更图纸、历史版本等信息，一目了然。

(2)图纸相关联的变更、合同、分包等信息都可以联合查询，实现了图档的精细化管理，如图 8-46 所示。

(3)结合云技术和移动技术，项目团队可将建筑信息模型及相关图档同步存储至云端，使文档能够快速、安全、便捷、受控地在团队中流通和共享。

图 8-46 图档的精细化管理

6. 注意事项

(1)资料上传时,建立文件夹进行分组,方便查看和查找。

(2)资料关联时,要求构件选中准确,避免关联错误,影响资料的准确性。

四、变更管理

1. 应用场景

在资料协同的基础上,对工程项目过程中的变更进行文件变更管理,其中涉及业主方、设计方、施工方等多方。施工总承包可以利用 BIM5D 平台将施工过程的所有变更进行记录管理,并可以将变更文件上传至云端,便于施工方对施工过程的变更进行高效的管理。

2. 准备工作

准备变更文件的电子版或者扫描件。

3. 操作人

BIM 中心、技术部、工程部。

4. 操作流程

(1)打开 BIM5D 项目工程。

(2)登录 BIM 云。

(3)打开"项目"中"变更管理"页签。

(4)创建变更,上传变更文件,如图 8-47 所示。

(5)点击打开可进行变更文件查看,也可导出变更文件。

5. 结果及用途

(1)施工过程中,由于变更文件众多,存储和查阅多有不便,且容易发生变更文件丢失,利用 BIM5D 变更平台的管理,可以快速查找需要的变更文件,并且可以支持变更文件的导出。

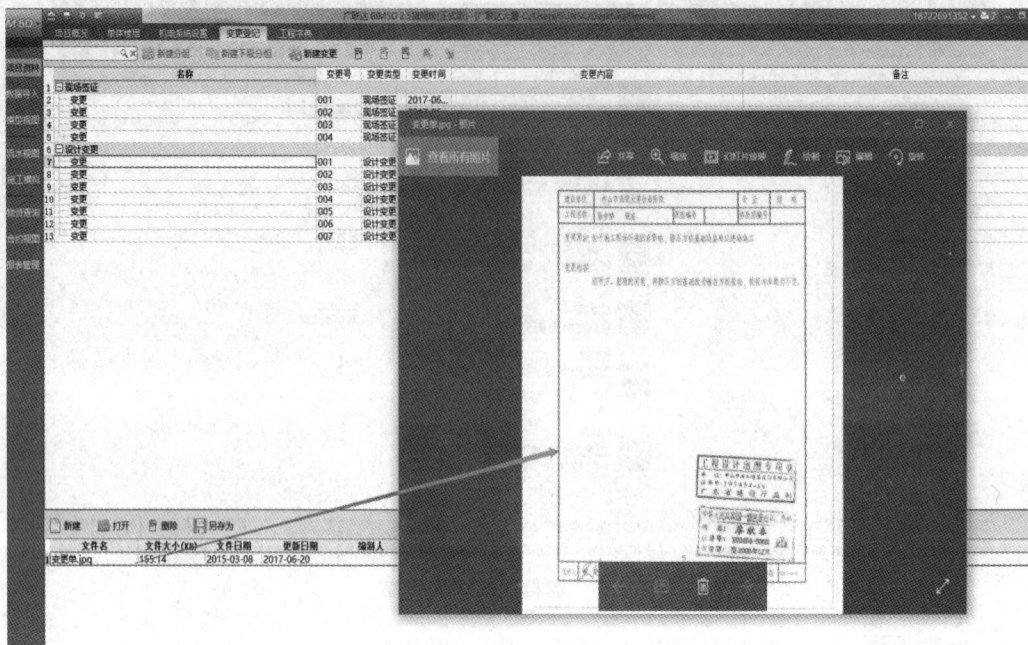

图 8-47   上传变更文件

(2)有利于实现项目部对变更文件的精细化管理。

6. 注意事项

(1)创建变更一定要分好组,以便高效地对不同的变更文件进行管理。

(2)变更文件上传时要对应好相同的变更项,切记不可关联错误。

五、物资提量

1. 应用场景

软件通过导入模型、成本等数据信息,可以快速地提取工程建造过程中所需的材料用量,并提供多维度的提取方式,可以按照使用时间、楼层、流水段及规格型号等维度进行单一及汇总查询,大幅提升了工程量提取的效率。同时,改变传统的手动扒图的方式,通过电算,可以精准地提取工程量信息,准确率得到了保障。

2. 准备工作

(1)设计模型的工程量已经转化为算量模型中的工程量,即考虑了一定规则的扣减及定额的条件。

(2)模型已经导入 BIM5D 中。要实现多维度的查询方式,需把流水段划分好,并将进度计划导入 BIM5D 中,且已经与模型关联好。

3. 操作人

技术部、工程部、物资部。

4. 操作流程

(1)进入物资查询模块。

(2)进入自定义查询,设置不同维度的查询方式进行查询,如图 8-48 所示。

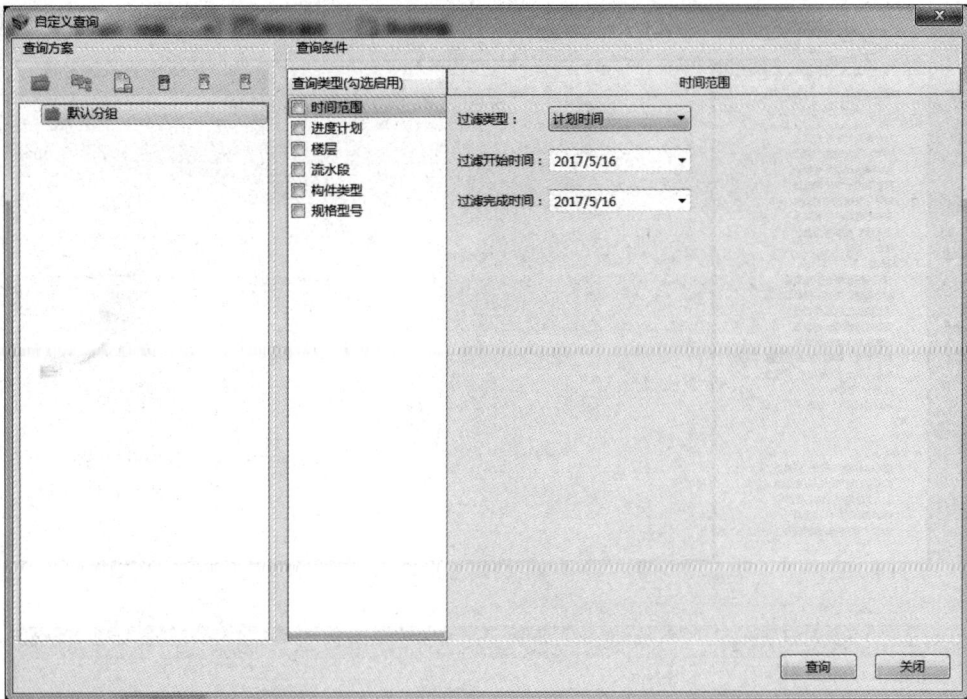

图 8-48　自定义查询

(3)将所需物资量导出，如图 8-49 所示。

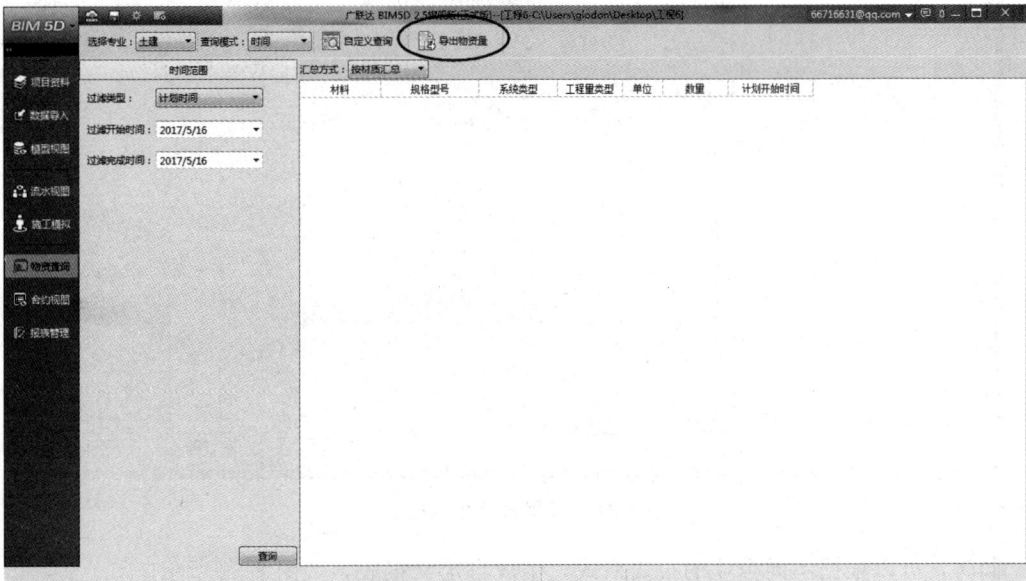

图 8-49　所需物资量导出

(4)进入报表管理模块，设置报表生成模式，生成报表，如图 8-50 所示。

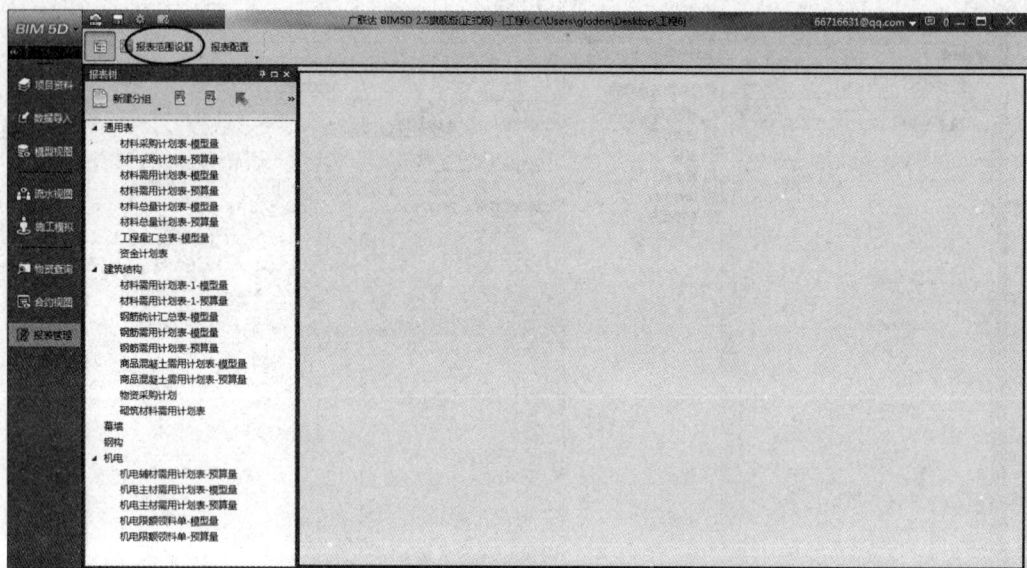

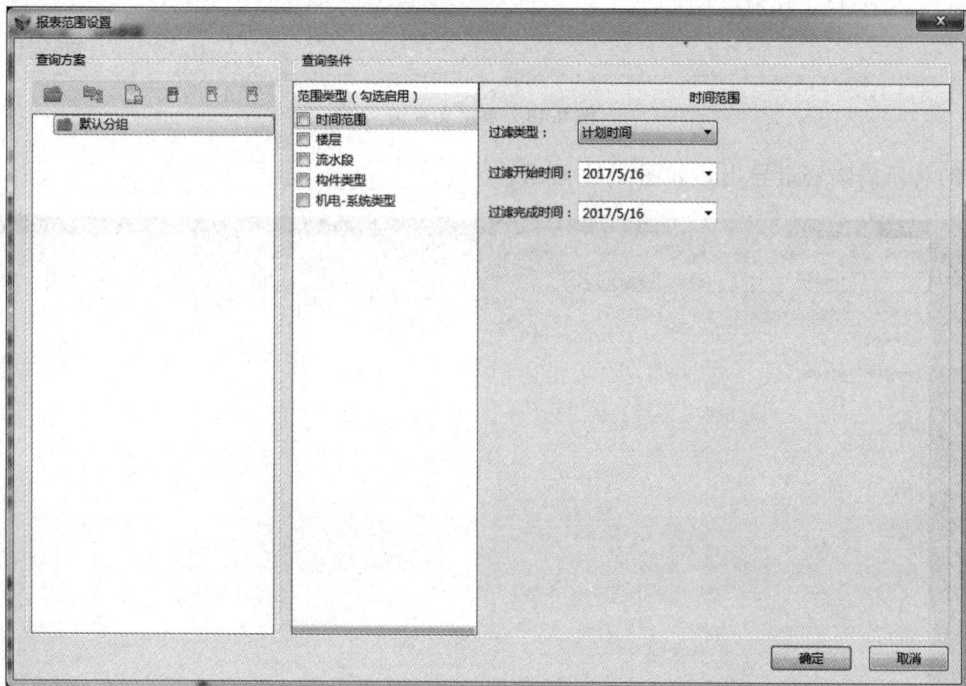

图 8-50　设置报表生成模式

同时，可以根据不同企业的报表格式，生成自定义报表，如图 8-51 所示。

5. 结果及用途

提量效率大幅提升，准确率得到保障，通过电算的方式，避免了人为误差因素，计算更加准确。

6. 注意事项

（1）设计模型与算量模型的转换，要求准确。建议使用 GFC 插件进行转换，保证提量的准确率。

(2)要求前期建模过程及模型关联准确,前期工作的失误都会影响物资量的准确性。

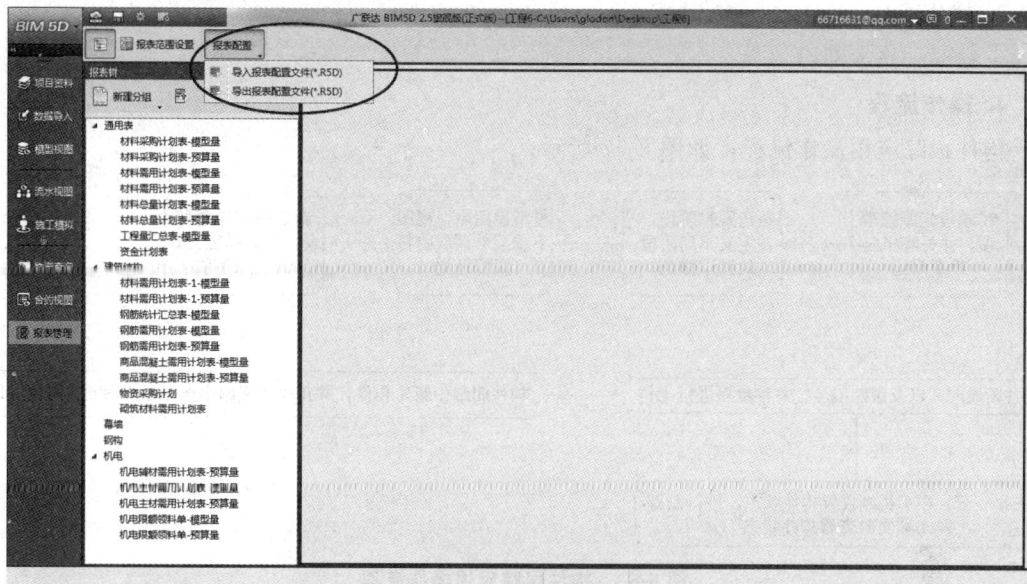

图 8-51 自定义报表

六、构件及设备管理

1. 应用场景

BIM5D 构件跟踪解决了工程项目进展过程中设备、构件难管理的问题,实现了项目过程中所需设备构件的统一管理,进而提高了项目管理的能力。钢结构构件多为加工厂进行深化预制,出图,最后将加工好的构件运输至现场进行吊装焊接。构件从钢板采购开始需要对主要构件进行进度跟踪,部分总包会派专人进行驻场检查,关注进度和质量环节。由于构件来自不同加工厂,人为监管浪费人力物力。同理,对机电相关设备进行跟踪,设备可能由不同的厂家生产,信息沟通较为复杂。通过 5D 平台 BIM+二维码可以跟踪相关构件,实时查看构件当前状态。

针对装配式建筑及其他预制构件施工过程中出现的进度控制难、二次搬运错误代价大、沟通成本高以及工程量统计慢等难题,延伸(装配式预制构件管理)改变了传统管理模式,通过 BIM5D 软件端设定跟踪阶段、编制进度计划,将构件的信息自动地生成二维码并张贴到相应构件上,方便成员随时掌握构件的信息,解决了状态难控制的问题。在 PC 端通过计划时间与实际完工时间的对比,通过模型颜色区分当前构件的状态,进度状态一目了然。同时,成员通过手机端可以随时采集构件的状态,实现三端联动,保证了沟通的效率。通过手机端实时采集的数据信息,可及时统计各阶段完工工程量,包括日累、月累、年累、开累等核心数据,解决了工程量统计慢的难题,最终提高了预制构件项目管理的工作效率,加强了企业管理的能力。

2. 准备工作

(1)注册广联云账号。

（2）将 BIM5D 项目工程文件上传至云空间，成员添加进云空间。

（3）手机端下载 BIM5D，并可以登录。

3. 操作人

工程部、技术部。

4. 操作流程

构件跟踪应用操作流程，如图 8-52 所示。

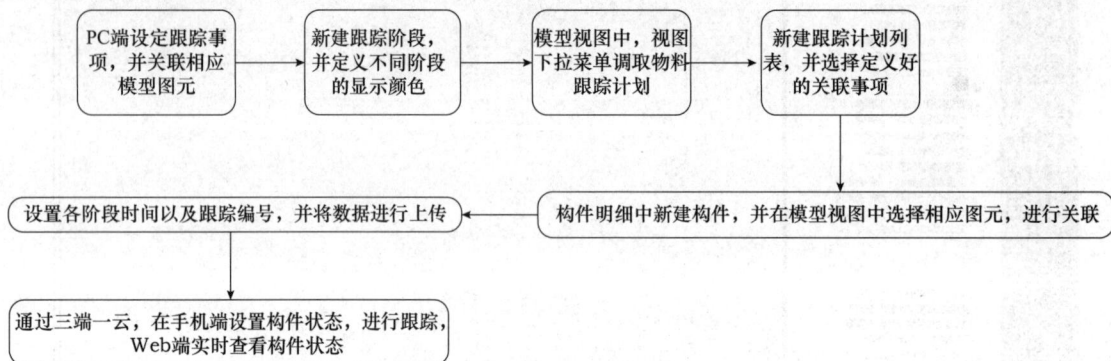

图 8-52　构件跟踪应用操作流程

（1）PC 端设定跟踪事项，并关联相应模型图元。

（2）新建跟踪阶段，并定义不同阶段的显示颜色，方便在模型中直观查询构件状态。

（3）在模型视图中，视图下拉菜单调取物料跟踪计划。

（4）新建跟踪计划列表，并选择定义好的关联事项，如图 8-53 所示。

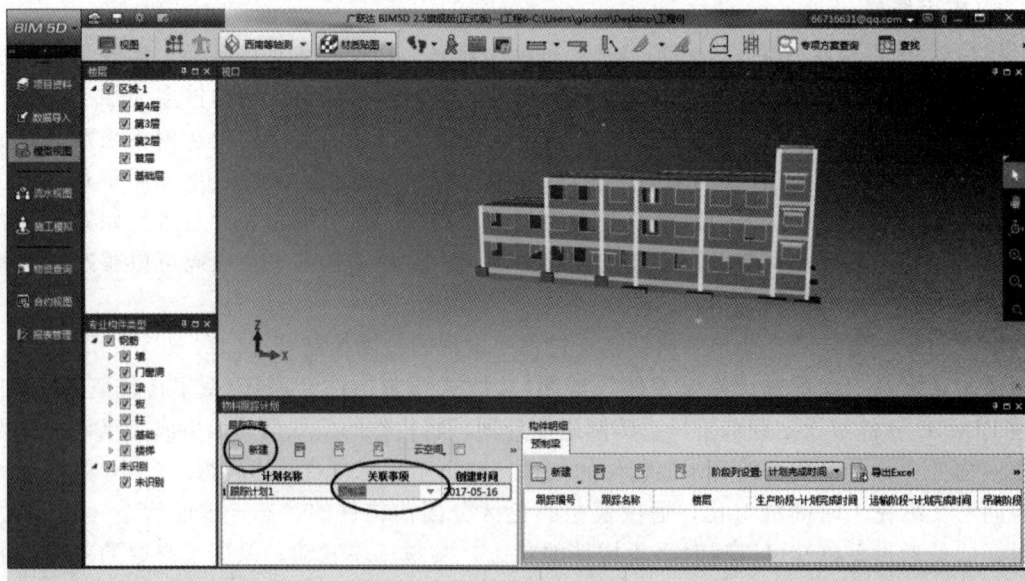

图 8-53　关联事项

（5）在构件明细中新建构件，并在模型视图中选择相应图元，进行关联，如图 8-54 所示。

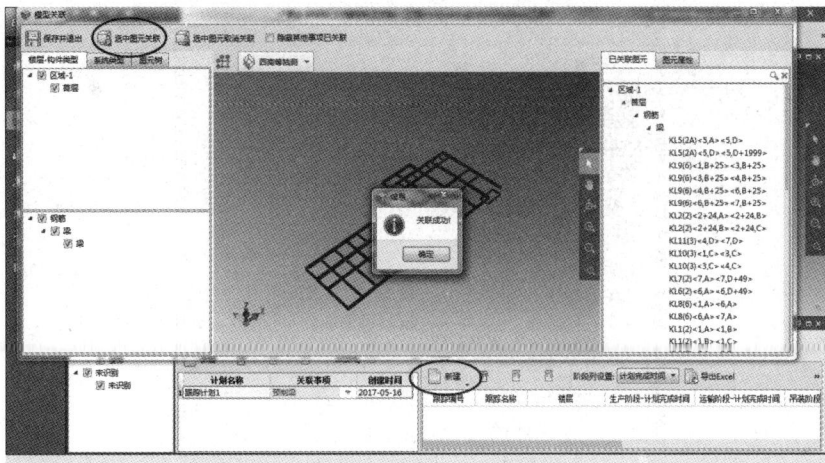

图 8-54　关联相应图元

（6）设置各阶段时间以及跟踪编号，设置不同阶段的跟踪责任人，并将数据上传。同时，打印二维码，方便手机端采集构件状态，并可以将二维码批量导出，如图 8-55 和图 8-56 所示。

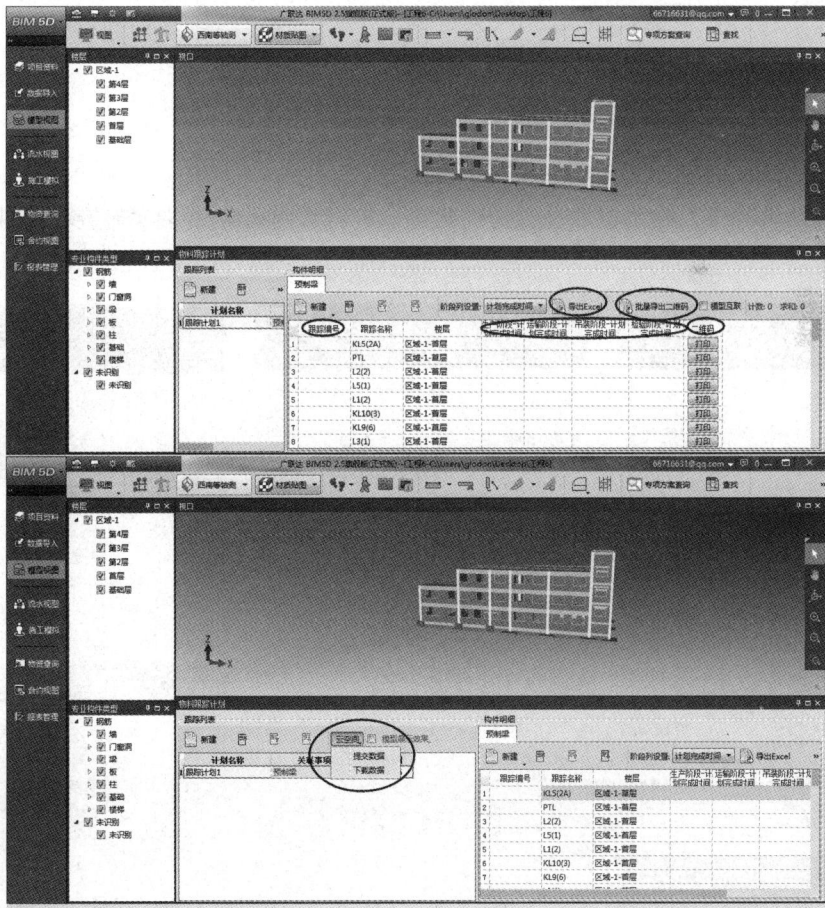

图 8-55　数据上传

图 8-56　打印二维码

（7）通过三端一云，在手机端设置构件状态，进行跟踪，Web 端实时查看构件状态，如图 8-57 所示。

图 8-57　Web 端实时查看构件状态

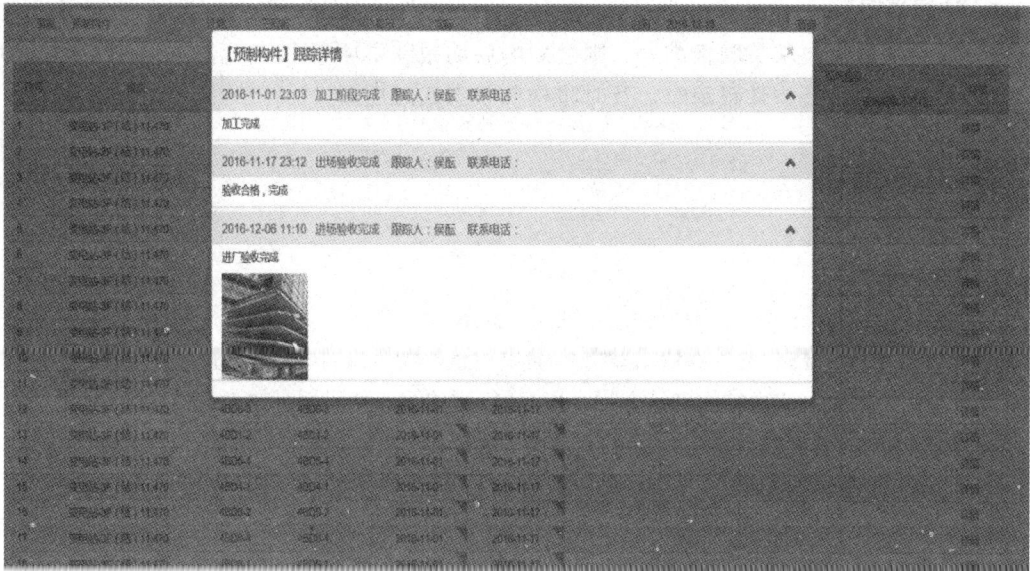

图 8-57　Web 端实时查看构件状态(续)

5. 结果及用途

结果及用途如图 8-58 所示。

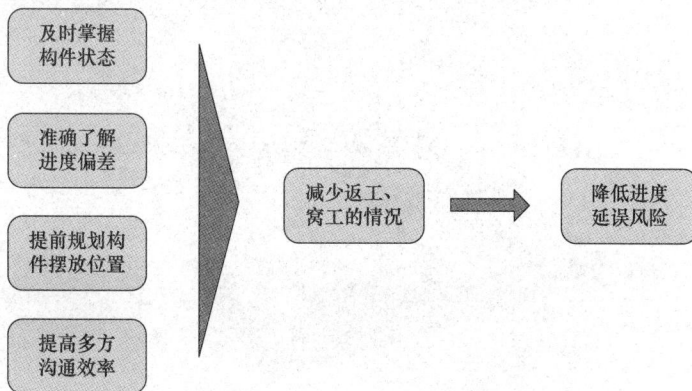

图 8-58　结果及用途

6. 注意事项

(1)模型关联时要求关联精准,否则会影响后期跟踪事项。

(2)责任人在进行构件跟踪时,及时将构件状态实时更新。

七、自动排砖

1. 应用场景

原始业务流程:劳务分包根据计划,向工长(工程部)报量,工程部审核(几乎不审,直接签字)提交物资部或商务部,商务部依据 GCL,简单控量,物资安排材料进场。技术部要针对不同的平面布局、户型编制二次结构砌筑方案,出 CAD 排砖图,替代原有技术员排砖工作。

目的:控量,减少二次搬运,出排砖图。

目前流程问题:

工长审核:不审;用墙体长度除以砌块长度直接估算。三种方式对砌体材料控量作用不明显。

商务部审核:通过 GCL 出墙面体积,相对来说,也不是很准,砌块都是搭接排布,墙体方量和砌体方量不同。

2. 准备工作

(1)砌体墙模型。

(2)相关二次结构墙体的主砌块的材质和尺寸以及相关深化设计数据,包括构造柱、水平系梁、塞缝砖等。

3. 操作人

BIM 中心、技术部、工程部、物资部。

4. 操作流程

(1)进入自动排砖界面,如图 8-59 所示。

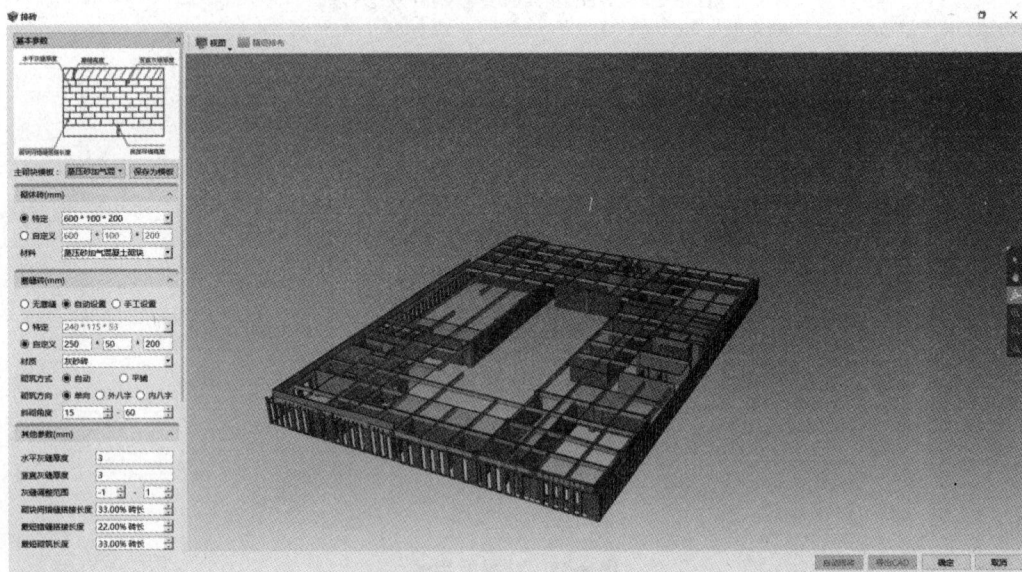

图 8-59　自动排砖界面

(2)对基本参数进行设定，如图 8-60 所示。

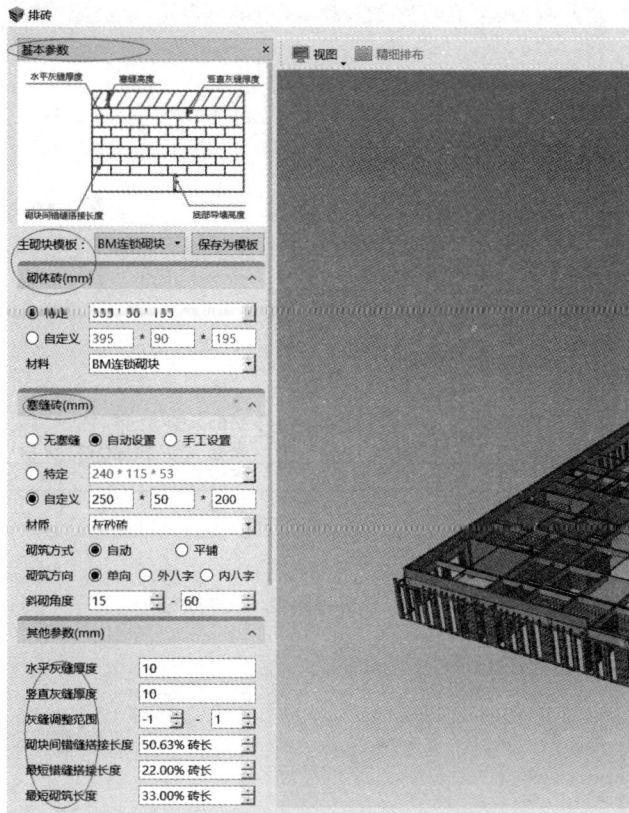

图 8-60　基本参数设定

(3)对需要进行深化的墙体进行精细排砖(构造柱、过梁、抱框柱、水平系梁等)，如图 8-61 所示。

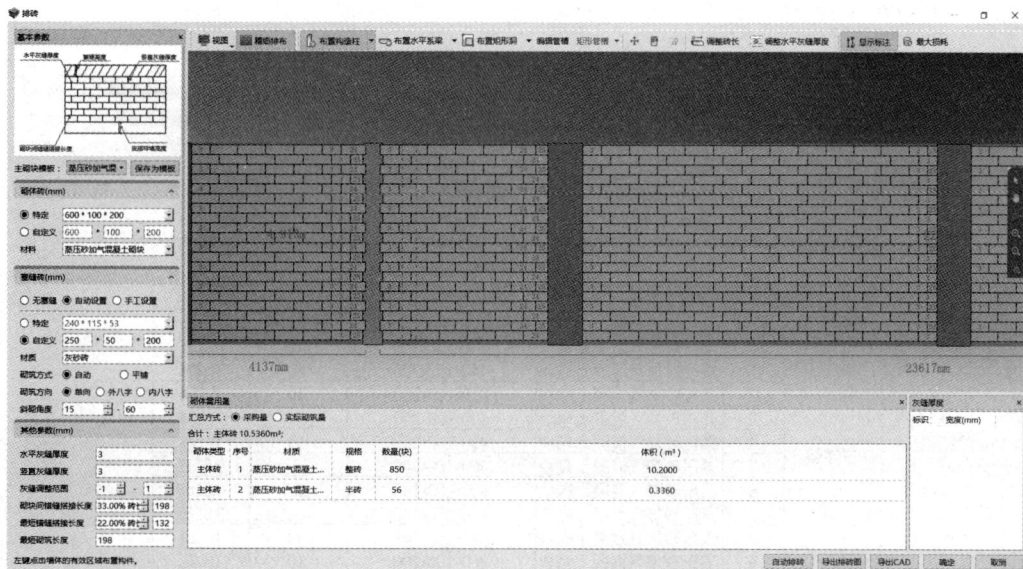

图 8-61　墙体进行精细排砖

(4)排布完成后，统计砌块采购量，如图 8-62 所示。

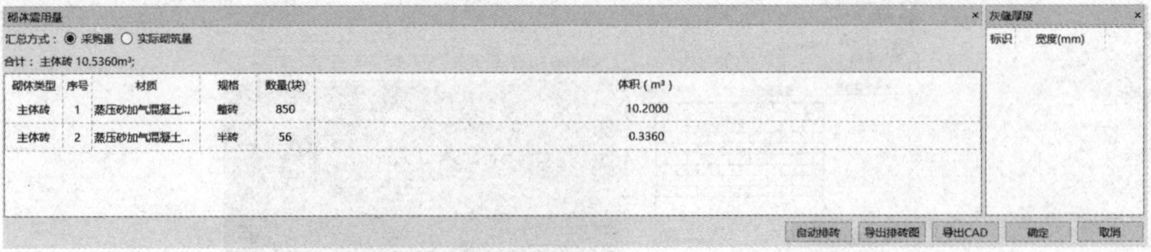
砌体需用量

汇总方式：◉ 采购量 ○ 实际砌筑量

合计：主体砖 10.5360m³;

砌体类型	序号	材质	规格	数量(块)	体积（m³）
主体砖	1	蒸压砂加气混凝土...	整砖	850	10.2000
主体砖	2	蒸压砂加气混凝土...	半砖	56	0.3360

图 8-62 砌块采购量统计

导出采购量 Excel 表格，如图 8-63 所示。

采购量					
名称：轻钢龙骨两层两侧石膏板-1<5+315,J+2840><5+315,F-15>					
砌体类型	序号	材质	规格	数量(块)	体积（m³）
主体砖	1	蒸压砂加气混凝土砌块	半砖	50	0.3
	2	蒸压砂加气混凝土砌块	整砖	860	10.32

合计：主体砖 10.6200m³;

图 8-63 导出采购量 Excel 表格

实际砌筑量统计，如图 8-64 所示。

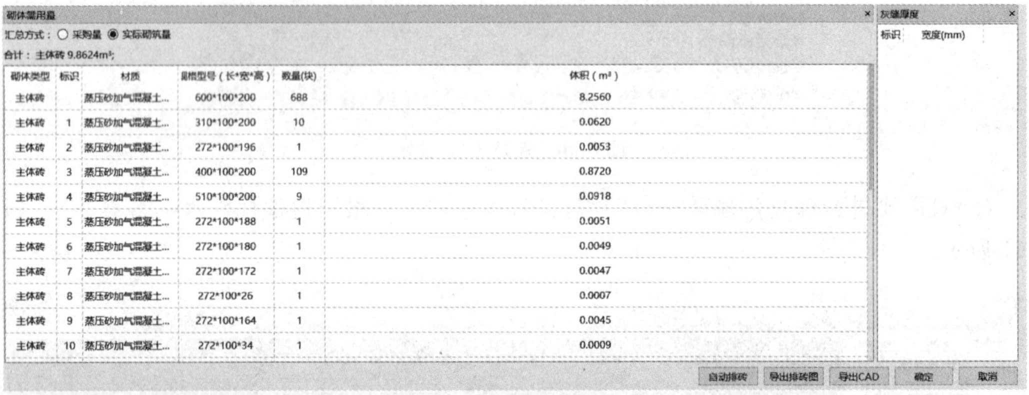
砌体需用量

汇总方式：○ 采购量 ◉ 实际砌筑量

合计：主体砖 9.8624m³;

砌体类型	标识	材质	规格型号（长*宽*高）	数量(块)	体积（m³）
主体砖		蒸压砂加气混凝土...	600*100*200	688	8.2560
主体砖	1	蒸压砂加气混凝土...	310*100*200	10	0.0620
主体砖	2	蒸压砂加气混凝土...	272*100*196	1	0.0053
主体砖	3	蒸压砂加气混凝土...	400*100*200	109	0.8720
主体砖	4	蒸压砂加气混凝土...	510*100*200	9	0.0918
主体砖	5	蒸压砂加气混凝土...	272*100*188	1	0.0051
主体砖	6	蒸压砂加气混凝土...	272*100*180	1	0.0049
主体砖	7	蒸压砂加气混凝土...	272*100*172	1	0.0047
主体砖	8	蒸压砂加气混凝土...	272*100*26	1	0.0007
主体砖	9	蒸压砂加气混凝土...	272*100*164	1	0.0045
主体砖	10	蒸压砂加气混凝土...	272*100*34	1	0.0009

图 8-64 实际砌筑量统计

导出实际砌筑量 Excel 表格，如图 8-65 所示。

实际砌筑量					
名称：轻钢龙骨两层两侧石膏板-1<5+315,J+2840><5+315,F-15>					
砌体类型	标识	材质	规格型号（长*宽*高）	数量(块)	体积（m³）
主体砖		蒸压砂加气混凝土砌块	600*100*200	688	8.256
	1	蒸压砂加气混凝土砌块	440*100*200	10	0.088
	2	蒸压砂加气混凝土砌块	210*100*200	40	0.168
	3	蒸压砂加气混凝土砌块	400*100*200	108	0.864
	4	蒸压砂加气混凝土砌块	450*100*200	19	0.171
	5	蒸压砂加气混凝土砌块	400*100*140	2	0.0112
	6	蒸压砂加气混凝土砌块	600*100*140	2	0.0168
	7	蒸压砂加气混凝土砌块	450*100*140	1	0.0063
	8	蒸压砂加气混凝土砌块	520*100*200	30	0.312
	9	蒸压砂加气混凝土砌块	260*100*200	10	0.052

合计：主体砖 9.9453m³;

图 8-65 导出实际砌筑量 Excel 表格

(5)导出 CAD 排砖图，如图 8-66 所示。

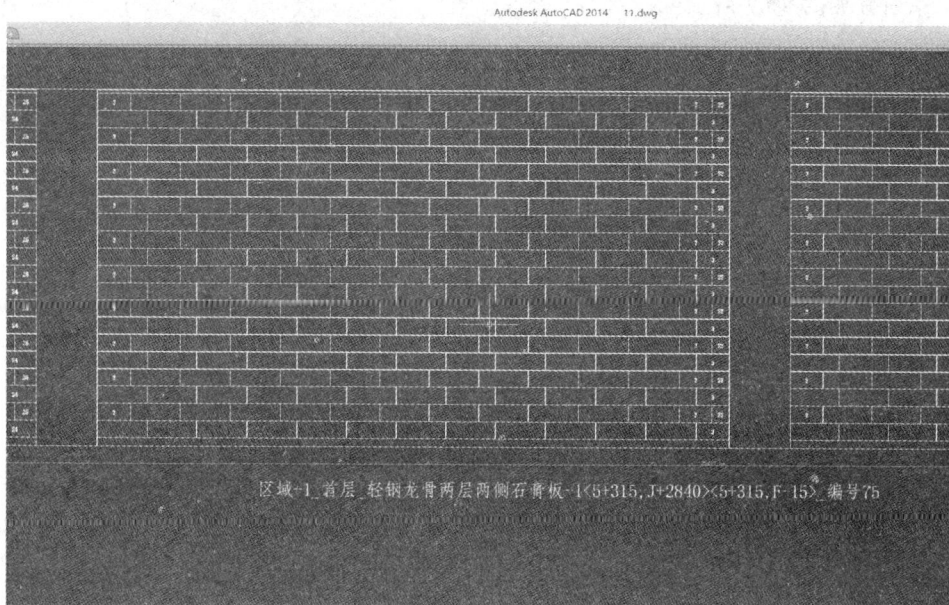

图 8-66 导出 CAD 排砖图

5. 结果及用途

精准获取砌筑量，获知预算与计划成本，提前获知盈亏情况，降低成本风险。

砌筑质量提升明显，杜绝了作业人员经验不足、作业瑕疵等。提供施工和检查节点的依据参照，便于形象展示节点。

对砌体需用量进行提量/审核控制，从而达到节约综合成本的目的。综合成本包括砌块用量、材料浪费、二次倒运费用等。

通过排砖，帮助技术部快速出排砖图，达到节约劳动力、提高工作效率的目的，可比传统排砖效率至少提高 7 倍以上。

6. 注意事项

(1)排砖图现场使用应该对图纸进行塑封和牢固张贴。

(2)现场初步施工人员使用排砖时，由于初次接触，砌筑效率开始较低，等工人熟练掌握后，可大幅提高砌筑效率和质量。

(3)如不能一次排布成功，可以在 CAD 图中进行修改。

八、BIM5D 协同工作

1. 应用场景

BIM 应用过程涉及项目多个部分，需要各个部门相互配合才能完成 BIM 在项目中的应用。

2. 准备工作

根据实际应用点的情况，明确项目各部门在 BIM 应用过程中的职责。

3. 工作划分

工作划分如图 8-67 所示。

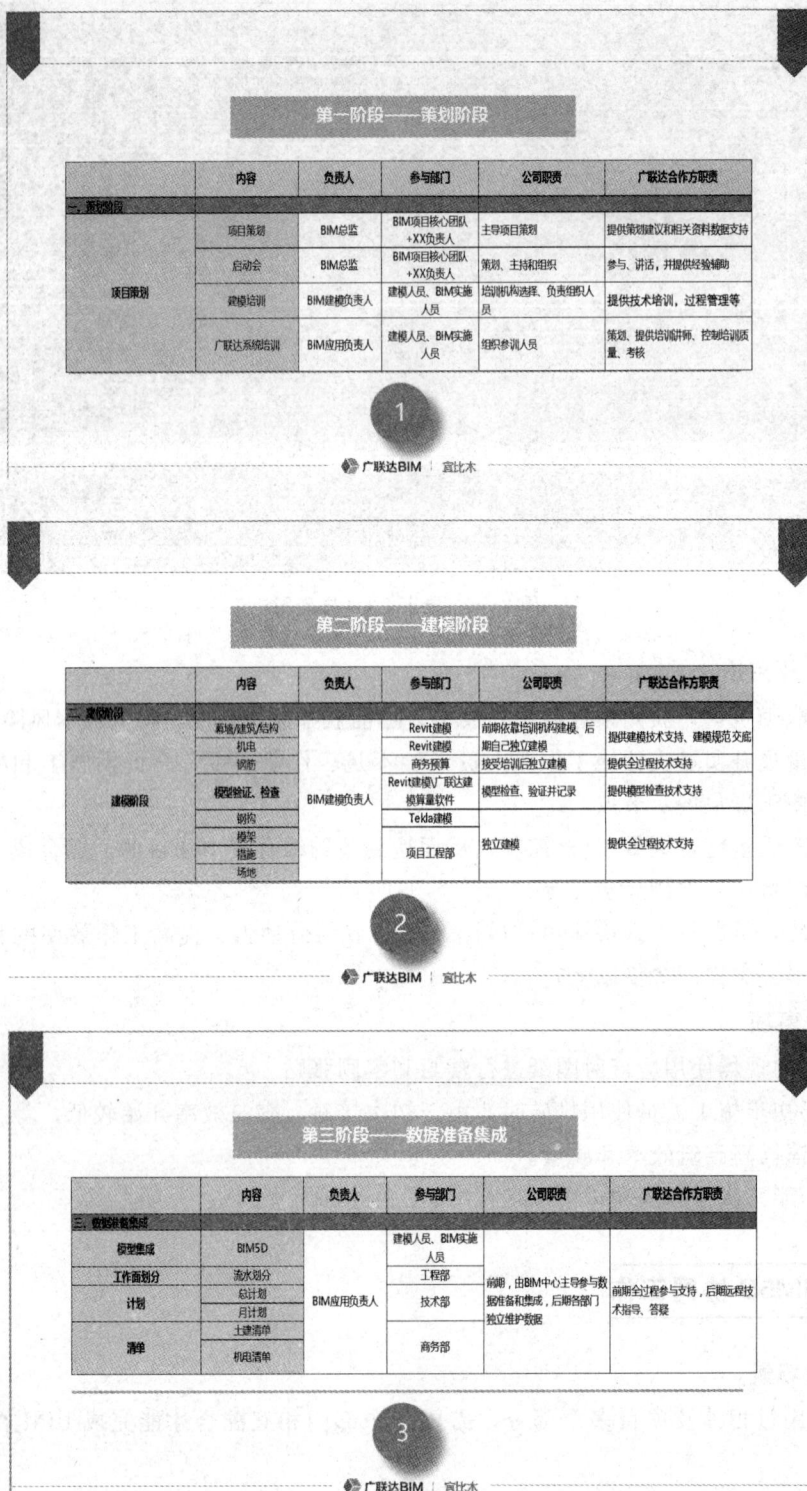

第一阶段——策划阶段

	内容	负责人	参与部门	公司职责	广联达合作方职责
一、策划阶段					
项目策划	项目策划	BIM总监	BIM项目核心团队+XX负责人	主导项目策划	提供策划建议和相关资料数据支持
	启动会	BIM总监	BIM项目核心团队+XX负责人	策划、主持和组织	参与、讲话，并提供经验辅助
	软件培训	BIM建模负责人	建模人员、BIM实施人员	培训机构选择、负责组织人员	提供技术培训，过程管理等
	广联达系统培训	BIM应用负责人	建模人员、BIM实施人员	组织参训人员	策划、提供培训讲师、控制培训质量、考核

广联达BIM ｜ 宜比木

第二阶段——建模阶段

	内容	负责人	参与部门	公司职责	广联达合作方职责
二、建模阶段					
建模阶段	粗建/精建筑结构	BIM建模负责人	Revit建模	前期依靠培训机构建模，后期自己独立建模	提供建模技术支持、建模规范交底
	机电		Revit建模		
	钢筋		商务预算	接受培训后独立建模	提供全过程技术支持
	模型验证、检查		Revit建模+广联达建模算量软件	模型检查、验证并记录	提供模型检查技术支持
	钢构		Tekla建模		
	模架		项目工程部	独立建模	提供全过程技术支持
	措施				
	场地				

广联达BIM ｜ 宜比木

第三阶段——数据准备集成

	内容	负责人	参与部门	公司职责	广联达合作方职责
三、数据准备集成					
模型集成	BIM5D	BIM应用负责人	建模人员、BIM实施人员	前期，由BIM中心主导参与数据准备和集成，后期各部门独立维护数据	前期全过程参与支持，后期远程技术指导、答疑
工作面划分	流水划分		工程部		
计划	总计划		技术部		
	月计划				
清单	土建清单		商务部		
	机电清单				

广联达BIM ｜ 宜比木

图 8-67　工作划分

	内容	负责人	参与部门	公司职责	广联达合作方职责
四、应用阶段	描述				
1. 基础应用					
机电深化	建模校审、预留预埋、指导施工				
幕墙深化	节点设计、接缝预留、指导施工				
二次结构排砖	二次结构砌体排布、工程量统计及指导施工	BIM建模负责人\BIM应用负责人	建模人员\技术部\生产部门	BIM中心和各部门共同进行实施应用	XX方全程参与支持，技术辅助，包括问题反馈的快速响应
技术方案交底	分析重难点问题的可行性及形象交底				
场地布置	分析场地布置的合理性及临设施计				
现场问题记录	施工现场手机记录现场问题及安全问题，高还原情况加上图纸或通过问题协调解决及管理				
质量安全创优					

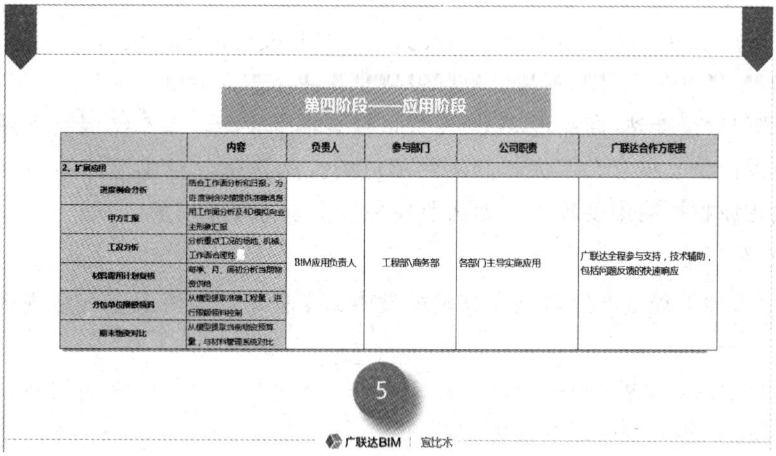

④

	内容	负责人	参与部门	公司职责	广联达合作方职责
2. 扩展应用					
进度偏差分析	结合工作面分析和归期，为后续进度分析提供数据信息				
甲方汇报	用工作面分析及4D模型向企业主导进行汇报				
工况分析	分析重点工况的材料、机械、工序资源需求性	BIM应用负责人	工程部\商务部	各部门主导实施应用	广联达全程参与支持，技术辅助，包括问题反馈的获得快速响应
材料费用计划复核	每季、月、周的分析当期物资需求明				
分包结算提量复核	从模型提取砌体工程量，进行预算提量控制				
期末物资对比	从模型提取当期物料预算量，与材料管理系统对比				

⑤

五、总结验收	描述				
资料收集		BIM应用负责人	全部部门		过程协助
BIM验收		全员	全部部门		全程参与验收，做广联达部分总结

⑥

图 8-67　工作划分(续)

4. 结果及用途

BIM5D 平台应用的核心就是进行多部门的协同作业。

233

5. 注意事项

(1)在应用前期应该确定 BIM5D 平台应用点，之后统计涉及的各部门。

(2)对各部门的职责一定要划分清晰，职责明确。

九、工程量项目管理

1. 应用场景

(1)传统控制属于单线控制，环节较多，参与方较多，信息传递时效性差，控制难度较大；预算部门只能依据物资部门票据结算，即使发现混凝土用量存在差值，实际控制力度也较差。

(2)以往实际现场施工时，工长计算的混凝土用量不准，且存在现场划分的施工段与预算部门划分不一致的现象，导致混凝土订货单与实际用量不符。搅拌站在拿到订货单后，根据单据一次性发货，罐车进场后会发现材料多余或用量不足，后期补用往往不及时且大于实际用量，造成混凝土浇筑不连续，以及人工、机械及混凝土的浪费。

(3)搅拌站发货量与发货单不符，实际发货量往往小于发货单。

(4)物资部门对搅拌站(商品混凝土)发货量复核难度较大，单车次混凝土量误差往往在合同约定的范围内，复核意义不大，起不到相应的控制作用。自建搅拌站混凝土发货量可控，但对混凝土原材控制难度较大，无法监控混凝土原材实际用量。

2. 准备工作

(1)设计模型的工程量已经转化为算量模型中的工程量，即考虑了一定规则的扣减及定额的条件。

(2)模型已经导入 BIM5D 中。要实现多维度的查询方式，需把流水段划分好，并将进度计划导入 BIM5D 中，且已经与模型关联好。

3. 工作划分

(1)BIM 中心通过 5D 平台快速根据施工区段提取混凝土模型量，如图 8-68 所示。

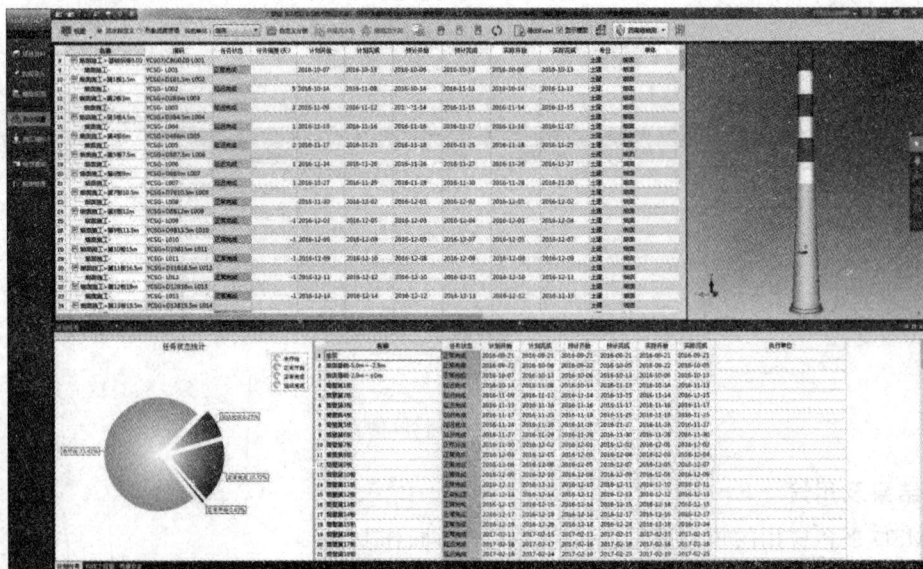

图 8-68　提取混凝土模型量

（2）BIM 中心通过物资查询，设置不同维度的查询方式进行工程量查询，如图 8-69 所示。

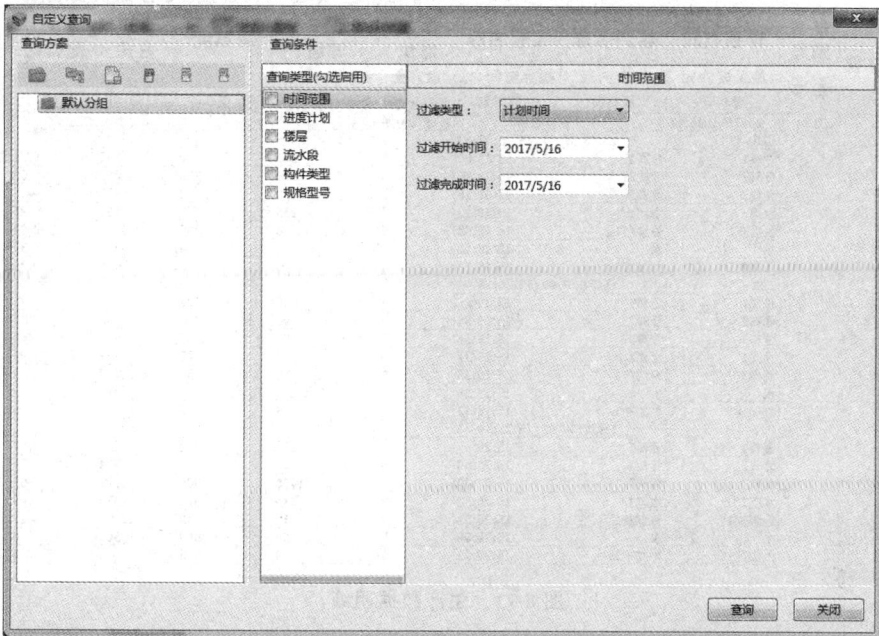

图 8-69　查询工程量

（3）工长根据 BIM 中心发布的模型量及现场实际进行订货，搅拌站依据模型量复核订货单并安排混凝土生产计划，从而避免混凝土量的浪费。将所需物资量进行导出，如图 8-70 所示。

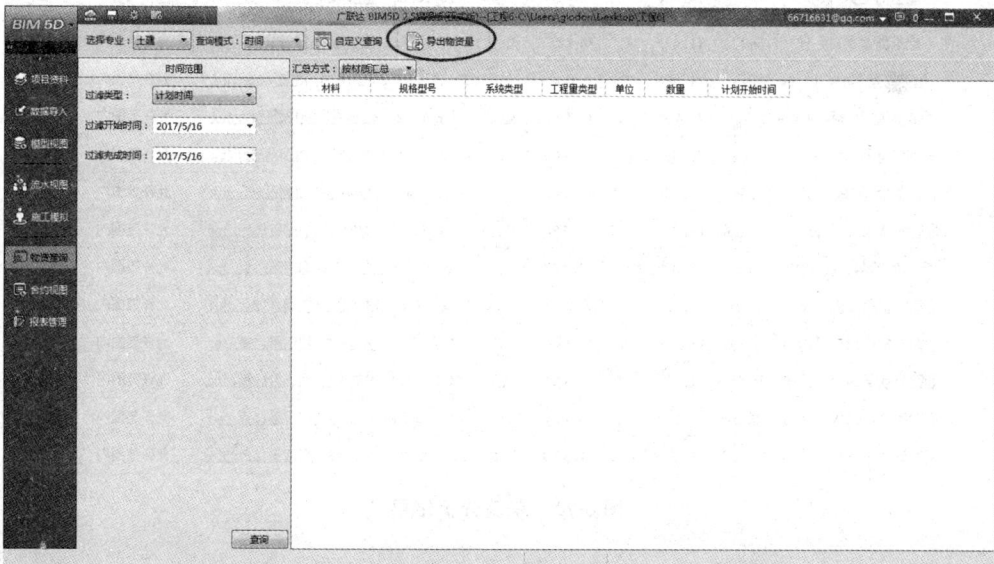

图 8-70　所需物资量导出

（4）每次混凝土生产完毕后，将搅拌站生产原始数据导出并上传至 BIM 应用中心，BIM 应用中心根据混凝土配合比及生产数据进行统计分析，生产数据明细如图 8-71 所示。

生产数据明细

车次	任务编号	计划时间	客户名称	工程名称	施工部位	强度等级	坍落度	浇筑方式	施工配合比
	盘次	施工配合比	生产时刻	搅拌时间(s)	盘方量	坍落度			
		原料仓	原材料	完成时刻	含水率(%)	配合比值(kg)	设定值(kg)	实际值(kg)	误差(%)
	C20	2017/3/2 15:17		项目部	项目部地坪	C20			C20
624	1	C20		15:18:59	40 (15:18:59>1	2			
		骨料1	骨料1	15:18:00	0	350	700	695	-0.71
		骨料2	骨料2	15:18:10	0	400	800	795	-0.62
		骨料3	骨料3	15:18:16	0	1000	2000	1970	-1.5
		水泥	水泥1	15:18:12	0	235	470	466	-0.85
		粉煤灰1	粉煤灰1	15:18:03	0	115	230	227.9	-0.91
		水	水	15:18:13	0	200	315	316	0.32
		外加剂1	外加剂1	15:18:17	0	4	8	8.06	0.75
	2	C20		15:20:14	40 (15:20:14>1	2			
		骨料1	骨料1	15:19:20	0	350	700	695	-0.71
		骨料2	骨料2	15:19:30	0	400	800	796	-0.5
		骨料3	骨料3	15:19:36	0	1000	2000	1984	-0.8
		水泥	水泥1	15:19:37	0	235	470	477	1.49
		粉煤灰1	粉煤灰1	15:19:28	0	115	230	230.7	0.3
		水	水	15:19:36	0	200	315	316	0.32
		外加剂1	外加剂1	15:18:42	0	4	8	8	0
	3	C20		15:21:34	40 (15:21:34>1	2			
		骨料1	骨料1	15:20:45	0	350	700	696	-0.57
		骨料2	骨料2	15:20:54	0	400	800	794	-0.75
		骨料3	骨料3	15:21:00	0	1000	2000	1979	-1.05
		水泥	水泥1	15:20:53	0	235	470	473	0.64
		粉煤灰1	粉煤灰1	15:20:51	0	115	230	229.6	-0.17
		水	水	15:20:58	0	200	300	300	0
		外加剂1	外加剂1	15:20:01	0	4	8	8	0

图 8-71 生产数据明细

(5)BIM 应用中心在收集各部门数据并整理分析后，如发现差值，组织各部门负责人进行差值分析，并根据差值分析结果制订下一步控制措施，如图 8-72 所示。

烟囱板数	revit模型体	现场实际	差值	砼等级	浇筑日期	现场实际浇筑附件	差值分析
烟囱筒壁第3板 (3.0~4.5m)	68.028	68.5	-0.472	C40	2016/11/17	附加照片\烟囱第3板.1pg	允许范围内
烟囱筒壁第4板 (4.5~6m)	70.946	73	-2.054	C40	2016/11/25	附加照片\烟囱第4板.1pg	烟囱模板有孔洞，导致出现漏浆
烟囱筒壁第5板 (6~7.5m)	71.421	71	0.421	C40	2016/11/27	附加照片\烟囱第5板.1pg	允许范围内
烟囱筒壁第6板 (7.5~9.0m)	71.082	71	0.082	C40	2016/11/30	附加照片\烟囱第6板.1pg	允许范围内
烟囱筒壁第7板 (9.0~10.5m)	70.742	70	0.742	C40	2016/12/2	附加照片\烟囱第7板.1pg	允许范围内
烟囱筒壁第8板 (10.5~12.0m)	70.397	70.5	-0.103	C40	2016/12/4	附加照片\烟囱第8板.1pg	允许范围内
烟囱筒壁第9板 (12.0~13.5m)	70.051	70.5	-0.449	C40	2016/12/7	附加照片\烟囱第9板.1pg	允许范围内
烟囱筒壁第10板 (13.5~15.0m)	69.712	70.5	-0.788	C40	2016/12/9	附加照片\烟囱第10板.1pg	允许范围内
烟囱筒壁第11板 (15~16.5m)	69.373	70	-0.627	C40	2016/12/11	附加照片\烟囱第11板.1pg	允许范围内
烟囱筒壁第12板 (16.5~18.0m)	69.060	68	1.060	C40	2016/12/13	附加照片\烟囱第12板.1pg	允许范围内
烟囱筒壁第13板 (18.0~19.5m)	68.746	68	0.746	C40	2016/12/15	附加照片\烟囱第13板.1pg	允许范围内
烟囱筒壁第14板 (19.5~21.0m)	72.579	74	-1.421	C40	2016/12/17	附加照片\烟囱第14板.1pg	允许范围内
烟囱筒壁第15板 (21.0~22.5m)	91.193	92	-0.807	C40	2016/12/24	附加照片\烟囱第15板.1pg	允许范围内
烟囱筒壁第16板 (22.5~24.0m)	66.322	67.5	-1.178	C40	2017/2/15	附加照片\烟囱第16板.1pg	允许范围内

图 8-72 差值分析结果

4. 结果及用途

通过 BIM 应用中心实现工程信息共享及传递，各部门共同参与，多方数据汇总，实现多方数据对比，从而达到数据透明、准确，多方共同监控，避免各个环节不必要的资源浪费，最大限度地节约工程成本。将广联达 BIM5D 软件提出的工程量与实际量对比，通过差值分析找出差值原因。项目工长也可依据 BIM5D 提供的数据，控制施工现场混凝土用量。物资部门依据 BIM5D 提供的数据及市场价格的波动，在满足现场施工要求的前提下，合理安排采购计划，最大限度地节约成本。

5. 注意事项

(1)经预算部门与 BIM 应用中心对 Revit、GCL 以及 5D 混凝土量进行对比分析审核，确保模型准确性。

(2)BIM 应用中心接收现场实际划分施工区段的反馈，并在 5D 中复核模型的施工段与现场是否一致。

模块小结

本模块结合项目案例，主要讲授了 BIM 技术、BIM5D 技术基本概念与内容；BIM5D 软件价值和在施工组织设计中的应用，以及 BIM5D 软件与施工组织设计的结合应用点。通过本模块学习，学生能够了解 BIM 概念、特点、价值及综合应用，并能够通过软件进行 BIM 综合技术案例实践应用，为下一模块学习打下基础。

课后习题

1. BIM 技术的特点主要有哪些？
2. BIM5D 的优势主要有哪些内容？
3. BIM 在施工组织设计中的应用有哪些内容？

模块九　施工现场规划布置

模块目标

　　了解单位工程施工现场布置图的设计依据；了解临水、临电的计算内容和计算方法；熟悉单位工程施工现场布置图的设计内容、安全文明绿色的施工现场的布置要求和相关规范；掌握单位工程施工现场布置图的设计原则；掌握单位工程施工现场布置图的设计步骤；掌握施工现场安全知识，提高安全意识。

案例导入

　　本模块以广联达办公大厦项目施工场地为案例，进行单位工程施工现场平面图布置。建设地点位于北京市郊。本建筑物用地概貌属于平缓场地，为二类多层办公建筑。本建筑的合理使用年限为50年，抗震设防烈度为8度。本建筑的结构类型为框架-剪力墙结构体系，建筑布局为主体呈"一"字形内走道布局方式。本建筑总面积为4 745.6 m²，层数为地下一层，地上四层（不包括电梯机房及水箱间）。本建筑檐口距地高度为15.4 m，设计标高±0.000相当于绝对标高41.500 m。

单元一　单位工程施工现场布置图的设计内容

　　单位工程施工现场布置图根据单位工程所包含的施工阶段（如基础施工阶段、主体结构施工阶段、装饰装修施工阶段）需要分别绘制，并应符合国家有关制图标准，通常按照1∶200～1∶500的比例绘制，图幅不宜小于A3尺寸，一般包括以下内容：

　　(1)单位工程施工区域范围内的已建和拟建的地上、地下的建筑物及构筑物，周边道路、河流等，平面图的指北针、风向玫瑰图、图例等。

　　(2)拟建工程施工所需起重与运输机械（塔式起重机、井架、施工电梯等）、混凝土浇筑设备（地泵、汽车泵等）、其他大型机械的位置及其主要尺寸，以及起重机械的开行路线和方向等。

　　(3)测量轴线及定位线标志，测量放线桩及永久水准点位置、地形等高线和土方取、弃场地

　　(4)材料及构件堆场、大宗施工材料的堆场（钢筋堆场、钢构件堆场）、预制构件堆场、周转材料堆场。

　　(5)生产及生活临时设施，包括钢筋加工棚、木工棚、机修棚、混凝土搅拌站、仓库、

工具房、办公用房、宿舍、食堂、浴室、门卫、围墙、文化服务房。

(6)临时供电、供水、供热等管网的布置；水源、电源、变压器位置确定；现场排水沟渠及排水方向等。

(7)施工运输道路的布置、宽度和尺寸；临时便桥、现场出入口，引入的铁路、公路和航道的位置。

(8)劳动保护、安全、防火及防洪设施布置以及其他需要的布置内容。

单元二 单位工程施工现场布置图的设计依据

在设计单位工程施工现场布置图之前，首先要认真研究施工部署和施工方案，并深入现场进行细致的调查研究，然后对施工现场布置图设计所需要的原始资料认真进行收集、分析，使设计与施工现场的实际情况相符，从而起到指导施工现场进行空间布置的作用。单位工程施工现场布置图的设计依据主要包括下列内容。

一、设计与施工的原始资料

(1)自然条件资料，如气象、地形、水文及工程地质资料。主要用于确定临时设施的位置，布置施工排水系统，确定易燃、易爆及妨碍人体健康设施的位置。

(2)技术经济条件资料，如交通运输、水源、电源、物资资源、生活和生产基地情况。主要用于确定材料仓库、构件和半成品堆场、道路及可以利用的生产和生活的临时设施。

二、建筑结构设计资料

(1)建筑总平面图。图上包括一切地上、地下拟建和已建的房屋和构筑物，据此可以正确确定临时房屋和其他设施设置，以及布置工地交通运输道路和排水等临时设施。

(2)地上和地下管线位置。一切已有或拟建的管线，应考虑是利用还是提前拆除或迁移，并需注意不得在拟建的管线位置上修建临时建筑物或者构筑物。

(3)建筑区域的竖向设计和土方调配图。它是布置水、电管网，安排土方的挖填、取土或者弃土地点的依据，影响施工现场的平面关系。

三、施工组织设计资料

(1)单位工程施工方案。据此确定起重机的行走路线，其他施工机具的位置，吊装方案与构件预制、堆场的布置等，以便进行施工现场的整体规划。

(2)施工进度计划。从中详细了解各个施工阶段的划分情况，以便分阶段布置施工现场。

(3)劳动力和各种材料、构件、半成品等需要量计划。确定宿舍、食堂的面积、位置，仓库和堆场的面积、形式位置，以及运输道的位置。

单元三　单位工程施工现场布置图的设计原则

（1）在保证施工顺利进行的前提下，现场应布置紧凑、节约用地、便于管理，并减少施工用的管线，减少成本。

（2）短运输、少搬运。各种材料尽可能按计划分期分批进场，充分利用场地，合理规划各项施工设施，科学规划施工道路，尽量使运距最短，从而减少二次搬运费用。

（3）施工区域的划分和场地的临时占用，应符合总体施工部署和施工流程的要求，减少相互干扰。

（4）控制临时设施规模、降低临时设施费用。尽量利用施工现场附近的原有建筑物、构筑物为施工服务，尽量采用装配式设施提高安装速度。

（5）各项临时设施布置时，要有利于生产、方便生活，施工区与居住区要分开。符合劳动保护、安全、消防、环保、文明施工等要求。

（6）遵守当地主管部门和建设单位关于施工现场安全文明施工的相关规定。

单元四　单位工程施工现场布置图的设计步骤

单位工程施工现场布置图的设计步骤如图 9-1 所示。

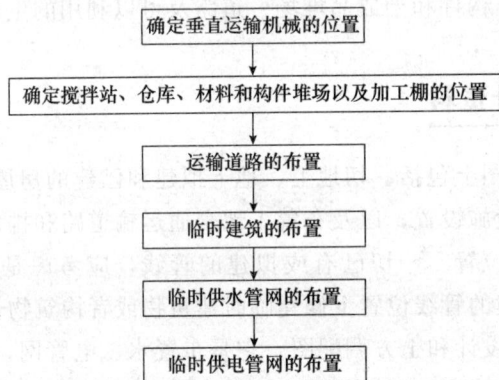

```
确定垂直运输机械的位置
        ↓
确定搅拌站、仓库、材料和构件堆场以及加工棚的位置
        ↓
运输道路的布置
        ↓
临时建筑的布置
        ↓
临时供水管网的布置
        ↓
临时供电管网的布置
```

图 9-1　单位工程施工现场布置图的设计步骤

以上各个步骤在设计时，往往相互关联、相互影响，并不是一成不变的。掌握一个合理的设计步骤有利于设计者节约时间，减少矛盾。

一、确定垂直运输机械的位置

垂直运输机械的位置直接影响仓库、搅拌站、材料堆场、预制构件堆场位置，以及场内道路、水电管网的布置，因此应首先给予考虑。

垂直运输机械包括塔式起重机、龙门架、井架、外用施工电梯。选择垂直运输机械时主要依据力学性能、建筑物平面形状和大小、施工段划分情况、起重高度、材料和构件的质量、材料供应和运输道路等情况来确定。

注释：《建设工程安全生产管理条例》

第二十八条 施工单位应当在施工现场入口处、施工起重机械、临时用电设施、脚手架、出入通道口、楼梯口、电梯井口、孔洞口、桥梁口、隧道口、基坑边沿、爆破物及有害危险气体和液体存放处等危险部位，设置明显的安全警示标志。安全警示标志必须符合国家标准。

1. 塔式起重机的布置

塔式起重机是集起重、垂直提升、水平运输三种功能为一身的机械设备。按其在工地上使用架设的要求不同，可分为固定式、轨道式、附着式、内爬式。塔式起重机布置的注意事项如下：

(1)保证塔式起重机利用最大化，即覆盖半径最大化，并能充分发挥塔式起重机的各项性能。

(2)保证塔式起重机使用安全，其位置应考虑塔式起重机与建筑物(拟建建筑物和周边建筑物)间的安全距离、塔式起重机安拆的安全施工条件等。塔式起重机尾部与其外围脚手架的安全距离、群塔施工的安全距离如图9-2所示，塔式起重机和架空线边线的最小安全距离见表9-1。

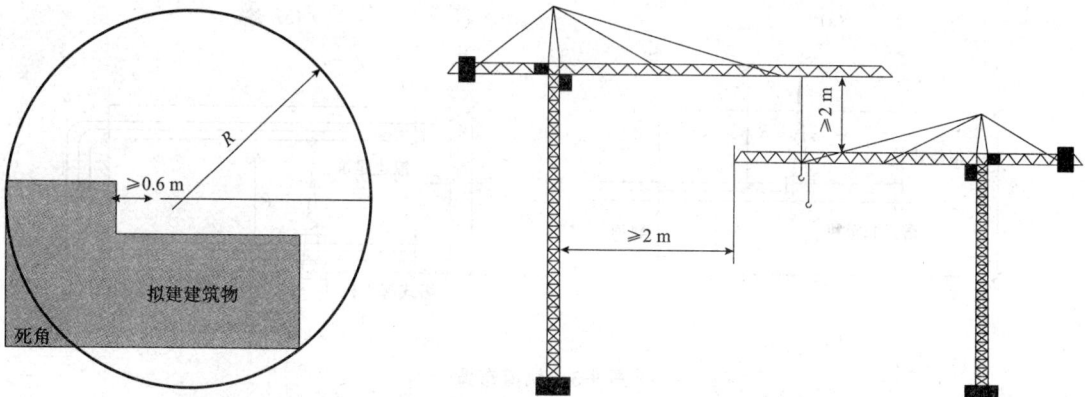

图 9-2 塔式起重机尾部与其外围脚手架的安全距离、群塔施工的安全距离

表 9-1 塔式起重机和架空线边线的最小安全距离

安全距离/m \ 电压/kV	<1	1~15	20~40	60~110	220
沿垂直方向	1.5	3.0	4.0	5.0	9.0
沿水平方向	1.5	2.0	3.5	4.0	9.0

(3)保证安拆方便，根据四周场地条件、场地内施工道路考虑安拆的可行性和便利性。

(4)除非建筑物特点及工艺需要，尽可能避免塔式起重机二次或多次移位。

(5)尽量使用企业自有塔式起重机，不能满足施工要求时采用租赁方式解决。

注释：《建筑施工塔式起重机安装、使用、拆卸安全技术规程》(JGJ 196—2010)

当多台塔式起重机在同一施工现场交叉作业时，应编制专项施工方案，并应采取防碰撞的安全措施。任意两台塔式起重机之间的最小架设距离应符合下列规定：

1. 低位塔式起重机的起重臂端部与另一台塔式起重机的塔身之间的距离不得小于 2 m；

2. 高位塔式起重机的最低位置的部件（或吊钩升至最高点或平衡重的最低部位）与低位塔式起重机中处于最高位置部件之间的垂直距离不得小于 2 m。

2. 轨道式起重机的布置

轨道式起重机轨道的布置方式，主要取决于建筑物的平面形状、尺寸和四周施工场地条件，一般应在场地较宽的一面沿建筑物的长度方向布置，以充分发挥其效率。起重机的起重转动幅度要能够将材料和构件直接运至任何施工地点，尽量避免出现"死角"。轨道布置通常采用图 9-3 所示的单侧、双侧或环形、跨内单行、跨内环形布置四种方案。

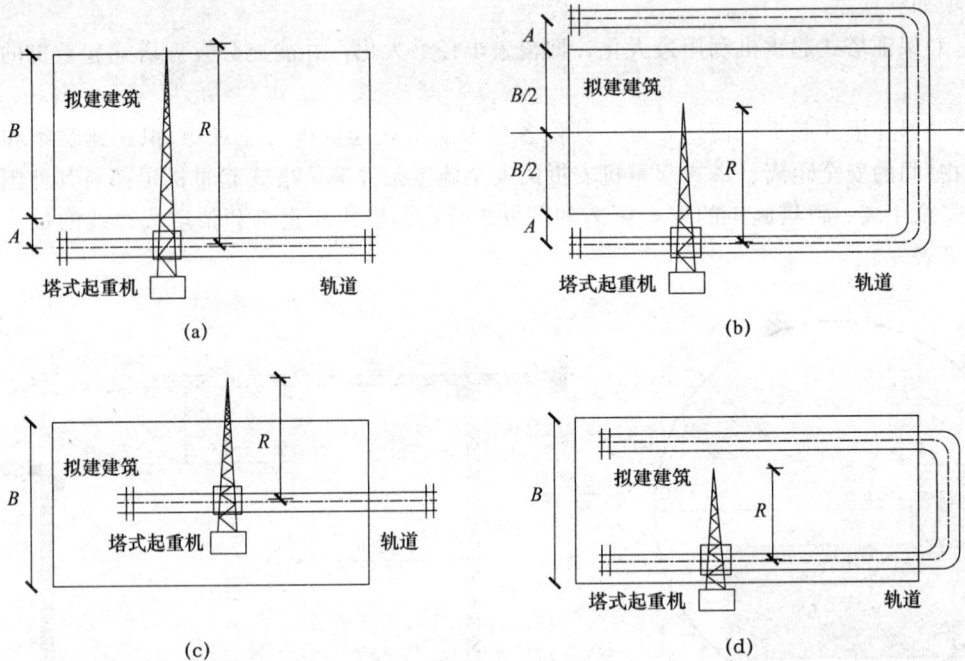

图 9-3 轨道布置
(a)单侧布置；(b)双侧或环形布置；(c)跨内单行布置；(d)跨内环形布置

(1)单侧布置。当建筑物平面宽度小、构件轻时，可单侧布置。其优点是轨道长度较短，不仅可节省工程投资，而且有较宽敞的场地堆放构件和材料，此时起重机的最大回转半径必须满足式(9-1)：

$$R \geqslant B + A \tag{9-1}$$

式中 R——塔式起重机的最大回转半径(m)；

B——建筑物平面的最大宽度(m)；

A——塔轨中心线至外墙外边线的距离(m)。

(2)双侧或环形布置。当建筑物平面宽度较大、构件质量较大时，可采用双侧或环形布置，起重机的最大回转半径满足式(9-2)：

$$R \geqslant B/2 + A \tag{9-2}$$

若吊装工程量大，且工期紧迫，可在建筑物两侧各布置一台起重机；反之，则可用一台起重机环形吊装。

（3）跨内单行布置。当建筑场地狭窄、起重机不能布置在建筑物外侧，或起重机布置在建筑物外侧而起重机的性能不能满足构件的吊装要求时采用，其优点是可减少轨道长度，并节约施工用地。缺点是只能采用竖向综合安装，结构稳定性差，构件多布置在起重半径之外，需增加二次搬运；对房屋外侧维护结构吊装也比较困难，同时房屋的一端还应有20～30 m的场地，作为塔式起重机装拆之用。

（4）跨内环形布置。构件较重、起重机跨内单行布置时，起重机的性能不能满足构件的吊装要求，同时，起重机又不能跨外环形布置时采用。

轨道式起重机进行布置时应注意以下几点：

（1）轨道式起重机布置完成后，应绘出起重机的服务范围。其方法是分别以轨道两端有效端点的轨道中心为圆心，以起重机最大回转半径为半径画出两个半圆，连接这两个半圆，即为塔式起重机的服务范围。

（2）建筑物的平面应处于吊臂的最大回转半径之内（起重机服务范围之内），以便将材料和构件等运至任何施工地点，此时应尽量避免出现图 9-2 所示的"死角"。

（3）争取布置成最大的服务范围，尽量缩短轨道长度，以降低铺轨费用。

（4）在确定吊装方案时，对于出现的"死角"，应提出具体的技术措施和安全措施，以保证"死角"部位的顺利吊装。当采取其他配合吊装方案时，要确保塔式起重机回转时不能有碰撞的可能。

塔式起重机起重高度可按式（9-3）计算，计算简图如图 9-4 所示。

$$H = h_1 + h_2 + h_3 + h_4 \tag{9-3}$$

式中　　H——起重机的起重高度（m）；

　　　　h_1——建筑物高度（m）；

　　　　h_2——安全生产高度（m）；

　　　　h_3——构件最大高度（m）；

　　　　h_4——索具高度（m）。

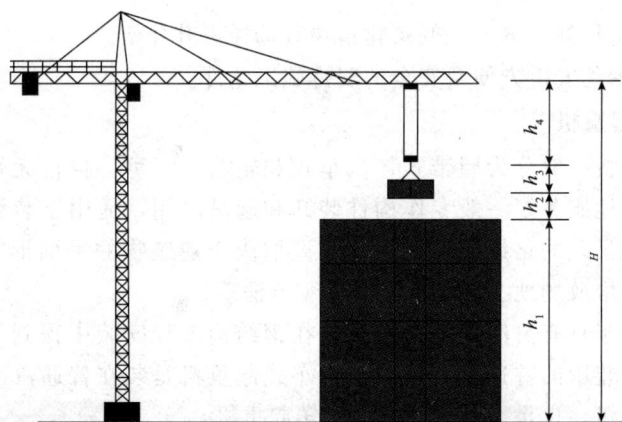

图 9-4　塔式起重机起重高度计算简图

3. 固定式垂直运输机械的布置

固定式垂直运输机械包括井架、龙门架、固定式塔式起重机，布置时应充分发挥设备能力，使地面或楼面上运距最短，主要根据力学性能、建筑物的平面尺寸、施工段的划分、材料进场方向及运输道路等情况确定。布置时，应考虑以下几方面。

(1)建筑物各部位的高度相同时，固定式起重机一般布置在施工段的分界线附近。

(2)当建筑物各部位的高度不相同或平面较复杂时，应布置在高低跨分界处较高的一侧，以避免高低处水平运输施工相互干涉。

(3)采用井架、龙门架时，其位置以窗口为宜，以避免砌墙留槎和拆除后墙体修补工作。

(4)一般考虑布置在现场较宽的一面，因为这一面便于堆放材料和构件，以达到缩短运距的要求。

(5)井架、龙门架的数量要根据施工进度、提升的材料和构件数量、台班工作效率等因素计算确定，其服务范围一般为 50~60 m。

(6)井架、龙门架的卷扬机应设置安全作业棚，其位置不应距起重机太近，以便操作人员的视线能看到整个升降过程。一般要求此距离大于建筑物的高度，水平距外脚手架 3 m以上。

(7)井架应立在外脚手架之外并有一定距离为宜，一般为 5~6 m。

(8)缆风绳设置，高度在 15 m 以下时设一道，15 m 以上时每增高 10 m 增设一道，宜用钢丝绳，并与地面夹角成 45°，当附着于建筑物时可不设缆风绳。

(9)布置固定式塔式起重机时，应考虑塔式起重机安装拆卸的场地。

4. 外用施工电梯的布置

外用施工电梯又称人货两用梯，是一种安装于建筑物外部，施工期间用于运送施工人员及建筑材料的垂直运输机械，是高层建筑施工不可缺少的关键机械设备之一。在确定外用施工电梯的位置时，应考虑便于施工人员上下和物料集散。从电梯口到各施工处的平均距离应最近，便于安装附墙装置，接近电源，且有良好的夜间照明。其他布置注意事项如下。

(1)根据建筑物高度、内部特点、电梯力学性能等选择一次到顶或接力方式的运输方式。

(2)高层建筑物选择施工电梯，低层建筑物宜选择提升井架。

(3)保证施工电梯的安拆方便及安全的安拆施工条件。

5. 自行无轨式起重机

自行无轨式起重机一般分为履带式、汽车式和轮胎式三种。自行无轨式起重机移动方便灵活，能为整个工地服务，一般专作构件装卸和起吊之用，适用于装配式单层工业厂房主体结构的吊装。其吊装的路线及停机位置主要取决于建筑物的平面形状、构件质量、吊装顺序、吊装高度、堆放场地、回转半径和吊装方法等。

汽车式起重机由于具有灵活性和方便性，在钢结构工程安装中得到了广泛的应用，成为中小钢结构工程安装中的首选吊装机械。汽车式起重机是装在普通汽车底盘或者特制汽车底盘上的一种起重机，也是一种自行式全回转起重机。

常用的汽车式起重机有 Q_1 型(机械传动和操纵)、Q_2 型(全液压式传动和伸缩式起重臂)、Q_3 型(多电动机驱动各工作结构)、YD 型(随车起重机)和 QY 型(液压传动)系列等。目前液压传动的汽车式起重机应用较广泛。

结构吊装工程起重机型号主要根据工程结构特点、构件的外形尺寸、质量、吊装高度、起重(回转)半径以及设备和施工现场条件确定。起重量、起重高度和起重半径为选择计算起重机型号的三个主要工作参数。

(1)起重机起重量计算。起重机单机吊装的起重量可按下式计算：

$$Q \geqslant Q_1 + Q_2 \qquad (9\text{-}4)$$

式中　Q——起重机的起重量(t)；

　　　Q_1——构件质量(t)；

　　　Q_2——绑扎索质量、构件加固及临时脚手架等的质量(t)。

单机吊装的起重机在特殊情况下，当采取一定有效技术措施(如按起重机实际超载试验数据，在机尾增加配重、改善施工条件等)后，起重量可提高10%左右。

结构吊装双机抬吊的起重机起重量可按式(9-5)计算：

$$(Q_主 + Q_副)K \geqslant Q_1 + Q_2 \qquad (9\text{-}5)$$

式中　$Q_主$——主机起重量(t)；

　　　$Q_副$——副机起重量(t)；

　　　K——起重机的降低系数，一般取0.8。

其他符号意义同前。

双机抬吊构件选用起重机时，应尽量选用两台同类型的起重机，并进行合理的荷载分配。

(2)起重机起重高度计算。起重机的起重高度，可由式(9-6)计算：

$$H \geqslant h_1 + h_2 + h_3 + h_4 \qquad (9\text{-}6)$$

式中　H——起重机的起重高度，即停机面至吊钩的距离(m)；

　　　h_1——安装支座表面高度，即停机面至安装支座表面的距离(m)；

　　　h_2——安装对位时的空隙高度，不小于0.3 m；

　　　h_3——绑扎点至构件吊起时底面的距离(m)；

　　　h_4——索具高度(m)，自绑扎点至吊钩面的距离，视实际情况而定。

6. 混凝土泵和泵车

高层建筑物施工中，混凝土的垂直运输量巨大，通常采用泵送方式进行，其布置要求如下。

(1)混凝土泵设置处的场地应平整坚实，具有重车行走条件，且有足够的场地，道路畅通，使供料调车方便。

(2)混凝土泵应尽量靠近浇筑地点。

(3)其停放位置接近排水设施，供水、供电方便，便于泵车清洗。

(4)混凝土泵作业范围内，不得有障碍物、高压电线，同时要有防范高空坠物的措施。

(5)当高层建筑物采用接力泵泵送混凝土时，其设置位置应使上、下泵的输送能力匹配，且验算其楼面结构部位的承载力，必要时采取加固措施。

二、确定搅拌站、仓库、材料和构件堆场的位置

布置搅拌站、仓库、材料和构件堆场的位置时，总的要求是既要使它们尽量靠近使用地点或将它们布置在起重机服务范围内，又要便于装卸、运输。

1. 确定搅拌站位置

砂浆、混凝土搅拌站位置取决于垂直运输机械，布置搅拌站时，考虑以下因素。

(1)搅拌站应有后台上料的场地，尤其是混凝土搅拌站，要考虑与砂石堆场、水泥库一起布置，既要相互靠近，又要便于这些大宗材料的运输和装卸。

(2)搅拌站应尽可能布置在垂直运输机械附近，以减少混凝土及砂浆的水平运距。当采用塔式起重机方案时，混凝土搅拌机的位置应使吊斗能从其出料口直接卸料并挂钩起吊。

(3)搅拌站应设置在施工道路旁，使小车、翻斗车运输方便。

(4)搅拌站场地四周应设置排水沟，以利于清洗机械和排除污水，避免造成现场积水。

(5)混凝土搅拌机所需面积约为 25 m^2，砂浆搅拌机所需面积约为 15 m^2，冬期施工还应考虑保温与供热设施等，其面积要相应增加。

2. 确定仓库、材料和构件堆场位置

仓库、材料和构件堆场的面积应先通过计算，然后根据各施工阶段的需要及材料使用的先后进行布置。

(1)材料堆场和仓库应尽量靠近使用地点，应在起重机的服务范围内，减少或避免二次搬运，并考虑到运输及卸料方便。

(2)当采用固定式垂直运输机械时，首层、基础和地下室所用的材料，宜沿建筑物四周布置；第二层及以上建筑物的施工材料、构件，布置在垂直运输机械附近或塔式起重机吊臂最大回转半径之内。

(3)砂、石等大宗材料尽量布置在搅拌站附近。

(4)多种材料同时布置时，对大宗的、质量大的和先期使用的材料，应尽可能靠近使用地点或起重机附近布置；而少量的、轻的和后期使用的材料，则可布置得稍远一些。

(5)当采用自行有轨式起重机时，材料和构件堆场位置，应布置在自行有轨式起重机的有效服务范围内。

(6)当采用自行无轨式起重机时，材料和构件堆场位置，应沿着起重机的开行路线布置，且其所在的位置应在起重臂的最大回转半径范围内。

(7)预制构件的堆场位置，要考虑其吊装顺序，避免二次搬运。

(8)按不同施工阶段使用不同材料的特点，在同一位置上可先后布置几种不同的材料。

三、运输道路的布置

1. 运输道路

(1)现场运输道路及出入口的布置。施工运输道路的布置主要解决运输和消防两方面问题，布置原则如下：

1)尽可能利用永久性道路的路面或基础。

2)尽可能围绕建筑物布置环形道路，并设置两个以上的出入口。

注释：《建设工程施工现场消防安全技术规范》(GB 50720—2011)

施工现场出入口的设置应满足消防车通行的要求，并宜设置在不同方向，其数量不宜少于2个。当确有困难只能设置1个出入口时，应在施工现场内设置满足消防车通行的环形道路。

注释：《建设工程安全生产管理条例》

第三十一条　施工单位应当在施工现场建立消防安全责任制度，确定消防安全责任人，制定用火、用电、使用易燃易爆材料等各项消防安全管理制度和操作规程，设置消防通道、消防水源，配备消防设施和灭火器材，并在施工现场入口处设置明显标志。

3)当道路无法设置环形道路时，应在道路的末端设置回车场。

(2)道路主线路位置的选择应方便材料及构件的运输及卸料，当不能到达时，应尽可能设置支路线。

(3)道路的宽度应根据现场条件及运输对象、运输流量确定，并满足消防要求；其主干道应设计为双车道，宽度不小于 6 m，次要车道为单车道，宽度不小于 4 m。

注释：《建设工程施工现场消防安全技术规范》(GB 50720—2011)

临时消防车道的设置应符合下列规定：临时消防车道的净宽度和净空高度均不应小于 4 m。

(4)施工道路应避开拟建工程和地下管道等地方。

(5)施工现场入口应设置绿色施工制度图牌。

注释：《建筑工程绿色施工规范》(GB/T 50905—2014)

施工现场入口应设置绿色施工制度图牌。

2. 公示标牌

大门口处应设置公示标牌，主要应包括工程概况牌、消防保卫牌、安全生产牌、文明施工牌、管理人员名单及监督电话牌、施工现场总平面图。公示标牌应规范、整齐、统一，施工现场应有安全标语。

(1)施工现场进出口应设置大门、门卫室、企业形象标志、车辆冲洗设施等。

注释：《建设工程施工现场环境与卫生标准》(JGJ 146—2013)

土方和建筑垃圾的运输必须采取封闭式运输车辆或采取覆盖措施。施工现场出口处设置车辆冲洗设施，并应对驶出车辆进行清洗。

注释：《建筑工程绿色施工规范》(GB/T 50905—2014)

施工现场扬尘控制应符合下列规定：

1)施工现场宜搭设封闭式垃圾站。

2)细散颗粒材料、易扬尘材料应封闭堆放、存储和运输。

3)施工现场出口应设冲洗池，施工场地、道路应采取定期洒水抑尘措施。

(2)施工场地必须沿四周连续设置封闭围挡，围挡材料应选用砌体、彩钢板等硬性材料，并做到坚固、稳定、整洁和美观。

(3)市区主要路段的工地应设置高度不小于 2.5 m 的封闭围挡。

注释：《建筑施工安全检查标准》(JGJ 59—2011)

文明施工保证项目的检查评定应符合下列规定：

1. 现场围挡

1)市区主要路段的工地应设置高度不小于 2.5 m 的封闭围挡；

2)一般路段的工地应设置高度不小于 1.8 m 的封闭围挡。

注释：《施工现场临时建筑物技术规范》(JGJ/T 188—2009)

在软土地基上、深基坑影响范围内，城市主干道、流动人员较密集地区及高度超过 2 m

的围挡应选用彩钢板。

彩钢板围挡应符合下列规定：围挡的高度不宜超过2.5 m；当高度超过1.5 m时，宜设置斜撑，斜撑与水平地面的夹角宜为45°。

四、临时建筑的布置

临时建筑的布置既要考虑施工的需要，又要靠近交通线路，方便运输和职工的生活，还应考虑节能环保的要求，做到文明施工、绿色施工。

(1)临时建筑的分类。

1)办公用房，如办公室、会议室、门卫等。

2)生活用房，如宿舍、食堂、厕所、盥洗室、浴室、文体活动室、医务室等。

(2)临时建筑的设计规定。

1)临时建筑不应超过二层，会议室、餐厅、仓库等人员较密集、荷载较大的用房应设在临时建筑的底层。

2)临时建筑的办公用房、宿舍宜采用活动房，临时围挡用材宜选用彩钢板。

3)办公用房室内净高不应低于2.5 m。普通办公室每人使用面积不应小于4 m²，会议室使用面积不宜小于30 m²。

4)宿舍内应保证必要的生活空间，室内净高不应低于2.5 m，通道宽度不应小于0.9 m。每间宿舍居住人数不应超过16人；宿舍内应设置单人铺，床铺的搭设不应超过2层。

注释：《建设工程施工现场环境与卫生标准》(JGJ 146—2013)

宿舍内应保证必要的生活空间，室内净高不得小于2.5 m，通道宽度不得小于0.9 m，住宿人员人均面积不得小于2.5 m²，每间宿舍居住人员不得超过16人。宿舍应有专人负责管理，床头宜设置姓名卡。

5)食堂与厕所、垃圾站等有污染源的地方的距离不宜小于15 m，且不应设在污染源的下风侧。

6)施工现场应设置自动水冲式或移动式厕所。

注释：《建设工程施工现场环境与卫生标准》(JGJ 146—2013)

施工现场应设置水冲式或移动式厕所，厕所地面应硬化，门窗齐全并通风良好。

(3)临时房屋的布置原则。

1)施工区域与生活区域应分开设置，避免相互干扰。

注释：《建设工程安全生产管理条例》

第二十九条 施工单位应当将施工现场的办公、生活区与作业区分开设置，并保持安全距离；办公、生活区的选址应当符合安全性要求。施工单位不得在尚未竣工的建筑物内设置员工集体宿舍。

2)各种临时房屋均不能布置在拟建工程(或后续开工工程)、拟建地下管沟、取弃土地点。

3)各种临时房屋应尽可能采用活动式、装拆式结构，或就地取材。

4)施工场地宽敞时，各种临时设施及材料堆场的设置应遵循紧凑、节约的原则；施工场地狭小时，应先布置主导工程的临时设施及材料堆场。

行政生活福利临时房屋包括办公室、宿舍、食堂、活动室等，其面积参考指标见表 9-2。

表 9-2　行政生活福利临时房屋面积参考指标

临时房屋名称	参考指标/($m^2 \cdot$人$^{-1}$)	说明
办公室	3~4	按管理人员人数
宿舍(双层床)	2.0~2.5	按高峰年(季)平均职工人数(扣除不在工地住宿人数)
百货店	3.5~4.5	—
食堂	0.5~0.8	食堂包括厨房、库房，应考虑在工地就餐人数和进餐次数
医务室	0.05~0.07	—
浴室	0.07~0.1	—
文体活动室	0.1	—
开水房	10~40	—
现场小型设施	—	—
厕所	0.02~0.07	—

五、临时供水管网的布置

1. 布置方式

(1)环形管网为环形封闭形状，优点是能够保证可靠的供水，当管网某一处发生故障时，水仍能沿管网其他支管供水；缺点是管线长，造价高，管材耗量大。

(2)枝形管网由干线及支线两部分组成。管线长度短，造价低，但此种管网若在其中一点发生局部故障时，有断水的威胁。

(3)混合式管网主要用水区及干管采用环形管网，其他用水区采用枝形管网供水，这种混合式管网，兼备两种管网的优点，在工地中采用较多。

2. 布置要求

(1)在保证连续供水的情况下，管道铺设越短越好。分期分区施工时，应按施工区域布置，同时还应考虑到工程进展中各段管网便于移置。

(2)临时水管的铺设可用明管或暗管。以暗管最为合适，它既不妨碍施工，又不影响运输工作。

(3)管道埋置根据气温和使用期限而定，在温暖及使用期限短的工地，宜铺设在地面上，当其穿过场内运输道路时，管道应埋入地下 300 mm 深；在寒冷地区或使用期限长的工地，管道应埋置于地下，其中冰冻地区管道应埋在冰冻深度以下。

(4)消火栓设置数量应满足消防要求。消火栓距离建筑物距离不小于 5 m，也不应大于 25 m，距离路边不大于 2 m。

(5)根据实际需要，可在建筑物附近设置简易蓄水池、高压水泵，以保证生产和消防用水。

六、临时供电管网的布置

1. 布置要求

现场临时供电,也应先进行用电量、导线计算,然后进行布置。

注释:《施工现场临时用电安全技术规范》(JGJ 46—2005)

配电系统应设置配电柜或总配电箱、分配电箱、开关箱,实行三级配电。

总配电箱以下可设若干分配电箱,分配电箱以下可设若干开关箱。

导线在各方敷设方式下,应按其力学强度需要,保证必需的最小截面,以防拉、折而断。当线路上电杆之间距离在25~40 m时,其允许的导线最小截面按表9-3查用。

表9-3 导线按力学强度需要所允许的导线最小截面

导线用途	导线最小截面/mm²	
	铜线	铝线
照明装置用导线:户内用	0.5	2.5
户外用	1.0	2.5
双芯软电线及软电缆:用于电灯	0.35	—
用于移动式生活用电设备	0.5	—
多芯软电线及软电缆:用于移动式生产用电设备	1.0	—
绝缘导线 用于固定架设在户内绝缘支持件上,其间距为: 2 m及以下	1.0	2.5
6 m及以下	2.5	4
25 m及以下	4	10
裸导线:户内用	2.5	4
户外用	6	16
绝缘导线:穿在管内	1.0	2.5
木槽板内	1.0	2.5
绝缘导线:户外沿墙敷设	2.5	4
户外其他方式	4	10

根据实践,当工地中配电线路较短时,导线截面可由允许电流选定,对小负荷的架空线路,导线截面一般以力学强度选定即可。

2. 布置原则

(1)变压器的布置。

1)变压器应布置在现场边缘高压线接入处,离地应大于3 m,四周设置钢丝网围挡,并有明显标志。

2)变压器不宜布置在交通通道口处。

3)配电室应靠近变压器，便于管理。

（2）供电管网的布置。

1)供电管网布置有环形、枝形、混合式三种方式。

2)各供电管网宜布置在道路边，架空线必须设在专用的电杆上，间距为 25～40 m；距建筑物应大于 1.5 m，垂直距离应在 2 m 以上；要避开堆场、临时设施、开挖的沟槽和后期拟建工程的部位。

3)供电管网应布置在起重机的回转半径之外。如有困难时，必须搭设防护栏，其防护高度应超过线路 2 m，机械在运转时还应采取必要措施，确保安全。也可采用埋地电缆布置，减少机械间相互干扰。

4)跨过材料、构件堆场时，应有足够的安全架空距离。

单元五　　施工现场安全教育

安全生产是建筑施工企业的头等大事，是各项工作的重中之重，责任重于泰山，一旦施工现场发生事故，企业就会蒙受经济损失和信誉损失。

对建筑企业员工进行安全思想教育，主要是为了提高员工的安全意识。通常员工安全教育主要采取教育分析、现身说法、案例警示、班前宣誓、安全知识竞赛等方法，但这些方法已满足不了新形势下员工安全教育的需要。

现在出现了一种新的方式，即"仿真安全教育培训体验馆"（以下简称"安全体验馆"）。安全体验馆打破了传统安全教育模式，将以往的"说教式"教育转变为亲身"体验式"教育。采用视、听、体验相结合的三维立体式安全教育模式，建筑企业员工可以在安全体验馆亲身体验，进行可感受、可操作的实体化安全教育，比过去的传统安全教育的方法效果显著，立竿见影。

安全体验馆分为体验区和展示区两部分，涵盖十多个危险体验项目，包括安全帽撞击体验、安全带体验、洞口坠落体验、平衡木体验、用电及消防体验等。

这些体验项目在设计上逼真地再现了危险场景，让体验者亲身体验不安全操作行为带来的危害。虽然这些体验项目的危险系数要比实际情况低许多，不会对人身安全造成威胁，但仍有很强的威慑力。通过体验，能够让体验者熟练掌握安全操作规程以及紧急情况的安全对策，达到提升职业技能、提高安全意识的目的。

单元六　　单位工程施工现场布置图的绘制

一、应用背景

传统模式下的施工现场布置策划，是编制人员依据现场情况及自己的施工经验指导现场的实际布置，一般在施工前很难分辨其布置方案的优劣，更不能在早期发现布置方案中可能存在的问题，施工现场活动本身是一个动态变化的过程，施工现场对材料、设备、机具等的需求也是随着项目施工的不断推进而变化的。随着项目的进行，布置方案很有可能变得不适应项目施工的需求，这样一来，就得重新对现场布置方案进行调整。再次布置必然会需要更多的拆卸、搬运等程序，需要投入更多的人力、物力，进而增加施工成本，降低项目效益，布置不合理的施工场地甚至会产生施工安全问题。因此，随着工程项目的大型化、复杂化，传统的、静态的、二维的施工现场布置方法已经难以满足实际需要。

基于 BIM 的现场布置策划，运用三维信息模型技术表现建筑施工现场，运用 BIM 动画技术形象地模拟建筑施工过程，将现场的施工情况、周边环境和各种施工机械等运用三维仿真技术形象地表现出来，并通过模拟进行合理性、安全性、经济性评估，实现施工现场布置的合理合规。

二、软件系统

市面上可以得到的主要软件有广联达 BIM 施工现场布置软件、Revit、犀牛软件、3D Max、草图大师（SketchUp）等，该类系统的典型功能如下。

（1）基于 BIM 的施工现场布置规划主要用于对施工现场进行可视化信息模型描述，可参数化设计施工现场的围墙、大门及场区道路。

（2）可设计标识企业的 UI 展示，并可生成施工现场各种生产要素与主体结构，包括主体、基坑、塔式起重机、水电管网、围栏、模板体系、脚手架体系、临时板房、加工棚、料堆等，可置入各种工程机械、绿植、地形。

（3）在规划过程中，可自动检测现场 BIM 布置与相关规范的符合性。当绘制构件与相关规范不符时，系统出现提示框告知违反规范的名称、条目及正确的规范内容及合理性建议。

（4）基于 BIM 的施工现场布置策划完成后，可以自由设置成 360°任意视角、任意路径的场地漫游，输出漫游视频动画，可以根据进度计划或设置时间节点输出施工模拟动画。

三、广联达 B1M 施工现场布置软件

下面以广联达 BIM 施工现场布置软件为例进行介绍。BIM 施工现场布置软件提供多种临建 BIM 模型构件，可以通过绘制或者导入 CAD 电子图纸、GCL 文件快速建立模型，同时还可以自定义构件和导出构件。软件可按照规范进行场地布置的合理性检查，支持导出和打印三维效果图片，导出 DXF、IGMS、3DS 等多种格式文件，还提供场地漫游、录制视频等功能，使现场临时规划工作更轻松、更形象直观、更合理、更快速。

软件应用流程如下：

首先，利用广联达 BIM 施工现场布置软件导入二维施工总平面图，通过菜单栏进行临建平面布置构件二维或三维绘图，此部分由 BIM 施工现场组依据图纸及现场实际进行绘制。

其次，通过绘制好的三维场地模型，查看或导出临建工程各构件工程量，商务人员能够利用三维模型进行工程量查询及分包对量工作。

最后，导入广联达 GCL 土建模型，将土建模型定位到施工总平面图拟建位置，通过漫游操作进行施工现场三维漫游，形象、直观地了解项目布置情况，通过进度关联模型进行

进度模拟。

通过建立建筑模型库，在 BIM 现场布置软件中导入 DWG、GCL、OBJ、SKP 等格式的建筑设计文件，可实现现场构件库的快速完善。系统提供便捷的模型绘制能力，可自由建立和编辑特殊构件模型，补充构件库。

基于总平面，确定围墙和拟建物位置，以及场区围墙与拟建物的位置关系，系统可自动生成围墙、大门，并支持编辑不同企业的 UI 标识，以及墙面材质、大门样式。在施工过程中，根据地基与基础施工、主体结构施工、装饰装修施工，设置不同的时间阶段与各构件的施工工序进行动态施工模拟，检查可能出现的碰撞或者安全隐患。

利用广联达 BIM 施工现场布置软件绘制临时二维模型，一键提取临建需要的临水、临电、活动板房及临时道路等工程量，解决了传统手算工程量无法追踪的问题，方便商务人员后期对量等工作。利用该软件在施工现场进行合理布置临建及施工机具，可优化资源配置，提高施工效率，节约施工成本。在施工现场三维可视化应用方面，方便施工各参与方直观了解施工布置，优化各临时建筑的间距，保证临建的规范性；在施工计量方面，通过软件计量，商务人员计量效率约提高 50％，确保数据的准确性和可追溯性；在模拟施工方面，通过项目的应用，保证进度计划合理性，依据施工进度的动态模拟，可对现场各类施工资源的规划布置、互相关系进行优化，确保资源的布局、工程量计算、逻辑关系的准确性，预见计划执行中可能存在的问题。

模块小结

施工现场布置图设计是单位工程开工前准备工作的重要内容之一。它是安排布置施工现场的基本依据，是现场有组织、有计划和顺利进行施工的重要条件，也是文明施工的重要保证。通过学习单位工程施工现场布置图，学生能够根据施工部署、施工方案、施工总进度计划，将施工现场的各项生产生活设施按照不同施工阶段要求进行合理布置，以图纸形式反映出来，从而正确处理施工期间所需各项设施和拟建工程之间的空间关系，以指导现场有组织有计划地进行文明施工。

课后习题

1. 单位工程施工现场布置图的设计内容主要有哪些？
2. 单位工程施工现场布置图的设计步骤是什么？
3. 单位工程施工现场布置图方法有哪些？

参考文献

[1] 张洁 . 施工组织设计 [M].2 版 . 北京：机械工业出版社，2017.

[2] 鄢维峰，印宝权 . 建筑工程施工组织设计 [M].2 版 . 北京：北京大学出版社，2018.

[3] 张昊，凌颂益 . 施工组织设计 [M]. 北京：中国水利水电出版社，2022.

[4] 穆文伦，张玉杰 . 建筑施工组织设计 [M]. 武汉：武汉理工大学出版社，2020.

[5] 吴伟民，刘在今 . 建筑工程施工组织与管理 [M]. 北京：中国水利水电出版社，2007.

[6] 邓学才 . 建筑工程施工组织设计的编制与实施 [M]. 北京：中国建材工业出版社，2006.

[7] 李思康，李宁，冯亚娟 .BIM 施工组织设计 [M]. 北京：化学工业出版社，2018.

项目编辑：瞿义勇

策划编辑：李　鹏

封面设计：易细文化

建筑施工组织设计

北京理工大学出版社

BEIJING INSTITUTE OF TECHNOLOGY PRESS

通信地址：北京市丰台区四合庄路6号

邮政编码：100070

电话：010-68914026 68944437

网址：www.bitpress.com.cn

ISBN 978-7-5763-2841-7

9 787576 328417 >

定价：89.00 元